会声会影2020
全面精通

模板应用＋剪辑精修＋特效制作＋输出分享＋案例实战

袁诗轩◎编著

清华大学出版社
北 京

内 容 简 介

本书从两条线出发，帮助读者全面精通会声会影视频的制作、剪辑与视频特效处理。

一条是横向案例线，通过五大实战案例，对各种类型的视频、照片素材进行后期剪辑与特效制作，如制作抖音延时视频《星空银河》、制作电商视频《图书宣传》、制作旅游视频《俄国之旅》、制作个人写真《阳光帅气》以及制作婚纱相册《美好姻缘》，读者学习后可以融会贯通、举一反三，轻松完成自己的视频作品。

另一条是纵向技能线，通过15章专题内容、5大实战案例、90多个专家指点、200多个技能实例、330多分钟的高清视频、1900多张图片全程图解，介绍会声会影软件视频编辑的核心技法，如模板应用、视频剪辑、素材处理、色彩校正、画面精修、滤镜使用、精彩转场、字幕动画、背景音效、渲染与输出、网络分享以及手机APP的后期制作等。

本书结构清晰、语言简洁、实例丰富、版式精美，适合学习会声会影的初、中级读者阅读，包括广大DV爱好者、数码工作者、影像工作者、数码家庭用户、新闻采编用户、节目栏目编导、影视制作人、婚庆视频编辑以及音频处理人员，同时也可以作为各类计算机培训机构、中等职业学校、中等专业学校、职业高中和技工学校的辅导教材。

图书在版编目（CIP）数据

会声会影2020全面精通：模板应用＋剪辑精修＋特效制作＋输出分享＋案例实战/袁诗轩编著. 一北京：清华大学出版社，2021.4

ISBN 978-7-302-57589-4

Ⅰ.①会… Ⅱ.①袁… Ⅲ. ①视频编辑软件 Ⅳ.①TN94

中国版本图书馆CIP数据核字（2021）第030078号

责任编辑：韩宜波
封面设计：杨玉兰
责任校对：吴春华
责任印制：杨 艳

出版发行：清华大学出版社
　　　　　网　　址：http://www.tup.com.cn，http://www.wqbook.com
　　　　　地　　址：北京清华大学学研大厦A座　　　　　　邮　编：100084
　　　　　社 总 机：010-62770175　　　　　　　　　　　邮　购：010-62786544
　　　　　投稿与读者服务：010-62776969，c-service@tup.tsinghua.edu.cn
　　　　　质量反馈：010-62772015，zhiliang@tup.tsinghua.edu.cn

印 装 者：涿州汇美亿浓印刷有限公司
经　　销：全国新华书店
开　　本：190mm×260mm　　　　印　张：23.5　　　　字　数：645千字
版　　次：2021年4月第1版　　　　印　次：2021年4月第1次印刷
定　　价：108.00元

产品编号：088260-01

前言
PREFACE

★ 写作驱动

　　本书是初学者全面自学会声会影 2020 的经典畅销教程。本书从实用角度出发，全面、系统地讲解了会声会影 2020 所有的功能，基本上涵盖了会声会影 2020 的全部工具、面板和菜单命令。本书在介绍软件功能的同时，还精心安排了 200 多个具有针对性的实例，并介绍了多个抖音热门视频的制作方法，可帮助读者轻松掌握软件使用技巧和具体应用，做到学用结合。并且，全部实例都配有教学录像，详细演示案例制作过程。此外，还提供了用于查询软件功能和实例的索引。

```
                    会声会影 2020 全面精通
                          分　为
            ┌──────────────────┴──────────────────┐
        纵向技能线                              横向案例线
   ┌────────┼────────┐                 ┌────────┼────────┐
模板应用   视频剪辑   素材处理      抖音视频   电商视频   旅游视频

色彩校正   覆叠应用   滤镜使用      延时视频   儿童相册   个人写真

转场特效   字幕动画   背景音效      MV 制作    广告制作   婚纱影像
```

★ 本书特色

　　1. 90 多个专家指点放送：作者在编写本书时，将平时工作中总结的有关软件各方面的实战技巧、设计经验等毫无保留地奉献给读者，大大丰富了内容和提高了本书的含金量，可以大大提高读者的学习与工作效率。

　　2. 330 多分钟语音视频演示：本书的软件操作技能实例，全部录制了带语音讲解的视频，时间长达 330 多分钟（5 个半小时），可重现书中所有实例操作，读者可以结合书本，也可以单独观看视频演示，像看电影一样进行学习，让学习更加轻松。

　　3. 200 多个技能实例奉献：本书通过大量的技能实例（共计 200 多个）来讲解软件，帮助读者在实战演练中逐步掌握软件的核心技能与操作技巧，读者不但可以省去学习纯理论的时间，更能掌握超出同类书大量的实用技能，让学习更高效。

4. 750 多个素材效果奉献：随书附送的资源中包含 420 多个素材文件、330 多个效果文件，其中素材涉及美食、四季美景、婚纱影像、抖音视频、成长记录、节日庆典、烟花晚会、专题摄影、延时视频、旅游照片、婚纱影像、家乡美景、特色建筑及商业宣传等，应有尽有。

5. 1100 款超值素材赠送：为了让读者将所学的知识技能更好地融会贯通于实践工作中，本书特意赠送了 80 款片头片尾模板、110 款儿童相册模板、120 款标题字幕特效、210 款婚纱影像模板、230 款视频边框模板、350 款画面遮罩图像等，可帮助读者快速精通会声会影 2020 软件的实践操作。

6. 1900 多张图片全程图解：本书采用了 1900 多张图片对软件技术、实例讲解、效果展示，进行了全程式的图解，通过这些大量清晰的图片，让实例的内容变得更通俗易懂，读者可以一目了然、快速领会、举一反三，制作出更多精彩的视频文件。

★ 特别提醒

本书采用会声会影 2020 软件编写，请用户一定要使用同版本软件。对于附送的素材和效果文件请根据本书提示进行下载，学习本书案例时，可以扫描案例上方的二维码观看操作视频。

直接打开附送下载资源中的项目时，会弹出重新链接素材的提示，甚至提示丢失信息等。这是因为每个用户安装的会声会影 2020 及素材与效果文件的路径不一致，属于正常现象，用户只需要重新链接素材文件夹中的相应文件即可解决此问题。用户也可以将随书附送的下载资源复制到电脑中，需要某个 VSP 文件时，第一次链接成功后，就将文件进行保存，以后再打开时就不需要重新链接了。

如果用户将资源文件复制到电脑磁盘中直接打开资源文件，会提示文件无法打开。此时需要注意，打开附送的素材和效果文件前，需要先将资源文件中的素材和效果全部复制到电脑的磁盘中，然后在保存这些文件的文件夹上右击，在弹出的快捷菜单中选择"属性"命令，打开"文件夹属性"对话框，取消选中"只读"复选框，之后再重新用会声会影打开素材和效果文件，就可以正常使用文件了。

★ 作者售后

本书由袁诗轩编著，参与编写的人员还有向小红等人，在此表示感谢。由于作者知识水平有限，书中难免有疏漏之处，恳请广大读者批评、指正。

本书提供了大量技能实例的素材文件和效果文件，同时还赠送超值模板，扫一扫下面的二维码，推送到自己的邮箱后下载获取。

素材

效果、赠送模板

编　者

目 录
CONTENTS

CONTENTS目录

V

第1章

启蒙：初识会声会影 2020

章前知识导读

　　会声会影 2020 是 Corel 公司全新发布的一款视频编辑软件，它主要面向非专业用户，操作十分便捷，一直深受广大数码爱好者的青睐。本章主要向读者介绍会声会影 2020 的新增功能、工作界面以及软件基本操作等内容，希望读者熟练掌握。

新手重点索引

- 了解视频编辑常识
- 启动与退出会声会影
- 了解会声会影 2020 的新增功能
- 认识会声会影 2020 的工作界面

效果图片欣赏

1.1　了解视频编辑常识

　　会声会影是一款专为个人及家庭等非专业用户设计的视频编辑软件，现在已升级到 2020 版，新版本的会声会影 2020 功能更全面，设计更具人性化，操作也更加简单方便。本节主要介绍视频编辑的基本常识，包括视频技术常用术语、视频编辑常用术语、支持的图像格式、支持的视频格式以及支持的音频格式等内容，希望读者认真学习。

1.1.1　了解视频技术用语

　　在会声会影 2020 中，常用的视频技术用语主要包括 NTSC、PAL、DV 和 D8 等，下面简单介绍这几个常用的视频技术用语。

1. NTSC

　　NTSC（National Television Standards Committee）是美国国家电视标准委员会定义的一个标准，它的标准是每秒 30 帧，每帧 525 条扫描线，这个标准包括在电视上显示的色彩范围限制。

2. PAL

　　PAL（Phase Alternation Line）是一个被用于欧洲、非洲和南美洲的电视标准。PAL 的意思是逐行倒相，也属于同时制。它对同时传送的两个色差信号中的一个色差信号采用逐行倒相，另一个色差信号进行正交调制。这样，如果在信号传输过程中发生相位失真，则会由于相邻两行信号的相位相反起到互相补偿作用，从而有效地克服了因相位失真而产生的色彩变化。因此，PAL 制对相位失真不敏感，图像彩色误差较小，与黑白电视的兼容也好。PAL 和 NTSC 这两种制式是不能互相兼容的，如果在 PAL 制式的电视上播放 NTSC 的影像，画面将变成黑白色，反之在 NTSC 制式电视上播放 PAL 也是一样。

3. DV

　　DV 是新一代的数字录影带的规格，体积更小、录制时间更长。使用 6.35 带宽的录影带，以数位信号来录制影音，录影时间为 60min，有 LP 模式可延长拍摄时间至带长的 1.5 倍，全名为 Digital Video，简称 DV。目前市面上有两种规格的 DV：一种是标准的 DV 带；另一种是缩小的 Mini DV 带，一般家用的摄像机使用的都是 Mini DV 带。

4. D8

　　D8 为 SONY 公司新一代机种，与 Hi8 和 V8 同样使用 8 mm 带宽的录影带，但是它以数字信号来录制影音，录影时间缩短为原来带长的一半，全名为 Digital 8，简称 D8，水平解析度为 500 条扫描线。

1.1.2　了解视频编辑术语

　　在会声会影 2020 中，视频编辑的常用术语包括 7 种，如帧和场、分辨率、渲染、电视制式、复合视频信号、编码解码器和"数字/模拟"转换器等，下面进行简单介绍。

1. 帧和场

　　帧是视频技术常用的最小单位，一帧是由两次扫描获得的一幅完整图像的模拟信号。视频信号的每次扫描称为场。视频信号扫描的过程是从图像左上角开始，水平向右到达图像右边后迅速返回左边，并另起一行重新扫描。这种从一行到另一行的返回过程称为水平消隐。每一帧扫描结束后，扫描点从图像的右下角返回左上角，再开始新一帧的扫描。从右下角返回左上角的时间间隔称为垂直消隐。一般行频表示每秒扫描多少行，场频表示每秒扫描多少场，帧频表示每秒扫描多少帧。

2. 分辨率

　　分辨率即帧的大小（Frame Size），表示单位区域内垂直和水平的像素数值。一般单位区域中像素数值越大，图像显示越清晰，分辨率也越高。不同电视制式的不同分辨率，用途也会有所不同，如表 1-1 所示。

表 1-1　不同电视制式分辨率的用途

制　式	行　帧	用　途
NTSC	352×240	VDC
	720×480、704×480	DVD
	480×480	SVCD
	720×480	DV
	640×480、704×480	AVI 视频格式
PAL	352×288	VCD
	720×576、704×576	DVD
	480×576	SVCD
	720×576	DV
	640×576、704×576	AVI 视频格式

3．渲染

渲染是指为需要输出的视频文件应用了转场以及其他特效后，将源文件信息组合成单个文件的过程。

4．电视制式

电视信号的标准称为电视制式。目前各国的电视制式各不相同，制式的区分主要在于其帧频（场频）、分辨率、信号带宽及载频、色彩空间转换的不同等。电视制式主要有 NTSC 制式、PAL 制式和 DV 制式等。

5．复合视频信号

复合视频信号包括亮度和色度的单路模拟信号，即从全电视信号中分离出伴音后的视频信号，色度信号插在亮度信号的高端。这种信号一般可通过电缆输入或输出至视频播放设备上。由于该视频信号不包含伴音，与视频输入端口、输出端口配套使用时还设置音频输入端口和输出端口，以便同步传输伴音，因此复合式视频端口也称 AV 端口。

6．编码解码器

编码解码器的主要作用是对视频信号进行压缩和解压缩。一般分辨率为 640×480 的视频信息，以每秒 30 帧的速度播放，在无压缩的情况下每秒传输的容量高达 27 MB。因此，只有对视频信息进行压缩处理，才能在有限的空间中存储更多的视频信息，这个对视频压缩解压的硬件就是"编码解码器"。

7．"数字/模拟"转换器

"数字/模拟"转换器是一种将数字信号转换成模拟信号的装置。"数字/模拟"转换器的位数越高，信号失真越小，图像也更清晰。

1.1.3　了解支持的视频格式

数字视频是用于压缩视频画面和记录声音数据及回放过程的标准，同时包含了 DV 格式的设备和数字视频压缩技术本身，下面介绍几种常用的视频格式。

1．MPEG 格式

MPEG（Motion Picture Experts Group）类型的视频文件是由 MPEG 编码技术压缩而成的视频文件，被广泛应用于 VCD/DVD 及 HDTV 的视频编辑与处理中。MPEG 包括 MPEG-1、MPEG-2 和 MPEG-4。

2．AVI 格式

AVI（Audio Video Interleave）格式在 WIN3.1 时代就出现了，它的好处是兼容性好，图像质量好，调用方便，但尺寸有点偏大。

3．WMV 格式

随着网络化的迅猛发展，互联网实时传播的视频文件 WMV 视频格式逐渐流行起来，其主要优点在于：可扩充的媒体类型、本地或网络回放、可伸缩的媒体类型、多语言支持、扩展性等。

4．Quick Time 格式

Quick Time（MOV）是苹果（Apple）公司创立的一种视频格式，在很长一段时间内，它都只是在苹果公司的 MAC 机上存在，后来发展到支持 Windows 平台。到目前为止，它一共有 4 个版本，其中以 4.0 版本的压缩率最好，是一种优秀的视频格式。

5．nAIV 格式

nAVI（newAVI）是一个名为 ShadowRealm 的组织发展起来的一种新的视频格式，它是由 Microsoft ASF 压缩算法修改而来的（并不是想象中的 AVI）。视频格式追求的是压缩率和图像质量，所以 nAVI 为了达到这个目标，弥补了原来 ASF 格式的不足，让 nAVI 可以拥有更高的帧率（Frame Rate）。当然，这是以牺牲 ASF 的视频流特性作为代价的。概括来说，nAVI 就是一种去掉视频流特性的改良的 ASF 格式，再简单点就是非网络版本的 ASF。

6．ASF 格式

ASF（Advanced Streaming Format）是 Microsoft 为了和现在的 Real Player 竞争而发展起来的一种可以直接在网上观看视频节目的文件压缩格式。由于它使用了 MPEG-4 的压缩算法，所以压缩率和图像的质量都很不错。因为 ASF 是以一个可以在网上即时观赏的视频流格式存在的，它的图像质量比 VCD 差一些，但比同是视频流格式的 RMA 要好。

7．REAL VIDEO 格式

REAL VIDEO 格式是视频流技术的创始者，它可以在 56K Modem 拨号上网的条件下实现不间断的视频播放，当然，其图像质量不能与 MPEG-2、DIVX 等相比。

8．DIVX 格式

DIVX 视频编码技术可以说是一种对 DVD 造成威胁的新生视频压缩格式，它由 Microsoft MPEG-4 修改而来，也可以说是为打破 ASF 的种种协定而发展出来的。而使用这种据说是美国禁止出口的编码技术压缩一部 DVD 只需要两张 CD ROM。这就意味着，不需要买 DVD ROM，也可以得到和它差不多的视频质量了，而这一切只需要有 CD ROM，况

且播放这种编码，对机器的要求也不高。这绝对是一个了不起的技术，前途不可限量。

> ▶ **专家指点**
>
> 在会声会影 2020 中，选择"文件"|"将媒体文件插入到时间轴"|"插入视频"命令，在弹出的对话框中，单击"文件类型"右侧的下拉按钮，在弹出的下拉列表中，可以查看会声会影 2020 支持的所有视频格式。

1.1.4　了解支持的图像格式

在会声会影 2020 软件中，也支持多种类型的图像格式，包括 JPEG、PNG、BMP、GIF 及 TIF 格式等，下面简单介绍这些格式。

1．JPEG 格式

JPEG 格式是一种有损压缩格式，能够将图像压缩在很小的储存空间，图像中重复或不重要的资料会被丢弃，因此容易造成图像数据的损伤。尤其是使用过高的压缩比例，将使最终解压缩后恢复的图像质量明显降低，如果追求高品质图像，不宜采用过高的压缩比例。但是 JPEG 压缩技术十分先进，它用有损压缩方式去除冗余的图像数据，在获得极高的压缩率的同时能展现十分丰富生动的图像。

换句话说，就是可以用最少的磁盘空间得到较好的图像品质。JPEG 是一种很灵活的格式，具有调节图像质量的功能，允许用不同的压缩比例对文件进行压缩，支持多种压缩级别，压缩比率通常在 10∶1 到 40∶1 之间。压缩比越大，品质就越低；相反地，品质就越高。JPEG 格式的应用非常广泛，特别是在网络和光盘读物上，都能找到它的身影。各类浏览器均支持 JPEG 图像格式，因为 JPEG 格式的文件尺寸较小，下载速度快。

2．PNG 格式

可移植网络图形格式（Portable Network Graphic Format，PNG）的名称来源于非官方的"PNG's Not GIF"，是一种位图文件（Bitmap File）存储格式，读成 ping。开发 PNG 图像文件存储格式的目的是试图替代 GIF 和 TIFF 文件格式，同时增加一些 GIF 文件格式所不具备的特性。

PNG 用来存储灰度图像时，灰度图像的深度可多达 16 位，存储彩色图像时，彩色图像的深度可

多达 48 位，并且还可存储多达 16 位的通道数据。PNG 使用从 LZ77 派生的无损数据压缩算法。PNG 一般应用于 Java 程序、网页或 S60 程序中，因为它的压缩比高，生成的文件容量小。

3．BMP 格式

BMP（全称 Bitmap）是 Windows 操作系统中的标准图像文件格式，可以分成两类：设备相关位图（DDB）和设备无关位图（DIB），应用非常广泛。它采用位映射存储格式，除了图像深度可选以外，不采用其他任何压缩。因此，BMP 文件所占用的空间很大。BMP 文件的图像深度可选 1 bit、4 bit、8 bit 及 24 bit。BMP 文件存储数据时，图像的扫描方式是按从左到右、从下到上的顺序。由于 BMP 文件格式是 Windows 环境中交换与图有关的数据的一种标准，因此在 Windows 环境中运行的图形图像软件都支持 BMP 图像格式。

4．GIF 格式

GIF 是一种基于 LZW 算法的连续色调的无损压缩格式，其压缩率一般在 50% 左右。它不属于任何应用程序。目前几乎所有相关软件都支持它，公共领域有大量的软件在使用 GIF 图像文件。GIF 图像文件的数据是经过压缩的，而且是采用了可变长度等压缩算法。GIF 格式的另一个特点是一个 GIF 文件中可以存放多幅彩色图像。如果把一个文件中的多幅图像数据逐幅读出并显示到屏幕上，就可构成一种最简单的动画。

5．TIF 格式

TIF 格式为图像文件格式，此图像格式复杂，存储内容多，占用存储空间大，其大小是 GIF 图像的 3 倍，是相应的 JPEG 图像的 10 倍，最早流行于 Macintosh，现在 Windows 主流的图像应用程序都支持此格式。

> ▶ 专家指点
>
> 在会声会影 2020 中，选择"文件"|"将媒体文件插入到时间轴"|"插入照片"命令，在弹出的对话框中，单击"文件类型"右侧的下拉按钮，在弹出的下拉列表中，可以查看会声会影 2020 支持的所有图像格式。

1.1.5　了解支持的音频格式

数字音频是用来表示声音强弱的数据序列，由模拟声音经抽样、量化和编码后得到。简单地说，数字音频的编码方式就是数字音频格式，不同的数字音频设备对应着不同的音频文件格式。下面介绍几种常用的数字音频格式。

1．MP3 格式

MP3 的全称是 MPEG Layer3，它在 1992 年合并至 MPEG 规范中。MP3 能够以高音质、低采样对数字音频文件进行压缩。换句话说，音频文件（主要是大型文件，比如 WAV 文件）能够在音质丢失很小的情况下（人耳根本无法察觉这种音质损失）把文件压缩到更小的程度。

2．MP3 Pro 格式

MP3 Pro 是由瑞典 Coding 科技公司开发的，其中包含两大技术：一是来自 Coding 科技公司所特有的解码技术，二是由 MP3 专利持有者——法国 Thomson 多媒体公司和德国 Fraunhofer 集成电路协会共同研究的一项译码技术。MP3 Pro 可以在基本不改变文件大小的情况下改善原先的 MP3 音质，也能够在使用较低的比特率压缩音频文件的情况下，最大限度地保持压缩前的音质。

MP3 Pro 格式与 MP3 是兼容的，所以它的文件类型也是 MP3。MP3 Pro 播放器可以支持播放 MP3 Pro 或者 MP3 编码的文件；普通的 MP3 播放器也可以支持播放 MP3 Pro 编码的文件，但只能播放出 MP3 的音量。虽然 MP3 Pro 是一个优秀的技术，但是由于技术专利费用的问题及其他技术提供商（如 Microsoft）的竞争，MP3 Pro 并没有得到广泛应用。

3．WMA 格式

WMA 是微软公司在因特网音频、视频领域的力作。WMA 格式可以通过减少数据流量但保持音质的方法来达到更高的压缩率目的。其压缩率一般可以达到 1：18。另外，WMA 格式还可以通过 DRM（Digital Rights Management）方案防止复制，或者限制播放时间和播放次数以及限制播放机器，从而防止盗版。

4．WAV 格式

WAV 格式是微软公司开发的一种声音文件格式，又称为波形声音文件，是最早的数字音频格式，受 Windows 平台及其应用程序广泛支持。WAV 格式支持许多压缩算法，支持多种音频位数、采样频率和声道，采用 44.1 kHz 的采样频率，16 位量化位数，因此 WAV 的音质与 CD 相差无几，但 WAV 格式对存储空间需求太大，不便于交流和传播。

5. MP4 格式

MP4 采用美国电话电报公司（AT&T）研发的以"知觉编码"为关键技术的 A2B 音乐压缩技术，是由美国网络技术公司（GMO）及 RIAA 联合公布的一种新型音乐格式。MP4 在文件中采用了保护版权的编码技术，只有特定的用户才可以播放，从而有效地保护了音频版权的合法性。

6. Real Audio 格式

Real Audio 是由 Real Networks 公司推出的一种文件格式，主要适用于网络上的在线播放。Real Audio 格式最大的特点就是可以实时传输音频信息，如在网速比较慢的情况下，仍然可以较为流畅地传送数据。

7. AU 格式

AU 格式是 Unix 下一种常用的音频格式，起源于 Sun 公司的 Solaris 系统。这种格式本身也支持多种压缩方式，但文件结构的灵活性不如 WAV 格式。这种格式的最大问题是它本身所依附的平台不是面向广大消费者的，因此知道这种格式的用户并不多。这种格式出现了很多年，所以许多播放器和音频编辑软件都提供了读 / 写支持。目前唯一使用 AU 格式来保存音频文件的可能就是 Java 平台了。

8. AIFF 格式

AIFF 格式是苹果电脑上标准的音频格式，属于 QuickTime 技术的一部分。这种格式的特点就是格式本身与数据的意义无关，因此受到了 Microsoft 的青睐，并据此制作出 WAV 格式。AIFF 虽然是一种很优秀的文件格式，但由于它是苹果电脑上的格式，因此在 PC 平台上并没有流行。不过，由于苹果电脑多用于多媒体制作出版行业，因此几乎所有的音频编辑软件和播放软件都或多或少地支持 AIFF 格式。由于 AIFF 格式的包容特性，它支持许多压缩技术。

9. VQF 格式

VQF 格式是由 Yamaha 和 NTT 共同开发的一种音频压缩技术，它的压缩率可以达到 1：18（与 WMA 格式相同）。它压缩的音频文件的体积比 MP3 格式的小 30%～50%，更便于网络传播，同时音质极佳，几乎接近 CD 音质（16 位 44.1kHz 立体声）。唯一遗憾的是，VQF 未公开技术标准，所以至今没能流行开来。

10. DVD Audio 格式

DVD Audio 是最新一代的数字音频格式，它与 DVD Video 的尺寸、容量相同，为音乐格式的 DVD 光盘。

> ▶ 专家指点
>
> 在会声会影 2020 的时间轴面板中右击，在弹出的快捷菜单中选择"插入音频"|"到音乐轨"命令，在弹出的对话框中单击"文件类型"右侧的下拉按钮，在弹出的下拉列表中，可以查看会声会影 2020 支持的所有音频格式。

1.1.6　了解线性与非线性编辑

传统的后期编辑应用的是 A/B ROLL 方式，它要用到两台放映机（A 和 B）、一台录像机和一台转换机（Switcher）。A 和 B 放映机中的录像带上存储采集的视频片段，这些片段的每一帧都有时间码。如果现在把 A 带上的 a 视频片段与 B 带上的 b 视频片段连接在一起，就必须先设定好 a 片段要从哪一帧开始，到哪一帧结束，即确定好"开始"点和"结束"点。同样，b 片段也要设定好相应的"开始"和"结束"点。当将两个视频片段连接在一起时，就可以使用转换机来设定转换效果，当然也可以通过它来制作更多的特效。视频后期编辑的两种类型包括线性编辑和非线性编辑，下面进行简单介绍。

1. 线性编辑

"线性编辑"是利用电子手段，按照播出节目的需求对原始素材进行顺序剪辑处理，最终形成新的连续画面。其优点是技术比较成熟，操作相对比较简单。线性编辑可以直接、直观地对素材录像带进行操作，因此操作起来较为简单。

线性编辑系统所需的设备也为编辑过程带来了诸多的不便，全套的设备不仅需要投入较高的资金，而且设备的连线多，故障发生也频繁，维修起来更是比较复杂。这种线性编辑技术的编辑过程只能按时间顺序来进行，无法删除、缩短或加长中间某一段的视频。

2．非线性编辑

非线性编辑是针对线性编辑而言的，它具有以下 3 个特点。

（1）需要强大的硬件，价格十分昂贵。

（2）依靠专业视频卡实现实时编辑，目前大多数电视台均采用这种系统。

（3）非实时编辑，影像合成需要通过渲染来生成，花费的时间较长。

形象地说，非线性编辑是指对广播或电视节目不是按素材原有的顺序或长短，而是随机进行编排、剪辑的编辑方式。这比使用磁带的线性编辑更方便、效率更高，编成的节目可以任意改变其中某个段落的长度或插入其他段落，而不用重录其他部分。虽然非线性编辑在某些方面运用起来非常方便，但是线性编辑还不是非线性编辑在短期内能够完全替代的。

非线性编辑的制作过程：首先创建一个编辑平台，然后将数字化的视频素材拖放到平台上。在该平台上可以自由地设置编辑信息，并灵活地调用编辑软件提供的各种工具。

会声会影是一款非线性编辑软件，正是由于这种非线性的特性，使得视频编辑不再依赖编辑机、字幕机和特效机等价格非常昂贵的硬件设备，从而让普通家庭用户也可以轻而易举地体验到视频编辑的乐趣。表 1-2 所示为线性编辑与非线性编辑的特点。

表 1-2 线性编辑与非线性编辑的特点

内 容	线性编辑	非线性编辑
学习性	不易学	易学
方便性	不方便	方便
剪辑所耗费的时间	长	短
加文字或特效	需购买字幕机或特效机	可直接添加字幕和特效
品质	不易保持	易保持
实用性	需剪辑师	可自行处理

> ▶ 专家指点
>
> 会声会影的非线性编辑，主要是借助计算机来进行数字化制作，几乎所有的工作都在计算机里完成，不再需要那么多的外部设备，对素材的调用也是瞬间实现，不用反复地在磁带上寻找，突破单一的时间顺序编辑限制，可按各种顺序排列，具有快捷简便、随机的特性。

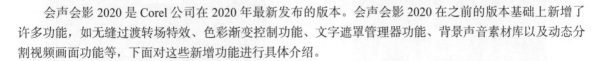

1.2 了解会声会影 2020 的新增功能

会声会影 2020 是 Corel 公司在 2020 年最新发布的版本。会声会影 2020 在之前的版本基础上新增了许多功能，如无缝过渡转场特效、色彩渐变控制功能、文字遮罩管理器功能、背景声音素材库以及动态分割视频画面功能等，下面对这些新增功能进行具体介绍。

1.2.1 新增无缝过渡转场特效

在会声会影中，为用户提供了转场素材库，转场可以使视频过渡转换画面时更加自然。会声会影 2020 在之前版本的基础上进行了新增和完善。下面以"无缝"转场组中的转场为例，向大家介绍在两个素材之间添加"无缝"过渡转场的效果，用户学会以后，可以举一反三，将新增的转场特效添加至素材中，制作出精彩的视频文件。

素材文件	素材\第 1 章\荷花盛开 .VSP
效果文件	效果\第 1 章\荷花盛开 .VSP
视频文件	视频\第 1 章 \1.2.1 新增无缝过渡转场特效 .mp4

【操练＋视频】
——新增无缝过渡转场特效

STEP 01 打开一个项目文件，在预览窗口中查看打开的项目效果，如图 1-1 所示。

图 1-1 查看打开的项目效果

▶ 专家指点

在时间轴面板中，拖曳时间指示器至添加转场的位置，左右移动时间指示器，此时用户可以在预览窗口中查看添加的转场效果。

STEP 02 在界面右上角单击"转场"按钮 AB，展开"转场"素材库，如图 1-2 所示。

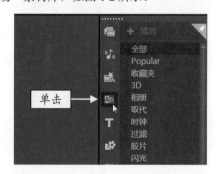

图 1-2 单击"转场"按钮

STEP 03 在库导航面板中，选择"无缝"选项，如图 1-3 所示。

图 1-3 选择"无缝"选项

STEP 04 展开"无缝"转场组，选择"向上并旋转"转场，如图 1-4 所示。

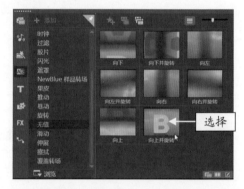

图 1-4 选择"向上并旋转"转场

STEP 05 按住鼠标左键将选择的转场拖曳至两个素材文件之间，释放鼠标左键，即可添加"向上并旋转"转场特效，如图 1-5 所示。

图 1-5 添加"向上并旋转"转场特效

STEP 06 在导览面板中单击"播放"按钮，即可查看添加无缝转场后的项目效果，如图 1-6 所示。

图 1-6　查看添加无缝转场后的项目效果

1.2.2　新增色彩渐变控制功能

在会声会影 2020"编辑"步骤面板的"色彩"选项面板中，新增了色调曲线、HSL 调节、色轮、LUT 配置文件以及波形范围等功能，如图 1-7 所示。

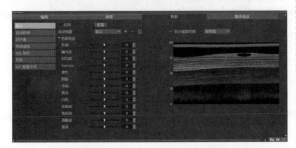

图 1-7　"色彩"选项面板

在"色彩"选项面板中，各功能的含义如下。

- "基本"面板：在该面板中，可以根据图像画面的色彩对色调、曝光度、对比度、饱和度等进行微调。
- "自动色调"面板：在该面板中，选中"自动调整色调"复选框，可以自动校正图像画面中的色彩色调。
- "白平衡"面板：单击"白平衡"按钮，如图 1-8 所示，在该面板中可以调整素材画面的钨光、日光、荧光、云彩、阴影等效果。
- "色调曲线"面板：单击"色调曲线"按钮，如图 1-9 所示，在该面板中可以通过曲线调整素材画面的 YRGB 色调效果。

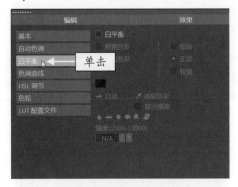

图 1-8　"白平衡"面板

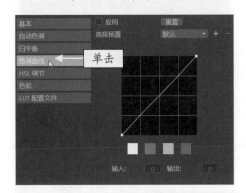

图 1-9　"色调曲线"面板

- "HSL 调节"面板：单击"HSL 调节"按钮，如图 1-10 所示，在该面板中根据图像画面的颜色调整色相、饱和度和亮度属性。

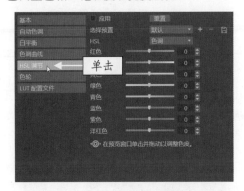

图 1-10　"HSL 调节"面板

- "色轮"面板：单击"色轮"按钮，如图 1-11 所示，在该面板中可以根据色彩三原色（红、绿、蓝），通过拖曳色轮中心的白色圆圈，调整图像素材画面的高光、阴影、半色调以及色偏（色彩偏移）效果。
- "LUT 配置文件"面板：LUT 是 Look Up Table 的简称，我们可以将其理解为查找表或查色表。

单击"LUT 配置文件"按钮，如图 1-12 所示，展开相应面板。在会声会影 2020 中，提供了多款 LUT 转换模板，LUT 支持多种胶片滤镜效果，方便用户制作特殊的影视图像效果。

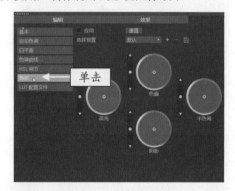

图 1-11 "色轮"面板

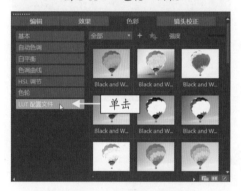

图 1-12 "LUT 配置文件"面板

● "波形范围"面板：选中"显示视频范围"复选框，即可显示视频素材波形图。单击"显示视频范围"复选框右侧的下拉按钮▼，如图 1-13 所示，弹出下拉列表，在其中选择相应选项即可以用相应的波形图来查看视频素材色彩波形分布状况。图 1-14 所示为 4 种素材色彩波形分布图。

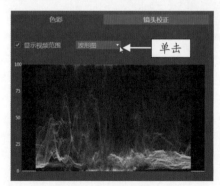

图 1-13 单击下拉按钮

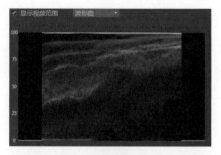

波形图

矢量 - 颜色

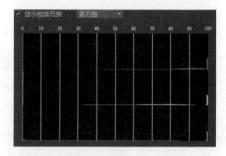

直方图

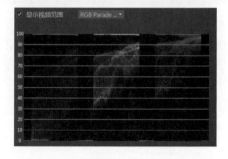

RGB Parade 分量

图 1-14 4 种素材色彩波形分布图

1.2.3 新增文字遮罩管理器功能

在会声会影 2020 中，对遮罩创建器也进行了整改，并新增了文字蒙版工具，用户可以在视频画面中的指定区域创建文字遮罩，并保存在计算机文件夹中，以方便日后重复使用创建的遮罩。下面介绍制作文字遮罩的操作方法。

素材文件	素材 \ 第 1 章 \ 靖港古镇 .jpg
效果文件	效果 \ 第 1 章 \ 靖港古镇 .VSP
视频文件	视频 \ 第 1 章 \1.2.3　新增文字遮罩管理器功能 .mp4

【操练 + 视频】
——新增文字遮罩管理器功能

STEP 01 进入会声会影编辑器，选择菜单栏中的"文件"|"将媒体文件插入到时间轴"|"插入照片"命令，插入一个素材文件，在预览窗口中查看效果，如图 1-15 所示。

图 1-15　查看打开的文件效果

STEP 02 选中覆叠轨中的视频素材，如图 1-16 所示。

图 1-16　选中覆叠轨中的视频素材

STEP 03 在时间轴面板的工具栏上，单击"遮罩创建器"按钮，如图 1-17 所示。

STEP 04 执行操作后，弹出"遮罩创建器"窗口，如图 1-18 所示。

STEP 05 在"遮罩工具"选项组中，单击"文字蒙版工具"按钮，如图 1-19 所示。

图 1-17　单击"遮罩创建器"按钮

图 1-18　"遮罩创建器"窗口

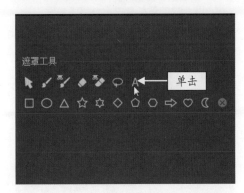

图 1-19　单击"文字蒙版工具"按钮

STEP 06 在画面选定区域窗口中的合适位置，双击鼠标左键，会出现一个文本框，如图 1-20 所示。

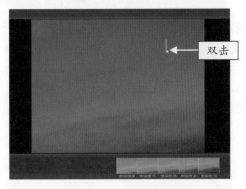

图 1-20　双击鼠标左键

STEP 07 在"遮罩工具"选项组的下方，设置文本字体、字号大小等属性，如图 1-21 所示。

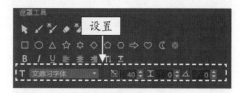

图 1-21　文本属性设置

STEP 08 在遮罩选定区域窗口中，输入文字并调整文字蒙版遮罩到合适位置，如图 1-22 所示。

图 1-22　调整文字蒙版遮罩位置

STEP 09 在界面右下角单击"保存到"右侧的"浏览"按钮，如图 1-23 所示。

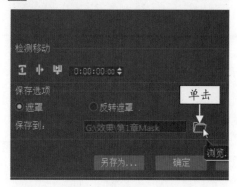

图 1-23　单击"浏览"按钮

STEP 10 弹出"浏览文件夹"对话框，在其中设置遮罩文件的保存位置，然后单击"确定"按钮，如图 1-24 所示。

STEP 11 返回到"遮罩创建器"窗口，单击"确定"按钮，如图 1-25 所示。

STEP 12 返回到会声会影"编辑"步骤面板，在时间轴面板中可以看到覆叠素材上制作的遮罩标记，如图 1-26 所示。

STEP 13 在导览面板中，单击"播放"按钮，查看文字蒙版遮罩效果，如图 1-27 所示。

图 1-24　"浏览文件夹"对话框

图 1-25　单击"确定"按钮

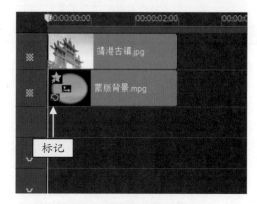

图 1-26　查看制作的遮罩标记

图 1-27　查看制作的文字蒙版遮罩效果

图 1-27 查看制作的文字蒙版遮罩效果（续）

1.2.4 新增背景声音素材库

在会声会影"编辑"步骤面板右上角的库面板中，为用户提供了"媒体"素材库、"模板"素材库、"转场"素材库、"标题"素材库、"复叠"素材库、"滤镜"素材库以及"运动路径"素材库等。现如今，会声会影 2020 版本又新增了一个"声音"素材库，可为用户提供掌声、欢呼声、流水声、鸟叫声、脚步声、铃声、雷雨声等多个音频素材。下面向大家介绍应用"声音"素材的操作方法。

素材文件	素材 \ 第 1 章 \ 山清水秀 .jpg
效果文件	效果 \ 第 1 章 \ 山清水秀 .VSP
视频文件	视频 \ 第 1 章 \1.2.5 新增背景声音素材库 mp4

【操练 + 视频】
——新增背景声音素材库

STEP 01 进入会声会影编辑器，选择菜单栏中的"文件|""将媒体文件插入到时间轴"|"插入照片"命令，插入一个素材文件，在预览窗口中查看效果，如图 1-28 所示。

图 1-28 查看打开的文件效果

STEP 02 在界面右上角单击"声音"按钮，如图 1-29 所示。

图 1-29 单击"声音"按钮

STEP 03 展开"声音"素材库，在其中选择 Birds. wav 音频素材，如图 1-30 所示。

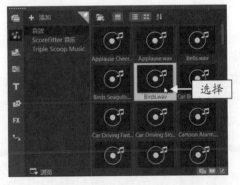

图 1-30 选择 Birds.wav 音频素材

STEP 04 按住鼠标左键，将选择的音频素材拖曳至声音轨中，即可为图像素材匹配背景声音。在导览面板中单击"播放"按钮，即可查看并倾听添加背景声音后的项目效果，如图 1-31 所示。

图 1-31 查看并倾听添加背景声音后的项目效果

1.2.5 新增动态分割视频画面功能

会声会影 2020 支持分屏创建功能，可以多屏同框兼容分割视频画面。该功能十分具有可观性，用户可以自己创建分屏，进行自定义模板创建，并置入素材；也可以使用系统自带的模板，制作出更多有趣的视频。用户可以使用"分屏模板创建器"功能，制作动态分割画面视频效果。

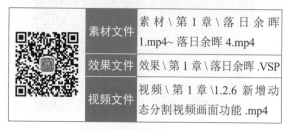

素材文件	素材\第1章\落日余晖1.mp4~落日余晖4.mp4
效果文件	效果\第1章\落日余晖.VSP
视频文件	视频\第1章\1.2.6 新增动态分割视频画面功能.mp4

【操练＋视频】
——新增动态分割视频画面功能

STEP 01 进入会声会影编辑器，在界面右上角单击"媒体"按钮 🖼，切换至"媒体"素材库。在空白位置处右击，在弹出的快捷菜单中选择"插入媒体文件"命令，如图1-32所示。

图1-32 选择"插入媒体文件"命令

STEP 02 弹出"选择媒体文件"对话框，在文件夹中选择需要导入的媒体文件，在下方单击"打开"按钮，如图1-33所示。

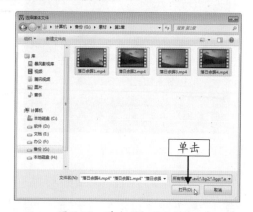

图1-33 单击"打开"按钮

STEP 03 执行操作后，即可将选择的视频素材导入

"媒体"素材库面板中，如图1-34所示。

图1-34 导入视频素材

STEP 04 在时间轴面板的工具栏中，单击"分屏模板创建器"按钮 ☑，如图1-35所示。

图1-35 单击"分屏模板创建器"按钮

STEP 05 弹出"模板编辑器"窗口，如图1-36所示。

图1-36 "模板编辑器"窗口

STEP 06 在右上角的"分割工具"选项组中，选择"直线"工具 ╲，如图1-37所示。

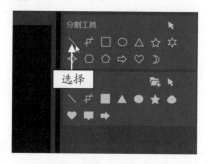

图1-37 选择"直线"工具

STEP 07 在中间的编辑窗口中，从上至下绘制一条垂直直线，将屏幕一分为二，如图 1-38 所示。

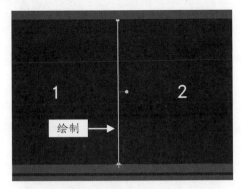

图 1-38　绘制一条垂直直线

STEP 08 在"属性"面板中，设置"水平"为 0、"垂直"为 0、"旋转"为 90，如图 1-39 所示。

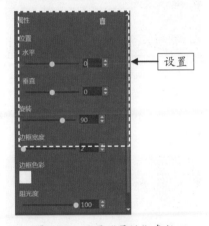

图 1-39　设置"属性"参数

STEP 09 用同样的方法，从右至左绘制一条水平直线，将屏幕分为 4 个画面，如图 1-40 所示。

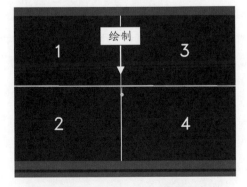

图 1-40　从右至左绘制一条水平直线

STEP 10 在"属性"面板中，设置"水平"为 0、"垂直"为 0、"旋转"为 -180，如图 1-41 所示。

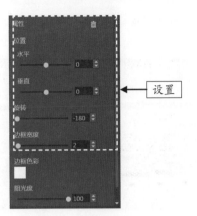

图 1-41　设置"属性"参数

STEP 11 在左侧的"媒体"素材库中，依次拖曳前面导入的素材至编辑窗口下方相应的选项卡中，如图 1-42 所示。

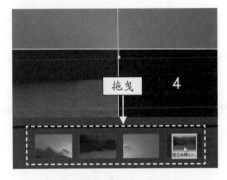

图 1-42　拖曳素材至相应的选项卡中

STEP 12 在编辑窗口中可以查看添加素材后的画面效果，如图 1-43 所示。

图 1-43　查看添加素材后的画面效果

STEP 13 在编辑窗口中选中绘制的垂直直线，如图 1-44 所示。

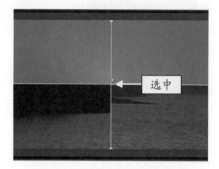

图 1-44　选中绘制的垂直直线

STEP 14 在编辑窗口下方，单击"结束"按钮▶|，如图 1-45 所示，即可将播放进度条移至视频结束位置。

图 1-45　单击"结束"按钮

STEP 15 在界面左下角，单击"关键帧"按钮◆，如图 1-46 所示。

图 1-46　单击"关键帧"按钮

STEP 16 在视频时间结束位置，即可添加一个关键帧，如图 1-47 所示。

STEP 17 单击"上一个关键帧"按钮◀，如图 1-48 所示，即可切换时间线至开始关键帧的位置。

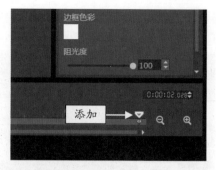

图 1-47　添加一个关键帧

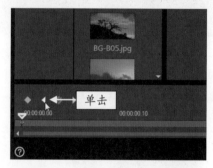

图 1-48　单击"上一个关键帧"按钮

STEP 18 在"属性"面板中，设置"水平"为 -50、"垂直"为 0，如图 1-49 所示，然后调整垂直直线开始关键帧的停放位置。

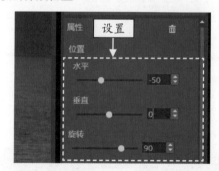

图 1-49　设置垂直直线开始关键帧的属性参数

STEP 19 在编辑窗口中选中绘制的水平直线◆，如图 1-50 所示。

图 1-50　选中绘制的水平直线

STEP 20 用与上面同样的方法，在时间线上添加结束关键帧，并设置开始关键帧的位置参数。切换至"属性"面板，先设置"垂直"参数为 50，再设置"水平"参数为 0，如图 1-51 所示。

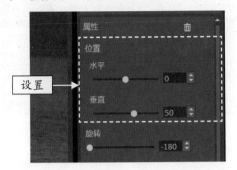

图 1-51　设置水平直线开始关键帧的属性参数

STEP 21 在编辑窗口的下方中，单击"确定"按钮，如图 1-52 所示。

图 1-52　单击"确定"按钮

STEP 22 返回到会声会影"编辑"步骤面板，可以看到制作的画面分屏素材已自动添加至时间轴面板的覆叠轨中了，如图 1-53 所示。

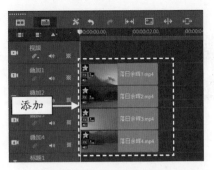

图 1-53　添加分屏素材

▶ 专家指点

　　在"属性"面板中，"位置"选项组中的"水平"和"垂直"参数是关联的状态，当用户修改"水平"参数时，"垂直"参数会自动修改。若用户不满意"垂直"参数自动修改的参数，可以手动修改"垂直"参数。

STEP 23 在导览面板中，单击"播放"按钮，即可查看制作的动态分割视频效果，如图 1-54 所示。

图 1-54　查看制作的动态分割视频效果

1.3　启动与退出会声会影

　　将会声会影 2020 安装至电脑中后，程序会自动在系统桌面上创建一个快捷方式，双击该快捷方式可以快速启动应用程序；用户还可以在"开始"菜单中选择相应的命令，启动会声会影 2020 应用程序。下面以从桌面启动会声会影 2020 应用程序为例，介绍启动会声会影 2020 的操作方法。

1.3.1　启动程序：打开会声会影 2020 软件

　　使用会声会影 2020 制作影片之前，首先需要启动会声会影 2020 应用程序。下面介绍启动会声会影 2020 的操作方法。

素材文件	无
效果文件	无
视频文件	视频 \ 第 1 章 \1.3.1 启动程序：打开会声会影 2020 软件 .mp4

【操练＋视频】
——启动程序：打开会声会影 2020 软件

STEP 01 在桌面上双击"会声会影 2020"的图标，如图 1-55 所示。

图 1-55 双击图标

STEP 02 执行操作后，进入会声会影 2020 启动界面，如图 1-56 所示。

图 1-56 启动界面

STEP 03 稍等片刻，弹出软件界面，进入会声会影 2020 编辑器，如图 1-57 所示。

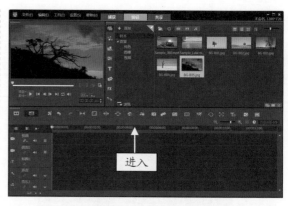

图 1-57 进入编辑器

1.3.2 关闭程序：退出会声会影 2020 软件

当用户使用会声会影 2020 完成对视频的编辑后，可退出会声会影 2020 应用程序，以提高系统的运行速度。 在会声会影 2020 编辑器中， 选择"文件"｜"退出"命令，如图 1-58 所示，即可退出会声会影 2020 应用程序。

图 1-58 选择"退出"命令

▶ 专家指点

在会声会影 2020 中，用户还可以通过以下 3 种方法退出软件。

- 单击应用程序窗口右上角的"关闭"按钮 ✕。
- 使用 Alt ＋ F4 组合键。
- 在 Windows 7 系统的任务栏的会声会影 2020 程序图标上右击，在弹出的快捷菜单中选择"关闭窗口"命令，也可以退出软件。

1.4 认识会声会影 2020 工作界面

会声会影 2020 的编辑器提供了完善的编辑功能，利用它可以全面控制影片的制作过程，还可以为采集的视频添加各种素材、转场、覆叠及滤镜效果等。使用会声会影编辑器的图形化界面，可以清晰而快速地完成各种影片的编辑工作。本节主要向读者介绍会声会影 2020 工作界面的组成部分，希望读者熟练掌握本节内容。

1.4.1 工作界面的组成

会声会影 2020 的工作界面主要由菜单栏、步骤面板、预览窗口、导览面板、素材库以及时间轴面板等组成，如图 1-59 所示。

图 1-59 会声会影 2020 的工作界面

1.4.2 认识菜单栏

在会声会影 2020 中，菜单栏位于工作界面的上方，包括"文件""编辑""工具""设置""帮助" 5 个菜单，如图 1-60 所示。

图 1-60 菜单栏

菜单栏中各菜单项的作用分别如下。

1. "文件"菜单

"文件"菜单中各命令的含义如下。

- 新建项目：可以新建一个普通项目文件。
- 新 HTML 5 项目：可以新建一个 HTML 5 格式的项目文件。
- 打开项目：可以打开一个项目文件。
- 保存：可以保存一个项目文件。
- 另存为：可以另存为一个项目文件。
- 导出为模板：将现有的影视项目文件导出为模板，方便以后进行重复调用操作。

- 智能包：将现有项目文件进行智能打包，还可以根据需要对智能包进行加密。
- 成批转换：可以成批转换项目文件格式，包括 AVI 格式、MPEG 格式、MOV 格式以及 MP4 格式等。
- 保存修整后的视频：可以将修整或剪辑后的视频文件保存到媒体素材库中。
- 重新链接：当素材源文件更改位置或更改名称后，用户可以通过"重新链接"功能重新链接修改后的素材文件。
- 将媒体文件插入到时间轴：可以将视频、照片、音频等素材插入到时间轴面板中。
- 将媒体文件插入到素材库：可以将视频、照片、音频等素材插入到素材库面板中。
- 退出：可以退出会声会影 2020 工作界面。

2. "编辑"菜单

"编辑"菜单中各命令的含义如下。

- 撤销：可以撤销做错的视频编辑操作。
- 重复：可以恢复被撤销的视频编辑操作。
- 删除：可以删除视频、照片或音频素材。
- 复制：可以复制视频、照片或音频素材。
- 复制属性：可以复制视频、照片或音频素材的属性，这些属性包括覆叠选项、色彩校正、滤镜特效、旋转、大小、方向、样式以及变形等。
- 粘贴：可以对复制的素材进行粘贴操作。
- 粘贴所有属性：粘贴所复制的所有素材属性。
- 粘贴可选属性：粘贴部分素材的属性，用户可以根据需要自行选择。
- 运动追踪：在视频中运用运动追踪功能，可以运动跟踪视频中的某一个对象，形成一条路径。
- 匹配动作：当用户为视频设置运动追踪后，使用"匹配动作"功能可以设置运动追踪的属性，包括对象的偏移、透明度、阴影以及边框等。
- 自定义动作：可以为视频自定义变形或运动效果。
- 删除动作：删除视频中已经添加的自定义动作特效。
- 更改照片 / 色彩区间：可以更改照片或色彩素材的持续时间长度。
- 抓拍快照：可以在视频中抓拍某一个动态画面的静帧素材。
- 自动摇动和缩放：可以为照片素材添加摇动和缩放运动特效。
- 多重修整视频：可以多重修整视频素材的长度，以及对视频片段进行剪辑操作。
- 分割素材：可以对视频、照片以及音频素材的片段进行分割操作。
- 按场景分割：按照视频画面的多个场景将视频素材分割为多个小节。
- 分离音频：将视频文件中的背景音乐单独分割出来，使其在时间轴面板中成为单个文件。
- 重新映射时间：可以帮助用户在视频中增添慢动作或快动作特效、动作停帧或反转视频片段特效。
- 速度 / 时间流逝：可以设置视频的速度。
- 变速：可以更改视频画面为快动作播放或慢动作播放。

- 停帧：可以截取视频画面中的一个定帧画面，并设置画面区间长度。

3. "工具"菜单

"工具"菜单中各命令的含义如下。

- 高光时刻：高光时刻是会声会影 2020 新增的智能影片创建器，在打开的"高光时刻"窗口中可以导入需要制作的素材，并将导入的素材添加到编辑面板中，高光时刻会自动分析提取影片中的最佳片段，自动匹配过渡转场、日期字幕、背景音乐等进行视频合成，生成一个完整的影片文件，生成后的视频文件会保存到"编辑"步骤面板中。
- 多相机编辑器：可以将用户从不同角度、不同相机中拍摄的多个视频画面剪辑出来，合成为一段视频。
- 运动追踪：在视频中运用"运动追踪"功能，可以运动追踪视频中的某一个对象，形成一条路径。
- 影音快手：可以使用软件自带的模板快速制作影片画面。
- 遮罩创建器：可以创建视频的遮罩特效，如圆形遮罩样式、矩形遮罩样式等。
- 重新映射时间：可以更加精准地修整视频播放速度，制作出快动作或慢动作特效。
- 360 到标准：可以通过添加画面关键帧，制作视频的 360° 运动效果。
- DV 转 DVD 向导：可以使用 DV 转 DVD 向导来捕获 DV 中的视频素材。
- 创建光盘：在这个菜单中包括多种光盘类型，如 DVD 光盘、AVCHD 光盘以及蓝光光盘等，选择相应的选项可以将视频刻录为相应的光盘。
- 从光盘镜像刻录（ISO）：可以将视频文件刻录为 ISO 格式的镜像文件。
- 绘图创建器：在绘图创建器中，用户可以使用画笔工具绘制各种不同的图形对象。

4. "设置"菜单

"设置"菜单中各命令的含义如下。

- 参数选择：可以设置项目文件的各种参数，包括项目参数、回放属性、预览窗口颜色、撤销级别、图像采集属性以及捕获参数设置等。

- 项目属性：可以查看当前编辑的项目文件的各种属性，包括时长、帧速率以及视频尺寸等。
- 智能代理管理器：是否将项目文件进行智能代理操作。在"参数选择"对话框的"性能"选项卡中，可以设置智能代理属性。
- 素材库管理器：可以更好地管理素材库中的文件，用户可以将文件导入库或者导出库。
- 影片配置文件管理器：可以制作出不同的视频格式。可以在"输出"选项面板中单击相应的视频输出格式，也可以选择"自定"选项，然后在下方的列表框中选择需要创建的视频格式。
- 轨道管理器：可以管理轨道中的素材文件。
- 章节点管理器：可以管理素材中的章节点。
- 提示点管理器：可以管理素材中的提示点。
- 布局设置：可以更改会声会影的布局样式。

5. "帮助"菜单

"帮助"菜单中各命令的含义如下。

- 帮助主题：在相应网页窗口中，可以查看会声会影 2020 的相关主题资料，也可以搜索需要的软件信息。
- 用户指南：在相应网页窗口中，可以查看会声会影 2020 的使用指南等信息。
- 新功能：可以查看软件的新增功能信息。
- 入门：该命令下的子菜单中，提供了多个学习软件的入门知识，用户可根据实际需求进行相应选择和学习。
- 关于：可以查看软件的相关版本等信息。

1.4.3 认识预览窗口

预览窗口位于操作界面的左上方，可以显示当前的项目、素材、视频滤镜、效果或标题等。也就是说，对视频进行的各种设置基本都可以在此显示出来，而且有些视频内容需要在此进行编辑。如图 1-61 所示为会声会影 2020 预览窗口。

图 1-61　会声会影 2020 预览窗口

1.4.4 认识导览面板

导览面板主要用于控制预览窗口中显示的内容，使用该面板可以浏览所选的素材，进行精确的编辑或修整操作。预览窗口下方的导览面板上有一排播放控制按钮和功能按钮，用于预览和编辑项目中使用的素材，如图 1-62 所示。通过选择导览面板中不同的播放模式来播放所选的项目或素材。使用修整栏和滑轨可以对素材进行编辑，将鼠标指针移动到按钮或对象上方时会显示该按钮的名称。

图 1-62　会声会影 2020 导览面板

导览面板中各按钮的含义如下。

- "播放"按钮▶：单击该按钮，播放会声会影的项目、视频或音频素材。按住 Shift 键的同时单击该按钮，可以仅播放在修整栏上选取的区间（在开始标记和结束标记之间）。在回放时，单击该按钮，即可停止播放视频。
- "起始"按钮◀：返回到项目、素材或所选区域的起始点。
- "上一帧"按钮◀：移动到项目、素材或所选区域的上一帧。
- "下一帧"按钮▶：移动到项目、素材或所选区域的下一帧。
- "结束"按钮▶：移动到项目、素材或所选区域的终止点。
- "重复"按钮：连续播放项目、素材或所选区域。
- "系统音量"按钮：单击该按钮，或拖动弹出的滑动条，可以调整视频素材的音频音量。该按钮会同时调整扬声器的音量。
- "HD 预览"按钮：表示高清预览图像素材。
- "更改项目宽高比"下拉按钮：单击下拉按钮，在弹出的下拉列表中提供了 5 种更改项目比例的选项，选择相应的选项图标，在预览窗口中可以将项目更改为相应的播放比例。
- "变形工具"下拉按钮：单击该按钮，在弹出的下拉列表中提供了两种变形方式，选择不同的选项图标，即可对素材进行裁剪变形。

● "修整标记"按钮：用于修整、编辑和剪辑视频素材。

● "开始标记"按钮：用于标记素材的起始点。

● "结束标记"按钮：用于标记素材的结束点。

● "根据滑轨位置分割素材"按钮：将滑轨定位到需要分割的位置，将所选的素材剪切为两段。

● "滑轨"：单击并拖动该按钮，可以浏览视频或图像素材的画面效果，该停顿的位置显示在当前预览窗口的内容中。

● "扩大"按钮：单击该按钮，可以在较大的窗口中预览项目或素材。

● 时间码：通过指定确切的时间，可以直接调节到项目或所选素材的特定位置。

1.4.5 认识选项面板

在会声会影 2020 的选项面板中，包含控件、按钮和其他信息，可用于自定义所选素材的设置。该面板中的内容将根据步骤面板的不同而有所不同。下面向读者简单介绍照片"编辑"选项面板和视频"编辑"选项面板。

1. 照片"编辑"选项面板

在视频轨中，插入一幅照片素材，然后双击插入的照片素材，即可进入照片"编辑"选项面板，如图 1-63 所示，在其中用户可以对照片素材进行旋转、摇动和缩放等操作。

图 1-63　照片"编辑"选项面板

2. 视频"编辑"选项面板

在视频轨中，选择一段视频素材，然后双击选择的视频素材，即可进入视频"编辑"选项面板，如图 1-64 所示，在其中用户可以对视频素材进行编辑与剪辑操作。

图 1-64　视频"编辑"选项面板

1.4.6 认识素材库

在会声会影 2020 界面的右上角，单击"媒体"按钮，即可进入"媒体"素材库，其中显示了所有视频、图像与音频素材，如图 1-65 所示。

图 1-65　"媒体"素材库

"媒体"素材库中各按钮的含义如下。

● "添加"按钮：可以新建一个或多个媒体文件夹，用来存放用户需要的媒体素材，如图 1-66 所示。

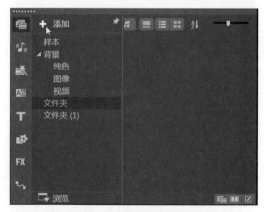

图 1-66　新建媒体文件夹

● "导入媒体文件"按钮：可以导入各种媒体素材文件，包括视频、图像以及音频文件等。

● "显示/隐藏视频"按钮：可以显示或隐藏素材库中的视频文件。

● "显示/隐藏照片"按钮：可以显示或隐藏素材库中的照片文件。

● "显示/隐藏音频文件"按钮：可以显示或隐藏素材库中的音频文件。

● "隐藏标题"按钮：可以隐藏素材库中文件的标题名称。

● "列表视图"按钮：可以以列表的形式，显示素材库中所有的素材文件，如图 1-67 所示。

● "缩略图视图"按钮：可以以缩略图的形式显示素材库中的素材文件。

● "对素材库中的素材排序"按钮：单击该按钮，将弹出下拉菜单，选择相应的选项，可以对素材进行相应的排序操作，包括按名称、类型以及日期进行排序。

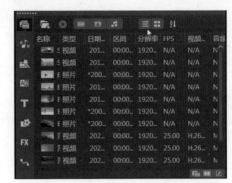

图 1-67　切换至列表视图

第2章

基础：掌握软件基本操作

章前知识导读

　　会声会影 2020 是 Corel 公司推出的一款视频编辑软件，也是世界上第一款面向非专业用户的视频编辑软件。本章主要介绍项目文件的基本操作、项目文件的链接与转换、视图与界面的布局方式等内容。

新手重点索引

- 掌握项目文件的基本操作
- 掌握视图与界面的布局方式
- 链接与转换项目文件
- 掌握项目属性设置

效果图片欣赏

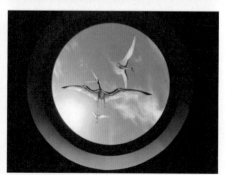

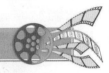

2.1　掌握软件基本操作

本节主要向读者介绍在将会声会影 2020 安装至计算机中后，启动与退出会声会影 2020 的操作方法，以及新建、打开、保存和加密输出项目文件的操作方法，希望读者熟练掌握本节内容。

2.1.1　新建项目文件

运行会声会影 2020 时，程序会自动新建一个项目。若是第一次使用会声会影 2020，项目将使用会声会影 2020 的初始默认设置，项目设置决定在预览项目时视频项目的渲染方式。

新建项目的方法很简单，用户在菜单栏中选择"文件"菜单，在弹出的菜单列表中选择"新建项目"命令，如图 2-1 所示，即可新建一个空白项目文件。

图 2-1　选择"新建项目"命令

如果用户正在编辑的视频项目没有进行保存操作，在新建项目的过程中，会弹出保存提示信息框，提示用户是否保存当前编辑的项目文件，如图 2-2 所示。单击"是"按钮，即可保存当前项目文件；单击"否"按钮，将不保存当前项目文件；单击"取消"按钮，将取消项目的新建操作。

图 2-2　保存提示信息框

2.1.2　打开项目文件

当用户需要使用其他已经保存的项目文件时，可以选择需要的项目文件并打开。在会声会影 2020 中，有多种打开项目文件的操作方法，下面介绍两种打开项目文件的操作方法。

1. 使用命令打开项目

在会声会影 2020 中，用户可以通过"打开项目"命令来打开项目文件。进入会声会影编辑器，在菜单栏中选择"文件"菜单，在弹出的菜单列表中选择"打开项目"命令，如图 2-3 所示。弹出"打开"对话框，在该对话框中用户可以根据需要选择要打开的项目文件，然后单击"打开"按钮，如图 2-4 所示，即可打开项目文件。在时间轴视图中可以查看打开的项目文件。

图 2-3　选择"打开项目"命令

图 2-4　单击"打开"按钮

2. 打开最近使用过的文件

在会声会影 2020 中，最后编辑和保存的几个项目文件会显示在最近打开的文件列表中。在菜单栏中选择"文件"菜单，在弹出的菜单列表中选择所需的项目文件，如图 2-5 所示，即可打开相应的项目文件。在预览窗口中可以预览视频的画面效果，如图 2-6 所示。

图 2-5　选择所需的项目文件

图 2-6　预览视频的画面效果

2.1.3　保存项目：存储视频编辑效果

在会声会影 2020 中完成对视频的编辑后，可以将项目文件保存。保存项目文件对视频编辑相当重要，保存了项目文件也就保存了之前对视频编辑的参数信息。保存项目文件后，如果用户对保存的视频有不满意的地方，可以重新打开项目文件，在其中进行修改，并可以将修改后的项目文件渲染成新的视频文件。

素材文件	素材 \ 第 2 章 \ 千桥 .jpg
效果文件	效果 \ 第 2 章 \ 千桥 .VSP
视频文件	视频第 2 章 \2.1.3 保存项目：存储视频编辑效果 .mp4

【操练＋视频】
——保存项目：存储视频编辑效果

STEP 01　进入会声会影编辑器，选择菜单栏中的"文件" | "将媒体文件插入到时间轴" | "插入照片"命令，如图 2-7 所示。

STEP 02　弹出相应的对话框，选择需要的照片素材"千桥 .jpg"，如图 2-8 所示。

图 2-7　选择"插入照片"命令

图 2-8　选择照片素材

STEP 03　单击"打开"按钮，即可在视频轨中添加照片素材，在预览窗口中预览照片效果，如图 2-9 所示。

图 2-9　预览照片效果

STEP 04　完成上述操作后，选择菜单栏中的"文件" | "保存"命令，如图 2-10 所示。

图 2-10　选择"保存"命令

STEP 05 弹出"另存为"对话框，设置文件保存的位置和名称，如图 2-11 所示，单击"保存"按钮，即可完成素材的保存操作。

图 2-11　设置保存的位置和名称

▶ 专家指点

在会声会影 2020 中，按 Ctrl ＋ S 组合键，也可以快速保存所需的项目文件。

2.1.4　加密输出：视频文件的加密处理

在会声会影 2020 中，用户可以将编辑的项目文件保存为压缩文件，还可以对压缩文件进行加密处理。下面介绍保存为压缩文件的操作方法。

素材文件	素材 \ 第 2 章 \ 落日夕阳 .VSP
效果文件	效果 \ 第 2 章 \ 落日夕阳 .zip
视频文件	视频 \ 第 2 章 \2.1.4 加密输出：视频文件的加密处理 .mp4

【操练 + 视频】
——加密输出：视频文件的加密处理

STEP 01 进入会声会影编辑器，打开一个项目文件，如图 2-12 所示。

图 2-12　打开的项目文件

STEP 02 在菜单栏中选择"文件"|"智能包"命令，弹出提示信息框，单击 Yes 按钮，弹出"智能包"对话框，选中"压缩文件"单选按钮，更改文件夹路径后，单击"确定"按钮，弹出"压缩项目包"对话框，在其中选中"加密添加文件"复选框，如图 2-13 所示。

图 2-13　选中"加密添加文件"复选框

STEP 03 单击"确定"按钮，弹出"加密"对话框，在"请输入密码"下面的文本框中输入密码（123456789），在"重新输入密码"下面的文本框中再次输入密码（123456789），如图 2-14 所示。

图 2-14　输入密码

STEP 04 单击"确定"按钮，开始压缩文件。压缩完成后，弹出提示信息框，提示成功压缩，单击"确定"按钮，如图 2-15 所示，即可完成文件的压缩。

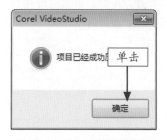

图 2-15　单击"确定"按钮

2.2 链接与转换项目文件

在会声会影 2020 中，如果制作的视频文件源素材被更改了名称或存储位置，则需要对素材进行重新链接，才能正常打开需要的项目文件。本节主要向读者介绍链接与转换项目的操作方法。

2.2.1 打开项目重新链接

在会声会影 2020 中打开项目文件时，如果素材丢失，软件会提示用户需要重新链接素材，才能正确打开项目文件。下面向读者介绍打开项目文件时重新链接素材的方法。在菜单栏中选择"文件"|"打开项目"命令，如图 2-16 所示，弹出"打开"对话框，在其中选择需要打开的项目文件，如图 2-17 所示。

图 2-16 选择"文件"|"打开项目"命令

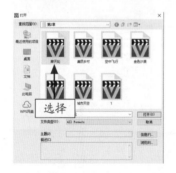

图 2-17 选择需要打开的项目文件

单击"打开"按钮，即可打开项目文件，此时时间轴面板中显示素材错误，如图 2-18 所示。软件自动弹出提示信息框，单击"重新链接"按钮，如图 2-19 所示。

弹出"替换/重新链接素材"对话框，在其中选择正确的素材文件，单击"打开"按钮。弹出提示信息框，提示用户素材链接成功，如图 2-20 所示。单击"确定"按钮，此时在时间轴面板中将显示素材的缩

略图，表示素材已经链接成功，在预览窗口中可以预览链接成功后的素材画面效果，如图 2-21 所示。

图 2-18 时间轴面板

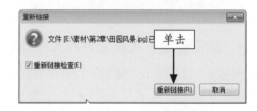

图 2-19 单击"重新链接"按钮

> **专家指点**
>
> 在弹出的提示信息框中，下面 3 个按钮的含义如下。
> - "重新链接"按钮：单击该按钮，可以重新链接正确的素材文件。
> - "略过"按钮：忽略当前无法链接的素材文件，使素材错误地显示在时间轴面板中。
> - "格式"按钮：取消素材的链接操作。

图 2-20 单击"确定"按钮

图 2-21　预览画面效果

2.2.2　制作过程重新链接

在会声会影 2020 中，用户如果在制作视频的过程中修改了视频源素材的名称或素材的路径，也会出现素材需要重新链接的情况，如图 2-22 所示。在这种情况下，用户无法继续对项目进行操作，而需要对素材进行重新链接。

图 2-22　"重新链接"对话框

此时可以在制作过程中重新链接正确的素材文件，单击"重新链接"按钮，再单击"打开"按钮，弹出提示信息框，提示用户素材链接成功，单击"确定"按钮，即可完成制作过程的重新链接操作。在时间轴面板中可以查看链接成功后的视频素材，如图 2-23 所示。

图 2-23　时间轴面板

2.2.3　批量转换：成批更改视频格式

在会声会影 2020 中，如果用户对某些视频文件的格式不满意，可以运用"成批转换"功能，成批转换视频文件的格式，使之符合用户的视频需求。下面向读者介绍成批转换视频文件的方法。

素材文件	素材\第2章\含苞待放.mpg、荷花绽放.mpg	
效果文件	效果\第2章\含苞待放.wmv、荷花绽放.wmv	
视频文件	视频\第2章\2.2.3　批量转换：成批更改视频格式.mp4	

【操练 + 视频】
——批量转换：成批更改视频格式

STEP 01 进入会声会影编辑器，在菜单栏中选择"文件"|"成批转换"命令，如图 2-24 所示。

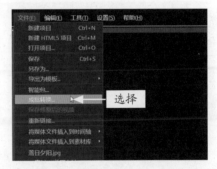

图 2-24　选择"成批转换"命令

STEP 02 弹出"成批转换"对话框，单击"添加"按钮，如图 2-25 所示。

图 2-25　单击"添加"按钮

STEP 03 弹出"打开视频文件"对话框，在其中选择需要的素材，如图 2-26 所示。

STEP 04 单击"打开"按钮，即可将选择的素材添加至"成批转换"对话框中，单击"保存文件夹"文本框右侧的按钮，如图 2-27 所示。

STEP 05 弹出"浏览文件夹"对话框，在其中选择需要保存的文件夹，单击"确定"按钮，如图 2-28 所示。

图 2-26　选择需要的素材

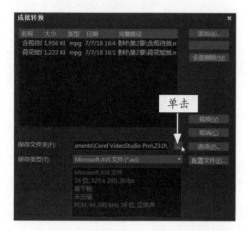

图 2-27　单击"保存文件夹"文本框右侧的按钮

图 2-28　单击"确定"按钮

STEP 06 返回到"成批转换"对话框，其中显示了视频文件的转换位置，在下方设置视频需要转换的格式，这里选择"Windows Media 视频（*.wmv：*.asf）"选项，如图 2-29 所示，单击"转换"按钮。

图 2-29　选择保存类型

STEP 07 执行上述操作，即可开始进行转换。转换完成后弹出"任务报告"对话框，提示文件转换成功，如图 2-30 所示。

图 2-30　提示文件转换成功

STEP 08 单击"确定"按钮，即可完成成批转换的操作，在目标文件夹中可以查看转换的视频文件，如图 2-31 所示。

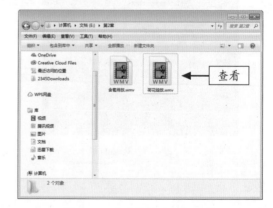

图 2-31　查看转换的视频文件

STEP 09 将转换后的视频文件添加至视频轨中，在预览窗口中可以预览视频的画面效果，如图 2-32 所示。

图 2-32　预览视频的画面效果

> ▶ 专家指点
>
> 　　在"成批转换"对话框中，各项的含义如下。
> - "添加"按钮：可以在对话框中添加需要转换格式的视频素材。
> - "删除"按钮：删除对话框中不需要转换的单个视频素材。
> - "全部删除"按钮：将对话框中所有的视频素材都删除。
> - "转换"按钮：开始转换视频格式。
> - "选项"选项：单击该按钮，在弹出的对话框中，用户可以设置视频选项。
> - "保存文件夹"文本框：设置转换格式后保存视频的文件夹位置。
> - "保存类型"下拉列表框：设置视频转换格式。

2.3　掌握视图与界面布局方式

　　会声会影 2020 提供了 3 种可选的视频编辑视图模式，分别为故事板视图、时间轴视图和混音器视图，每一个视图都有其特有的优势，不同的视图模式可以应用于不同项目文件的编辑操作。本节主要向读者介绍在会声会影 2020 中切换常用视图模式的操作方法。

2.3.1　掌握故事板视图

　　故事板视图模式是一种简单明了的编辑模式，用户只需从素材库中直接将素材用鼠标拖曳至视频轨中即可。在该视图模式中，每一张缩略图代表了一张图片、一段视频或一个转场效果，图片下方的数字表示该素材的区间。在该视图模式中编辑视频时，用户只需选择相应的视频文件，在预览窗口中进行编辑，从而轻松实现对视频的编辑操作。用户还可以在故事板中用鼠标拖曳缩略图，从而调整视频项目的播放顺序。

　　在会声会影 2020 编辑器中，单击视图面板上方的"故事板视图"按钮 ，即可将视图模式切换至故事板视图，如图 2-33 所示。

图 2-33　故事板视图

> ▶ 专家指点
>
> 　　在故事板视图中，无法显示覆叠轨中的素材，也无法显示标题轨中的字幕素材，只能显示视频轨中的素材画面，以及素材的区间长度。如果用户为素材添加了转场效果，还可以显示添加的转场特效。

2.3.2 切换视图：掌握时间轴视图

时间轴视图是会声会影 2020 中最常用的编辑模式，相对比较复杂，但是其功能强大。在时间轴编辑模式下，用户不仅可以对标题、字幕、音频等素材进行编辑，还可以在以"帧"为单位的精度下对素材进行精确的编辑，所以时间轴视图模式是用户精确编辑视频的最佳形式。

素材文件	素材＼第 2 章＼金色沙漠 .VSP
效果文件	无
视频文件	视频＼第 2 章＼2.3.2 切换视图：掌握时间轴视图 .mp4

【操练＋视频】
——切换视图：掌握时间轴视图

STEP 01 进入会声会影编辑器，在菜单栏中选择"文件"|"打开项目"命令，打开一个项目文件，如图 2-34 所示。

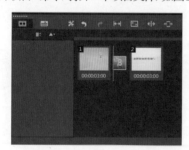

图 2-34　打开项目文件

STEP 02 单击故事板上方的"时间轴视图"按钮，如图 2-35 所示，即可将视图模式切换至时间轴视图模式。

图 2-35　单击"时间轴视图"按钮

▶ **专家指点**

在时间轴面板中，各轨道中均有一个眼睛样式的可视性图标，单击该图标，即可禁用相应轨道，再单击该图标，可启用相应轨道。

STEP 03 在预览窗口中，可以预览时间轴视图中的素材画面效果，如图 2-36 所示。

图 2-36　预览时间轴视图中的素材画面效果

▶ **专家指点**

在时间轴面板中，共有 5 个轨道，分别是视频轨、覆叠轨、标题轨、声音轨和音乐轨。视频轨和覆叠轨主要用于放置视频素材和图像素材，标题轨主要用于放置标题字幕素材，声音轨和音乐轨主要用于放置旁白和背景音乐等音频素材。在编辑时，只需要将素材拖动到相应的轨道中，即可完成对素材的添加操作。

2.3.3 掌握混音器视图

混音器视图在会声会影 2020 中，可以用来调整项目中声音轨和音乐轨中素材的音量大小，以及调整素材中特定点位置的音量，在该视图中用户还可以为音频素材设置淡入淡出、长回音、放大以及嘶声降低等特效。在会声会影的时间轴面板中，单击"混音器"按钮，即可切换至混音器视图，在下方轨道中，可以查看音频波形，如图 2-37 所示。

图 2-37　混音器视图

在"属性"选项面板中，用户可以设置"区间""音量""声道"等属性，如图 2-38 所示。

图 2-38　"属性"选项面板

在"环绕混音"选项面板中，用户可以设置"视频轨""覆叠轨""声音轨"和"音乐轨"中的声音效果，如图 2-39 所示。

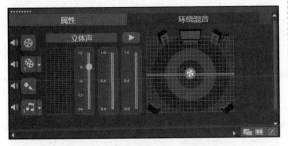

图 2-39　"环绕混音"选项面板

2.3.4　更改默认布局

在会声会影 2020 中，用户可以根据编辑视频的方式和操作手法，更改软件默认状态下的布局样式。下面介绍更改界面布局的 3 种方法。

1. 调整面板大小

在使用会声会影 2020 进行编辑的过程中，用户可以根据需要将面板放大或者缩小，如在时间轴中进行编辑时，将时间轴面板放大，可以获得更大的操作空间；在预览窗口中预览视频效果时，将预览窗口放大，可以获得更好的预览效果。将鼠标指针移至预览窗口、素材库或时间轴相邻的边界线上，如图 2-40 所示，按住鼠标左键并拖曳，可将选择的面板随意地放大、缩小。如图 2-41 所示为调整面板大小后的界面效果。

图 2-40　将鼠标指针移至时间轴边界线上

图 2-41　调整面板大小后的界面效果

2. 移动面板位置

使用会声会影 2020 编辑视频时，若用户不习惯默认状态下面板的位置，可以拖曳面板将其嵌入所需的位置。将鼠标指针移至预览窗口、素材库或时间轴左上角的位置，如图 2-42 所示。

图 2-42　将鼠标指针移至预览窗口的位置

按住鼠标左键将面板拖曳至另一个面板旁边，在面板的上下左右分别会出现 4 个箭头，将所拖曳的面板靠近箭头，释放鼠标左键，即可将面板嵌入新的位置，如图 2-43 所示。

3. 漂浮面板位置

在使用会声会影 2020 进行编辑的过程中，用户还可以将面板设置成漂浮状态。如用户只需使用时间轴面板和预览窗口的时候，可以将素材库设置成漂浮，并将其移动到屏幕外面，如需使用时再将其拖曳出来。

使用该功能，还可以使会声会影 2020 实现双显示器显示，用户可以将时间轴和素材库放在一个屏幕上，而在另一个屏幕上可以进行高质量的预览。双击预览窗口、素材库或时间轴左上角的▦▦▦▦按钮，如图 2-44 所示，即可将所选择的面板设置成漂浮状态，如图 2-45 所示。

图 2-43　将面板嵌入新的位置

图 2-44　在相应位置双击

图 2-45　将所选择的面板设置成漂浮状态

使用鼠标拖曳面板可以调整面板的位置，双击漂浮面板中的▦▦▦▦按钮，可以让处于漂浮状态的面板恢复到原处。

2.3.5　保存布局：存储常用的界面布局

在会声会影 2020 中，用户可以将更改的界面布局样式保存为自定义的界面，并在以后的视频编辑中，根据操作习惯方便地切换界面布局。

素材文件	素材＼第 2 章＼空中飞行 .VSP
效果文件	无
视频文件	视频＼第 2 章＼2.3.5 保存布局：存储常用的界面布局 .mp4

【操练＋视频】
——保存布局：存储常用的界面布局

STEP 01　进入会声会影编辑器，在菜单栏中选择"文件"|"打开项目"命令，打开一个项目文件，随意拖曳窗口布局，如图 2-46 所示。

图 2-46　随意拖曳窗口布局

STEP 02　在菜单栏中，选择"设置"|"布局设置"|"保存到"|"自定义 #2"命令，如图 2-47 所示。

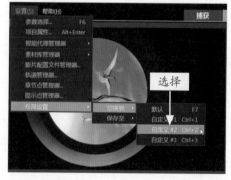

图 2-47　选择"自定义 #2"命令

STEP 03　执行操作后，即可将更改的界面布局样式进行保存操作，在预览窗口中可以预览视频的画面效果，如图 2-48 所示。

图 2-48　预览视频的画面效果

▶ 专家指点

　　在会声会影 2020 中，在用户保存了更改后的界面布局样式后，按 Alt+1 组合键，可以快速切换至"自定义 # 1"布局样式；按 Alt+2 组合键，可以快速切换至"自定义 # 2"布局样式；按 Alt+3 组合键，可以快速切换至"自定义 # 3"布局样式。选择"设置"|"布局设置"|"切换到"|"默认"命令，或按 F7 键，可以快速恢复至软件默认的界面布局样式。

2.3.6　切换布局：切换至存储的界面布局

　　在会声会影 2020 中，当用户自定义多个布局样式后，可以根据编辑视频的习惯，切换至相应的界面布局样式。下面向读者介绍切换界面布局样式的操作方法。

素材文件	视频\素材\第 2 章\摩天轮 .VSP
效果文件	无
视频文件	视频\第 2 章\2.3.6 切换布局：切换至存储的界面布局 .mp4

【操练 + 视频】
——切换布局：切换至存储的界面布局

STEP 01　进入会声会影编辑器，在菜单栏中选择"文件"|"打开项目"命令，打开一个项目文件，界面布局如图 2-49 所示。

STEP 02　在菜单栏中，选择"设置"|"布局设置"|"切换到"|"自定义 #2"命令，如图 2-50 所示。

STEP 03　执行操作后，即可切换界面布局样式，如图 2-51 所示。

图 2-49　界面布局

图 2-50　选择相应命令

图 2-51　切换界面布局样式

▶ 专家指点

　　选择"设置"|"参数选择"命令，弹出"参数选择"对话框，切换至"界面布局"选项卡，在"布局"选项组中选中相应的单选按钮，单击"确定"按钮后，即可切换至相应的界面布局样式。

2.4　掌握项目属性设置

　　用户在使用会声会影 2020 进行视频编辑时，如果希望按照自己的操作习惯来编辑视频，以提高操作

效率，可以对一些参数进行设置。这些设置对于高级用户而言特别有用，它可以帮助用户节省大量的时间，以提高视频编辑的工作效率。在会声会影2020的"参数选择"对话框中，包括"常规""编辑""捕获""性能"及"界面布局"5个选项卡，在各选项卡中都可以对软件的属性以及操作习惯进行设置。

2.4.1　设置软件常规属性

启动会声会影2020后，选择"设置"|"参数选择"命令，如图2-52所示，弹出"参数选择"对话框。切换至"常规"选项卡，显示"常规"选项参数设置，如图2-53所示。

图 2-52　选择相应命令

图 2-53　显示"常规"选项参数设置

"常规"选项卡中的参数用于设置一些软件基本的操作属性，下面向读者介绍部分参数的设置方法。

1．"撤销"复选框

选中"撤销"复选框，将启用会声会影的撤销/重做功能，可使用Ctrl＋Z组合键，或者选择"编辑"菜单中的"重来"命令，进行撤销或重做操作。在其右侧的"级数"文本框中可以指定允许撤销/重做的最大次数（最多为99次），所指定的撤销/重做次数越高，所占的内存空间越多；如果保存的撤销/重做动作太多，计算机的性能将会降低。因此，用户可以根据自己的操作习惯设置合适的撤销/重做级数。

2．"重新链接检查"复选框

选中"重新链接检查"复选框，当用户把某一个素材或视频文件丢失或者改变了存放的位置和重命名时，会声会影会自动检测项目中素材的对应源文件是否存在。如果源文件的存放位置已更改，那么系统就会自动弹出信息提示框，提示源文件不存在，要求重新链接素材。该功能十分有用，建议用户选中该复选框。

3．工作文件夹

单击"工作文件夹"右侧的按钮，可选取用于保存编辑完成的项目和捕获素材的文件夹。

4．素材显示模式

主要用于设置时间轴上素材的显示模式。若用户需要视频素材以相应的缩略图方式显示在时间轴上，可以选择"仅略图"选项；若用户需要视频素材以文件名方式显示在时间轴上，可以选择"仅文件名"选项；若用户需要视频素材以相应的缩略图和文件名方式显示在时间轴上，则可以选择"略图和文件名"选项。图2-54所示为3种显示模式。

图 2-54　3种显示模式

图 2-54　3 种显示模式（续）

5. "将第一个视频素材插入到时间轴时显示消息"复选框

该复选框的功能是，当捕获或将第一个素材插入项目时，会声会影将自动检查该素材和项目的属性，如果出现文件格式、帧大小等属性不一致的问题，便会显示一个信息，让用户选择是否将项目的参数自动调整为与素材属性相匹配的设置。

6. "自动保存间隔"复选框

会声会影 2020 提供了像 Word 一样的自动存盘功能。选中"自动保存间隔"复选框后，系统将每隔一段时间自动保存项目文件，从而避免在发生意外状况时丢失用户的工作成果，其右侧的选项用于设置执行自动保存的时间。

7. 即时回放目标

该复选框用于选择回放项目的目标设备。如果用户拥有双端口的显示卡，可以同时在预览窗口和外部显示设备上回放项目。

8. 在预览窗口中显示标题安全区域

选中该复选框，创建标题时会在预览窗口中显示标题安全区。标题安全区是预览窗口中的一个矩形框，用于确保用户设置的文字位于此标题安全区内。

9. 背景色

当视频轨上没有素材时，可以在这里指定预览窗口的背景颜色。单击"背景色"右侧的颜色色块，弹出颜色列表，如图 2-55 所示。选择"Corel 色彩选取器"选项，弹出"Corel 色彩选取器"对话框，如图 2-56 所示，在其中用户可以选择或自定义背景颜色，设置视频轨的背景颜色。

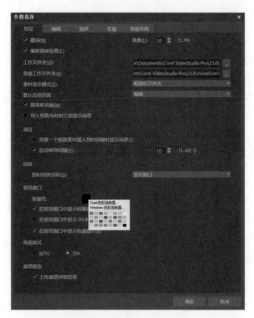

图 2-55　弹出颜色列表

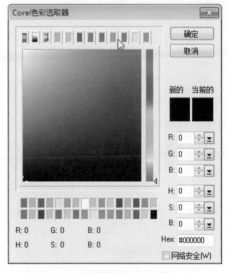

图 2-56　"Corel 色彩选取器"对话框

2.4.2　设置软件编辑属性

在"参数选择"对话框中，切换至"编辑"选项卡，如图 2-57 所示，在该选项卡中，用户可以对所有效果和素材的质量进行设置，还可以调整插入的图像 / 色彩素材的默认区间、转场、淡入 / 淡出效果的默认区间。

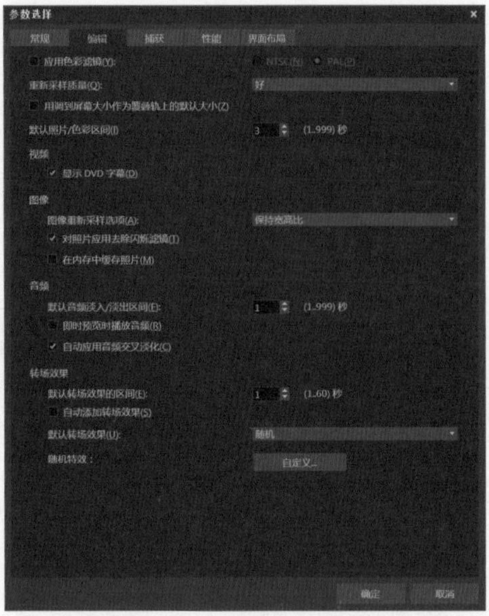

图 2-57　“编辑”选项卡

“编辑”选项卡中各主要选项的含义如下。

1．应用色彩滤镜

选中“应用色彩滤镜”复选框，可将会声会影调色板限制在 NTSC 或 PAL 色彩滤镜的可见范围，以确保所有色彩均有效。如果是仅在电脑显示器上显示，可取消选中该复选框。

2．重新采样质量

“重新采样质量”选项可以为所有的效果和素材指定质量。质量越高，生成的视频质量也就越好，不过在渲染时，时间会比较长。如果用户准备用于最后的输出，可选择“最好的”选项；若要进行快速操作时，则选择“好”选项。

3．默认照片 / 色彩区间

该选项主要用于为添加到视频项目中的图像和色彩素材指定默认的素材长度（该区间的时间单位为秒）。

4．图像重新采样选项

单击“图像重新采样选项”右侧的下拉按钮，在弹出的下拉列表中选择将图像素材添加到视频轨上时，默认的图像重新采样的方法包括“保持宽高比”“保持宽高比（无字母框）”和“调到项目大小”，选择不同的选项时，显示的效果不同。

5．在内存中缓存照片

在“编辑”选项卡中，选中“在内存中缓存照片”复选框，将在内存中缓存会声会影 2020 中照片的信息。

6．默认音频淡入 / 淡出区间

该选项主要用于为添加的音频素材的淡入和淡出指定默认的区间，在其右侧的数值框中输入的数值是素材音量从正常到淡化完成之间的时间总量区间。

7．默认转场效果

单击“默认转场效果”右侧的下拉按钮，在弹出的下拉列表中可以选择要应用到项目中的转场效果，如图 2-58 所示。

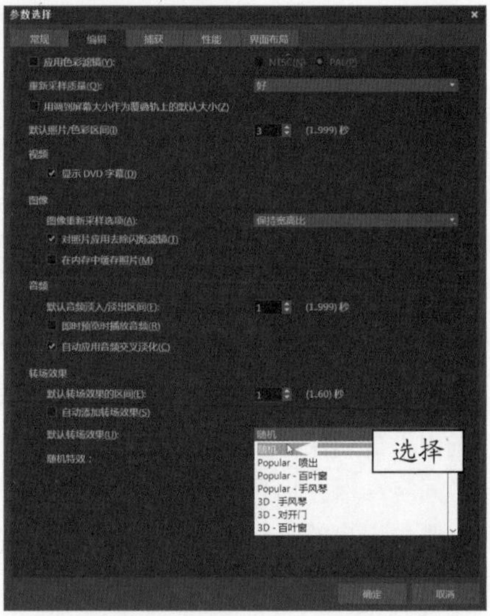

图 2-58　选择相应转场效果

2.4.3　设置软件捕获属性

在“参数选择”对话框中，切换至“捕获”选项卡，在其中可以设置与视频捕获相关的参数，如图 2-59 所示。

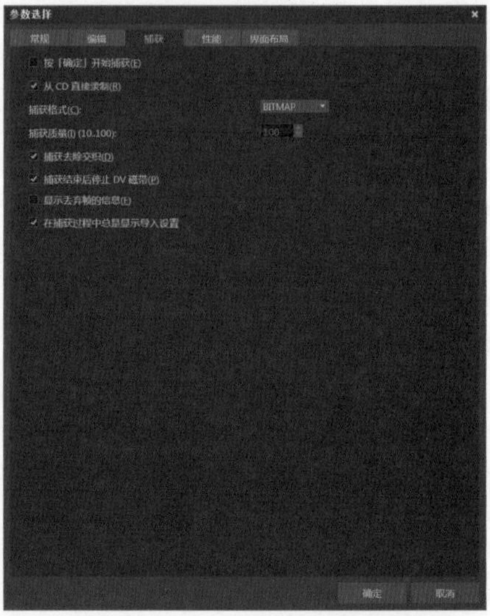

图 2-59　“捕获”选项卡

"捕获"选项卡中各主要选项的含义如下。

1．按 [确定] 开始捕获

选中"按 [确定] 开始捕获"复选框，即表示在单击"捕获"步骤面板中的"捕获视频"按钮时，会自动弹出一个信息提示框，提示用户可按 Esc 键或单击"捕获"按钮来停止该过程，单击"确定"按钮开始捕获视频。

2．从 CD 直接录制

选中"从 CD 直接录制"复选框，将直接从 CD 播放器上录制歌曲的数码源数据，并保留最佳的歌曲音频质量。

3．捕获格式

"捕获格式"选项可指定用于保存已捕获的静态图像的文件格式。单击其右侧的下拉按钮，在弹出的下拉列表中可选择从视频捕获静态帧时文件保存的格式，即 BITMAP 格式或 JPEG 格式。

4．捕获质量

"捕获质量"选项只有在"捕获格式"选项中选择 JPEG 格式时才生效。它主要用于设置图像的压缩质量。在其右侧的数值框中输入的数值越大，图像的压缩质量越大，文件也越大。

5．捕获去除交织

选中"捕获去除交织"复选框，可以在捕获视频中的静态帧时，使用固定的图像分辨率，而不使用交织型图像的渐进式图像分辨率。

6．捕获结束后停止 DV 磁带

选中"捕获结束后停止 DV 磁带"复选框是指当视频捕获完成后，允许 DV 自动停止磁带回放，否则停止捕获后，DV 将继续播放视频。

7．显示丢弃帧的信息

选中"显示丢弃帧的信息"复选框，当计算机配置较低或是出现传输故障时，将在视频捕获完成后，显示丢弃帧的信息。

8．在捕获过程中总是显示导入设置

选中"在捕获过程中总是显示导入设置"复选框后，用户在捕获视频的过程中，总是会显示相关的导入设置。

2.4.4　设置软件性能属性

在"参数选择"对话框中，切换至"性能"选项卡，在其中可以设置与会声会影 2020 相关的性能参数，如图 2-60 所示。

图 2-60　"性能"选项卡

"性能"选项卡中各主要选项的含义如下。

1．启用智能代理

在会声会影 2020 中，所谓智能代理，是通过创建智能代理，用创建的低解析度视频，替代原来的高解析度视频，进行编辑。低解析度视频要比原高解析度视频模糊。一般情况下，不建议用户启用智能代理来编辑视频文件。

2．自动生成代理模板

在编辑视频的过程中，如果用户要启用视频代理功能，软件将自动为视频生成代理模板，用户可以对该模板进行自定义操作。

3．启用硬件解码器加速

在会声会影 2020 中，通过使用视频图形加速技术和可用的硬件增强编辑性能，可以提高素材和项目的回放速度以及编辑速度。

4．启用硬件编码器加速

选中"启用硬件编码加速"复选框，可以让会声会影优化用户的系统性能。不过，具体硬件能加速多少，最终还得取决于用户的硬件规格与配置。

2.4.5　设置软件布局属性

在"参数选择"对话框中，切换至"界面布局"选项卡，在其中可以设置会声会影 2020 工作界面

的布局属性，如图 2-61 所示。

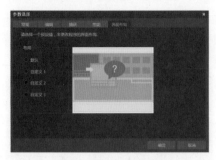

图 2-61　"界面布局"选项卡

在"界面布局"选项卡的"布局"选项组中，有默认的软件布局样式以及新建的 3 种自定义布局样式，用户选中相应的单选按钮，即可将界面调整为需要的布局样式。

2.4.6　设置项目文件属性

项目属性的设置包括项目文件信息、项目模板属性、文件格式、自定义压缩、视频以及音频等的设置，下面将对这些设置进行详细的讲解。

1. 设置 DVD 项目属性

启动会声会影 2020 编辑器，选择"设置"菜单，在弹出的菜单列表中选择"项目属性"命令，弹出"项目属性"对话框，如图 2-62 所示。

图 2-62　"项目属性"对话框

下面分别介绍"项目属性"对话框中各主要选项的含义。

- 项目格式：在该下拉列表框中，可以选择不同的项目文件格式，包括 DVD、HDV、AVCHD

以及 Blu-ray 格式等。

- 文件大小：显示了项目文件可供选择的尺寸以及文件大小。
- 属性：在该选项区域，显示了项目文件详细的格式信息。
- 编辑：单击该按钮，弹出"模板选项"对话框，从中可以对所选文件格式进行自定义压缩，并进行视频和音频设置。

单击"新建"按钮，弹出"编辑配置文件选项"对话框，如图 2-63 所示。

图 2-63　"编辑配置文件选项"对话框

切换至"常规"选项卡，在"标准"下拉列表框中设置影片的尺寸大小，如图 2-64 所示。切换至"压缩"选项卡，在其中可以设置相应参数，单击"确定"按钮，如图 2-65 所示，即可完成设置。

图 2-64　设置影片的尺寸大小

2. 设置 AVI 项目属性

在"项目属性"对话框的"项目格式"下拉列表框中选择 DV/AVI 选项，如图 2-66 所示。单击"编辑"按钮，弹出"编辑配置文件选项"对话框，如图 2-67 所示。

图 2-65　单击"确定"按钮

图 2-66　选择 DV/AVI 选项

图 2-67　"编辑配置文件选项"对话框

在"常规"选项卡的"帧速率"下拉列表框中选择 25 帧 / 秒，在"标准"下拉列表框中选择影片的尺寸大小，如图 2-68 所示。

图 2-68　选择影片的尺寸大小

切换至 AVI 选项卡，在"压缩"下拉列表框中选择视频编码方式，如图 2-69 所示。单击"配置"按钮，在弹出的"配置"对话框中对视频编码方式进行设置，单击"确定"按钮。返回到"模板选项"对话框，单击"确定"按钮，即可完成设置。

图 2-69　选择视频编码方式

▶ 专家指点

选择视频编码方式时，最好不要选择"无"选项，即非压缩的方式。无损的 AVI 视频占用的磁盘空间极大，在 800 像素 ×600 像素分辨率下，能够达到 10 MB/s。

第3章

捷径：使用自带模板特效

章前知识导读

在会声会影 2020 中，提供了多种类型的主题模板，如图像模板、视频模板、即时项目模板、对象模板、边框模板以及其他各种类型的模板等，用户灵活运用这些主题模板可以将大量生活和旅游照片制作成动态影片。

新手重点索引

- 下载与使用免费模板资源
- 影片模板的编辑与装饰处理
- 使用多种图像与视频模板
- 使用影音快手制作视频画面

效果图片欣赏

3.1 下载与使用免费模板资源

在会声会影 2020 中，用户不仅可以使用软件自带的多种模板特效文件，还可以从其他渠道获取会声会影的模板，使制作的视频画面更加丰富多彩。本节主要向读者介绍下载与调用视频模板的操作方法。

3.1.1 下载模板：通过会声会影官方网站下载视频模板

在会声会影 2020 中，如果用户需要获取外置的视频模板，主要有两种渠道：第一种是通过会声会影官方网站下载视频模板，第二种是通过会声会影论坛和相关影片素材模板网站链接下载视频模板。下面分别对这两种方法进行讲解说明。

通过网页浏览器进入会声会影官方网站，可以购买并下载和使用官方网站提供的视频模板文件。下面介绍下载官方视频模板的操作方法。

首先打开网页浏览器，进入会声会影官方网站，在上方单击"模板素材"按钮，如图 3-1 所示。

图 3-1 单击"模板素材"按钮

执行操作后，即可进入"模板素材"页面，在这里用户可以购买并下载需要的模板，其中包括婚礼表白、个人写真、企业宣传、节日庆典、儿童卡通以及其他等模板。每个素材模板的右下角都标有价格，左下角有一个复选框，选中复选框即表示预选购买，如图 3-2 所示。

图 3-2 "模板素材"页面

将页面滑至最下方，单击"立即购买"按钮，如图 3-3 所示，即可打开付款页面，根据页面提示购买并下载上方选中的素材模板。

图 3-3 单击"立即购买"按钮

3.1.2 通过相关论坛下载视频模板

在互联网中，有许多受欢迎的会声会影论坛和博客，用户可以从这些论坛和博客的相关帖子中下载网友分享的视频模板，一般是免费提供，不需要付任何费用。下面以 DV 视频编辑论坛为例，讲解下载视频模板的方法。

在 IE 浏览器中打开 DV 视频编辑论坛的网址，在网页的上方单击"素材模板下载"按钮，如图 3-4 所示。执行操作后，进入相应页面，在网页的中间显示了可供用户下载的多种会声会影模板文件，单击相应的模板超链接，如图 3-5 所示，在打开的网页中即可下载需要的视频模板。

图 3-4　单击"素材模板下载"按钮

图 3-5　单击相应的模板超链接

> ▶ 专家指点
>
> 　　DV 视频剪辑论坛是国内注册会员量比较高的论坛网站，也是一个大型的非线性编辑软件网络社区论坛，如果用户在使用会声会影 2020 的过程中遇到难以解决的问题，也可以在该论坛发布相应的帖子，寻求其他网友的帮助。

3.1.3　将模板调入会声会影使用

当用户从网上下载会声会影模板后，接下来可以将模板调入会声会影 2020 中使用。下面介绍将模板调入会声会影 2020 的操作方法。

在界面的右上方单击"模板"按钮██，在库导航面板中，选择"即时项目"选项，进入"即时项目"素材库，单击上方的"导入一个项目模板"按钮██，如图 3-6 所示。弹出"选择一个项目模板"对话框，在其中选择用户之前下载的模板文件，一般为 *.vpt 格式，单击"打开"按钮，如图 3-7 所示。

图 3-6　单击"导入一个项目模板"按钮

图 3-7　单击"打开"按钮

格式模板导入"自定义"素材库中，如图 3-8 所示。在模板上按住鼠标左键将其拖曳至时间轴面板中，即可应用即时项目模板，如图 3-9 所示。

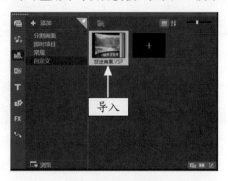

图 3-8　导入模板

图 3-9　应用即时项目模板

在会声会影 2020 中，用户也可以将自己制作的会声会影项目导出为模板，分享给其他好友。方法很简单，只需选中要导出的模板，然后在菜单栏中选择"文件"|"导出为模板"|"即时项目模板"命令，如图 3-10 所示，即可将项目导出为模板。

图 3-10　选择"即时项目模板"命令

3.2　使用多种图像与视频模板

在会声会影 2020 中，提供了多种样式的主题模板，如图像模板、视频模板、即时项目模板、图形模板、基本形状模板等，用户可以根据需要进行相应选择。本节主要向用户介绍图像模板、视频模板以及即时模板的操作方法。

3.2.1　沙漠模板：制作黄沙枯木效果

在会声会影 2020 应用程序中，向读者提供了沙漠模板，用户可以将任何照片素材应用到沙漠模板中。下面介绍应用沙漠图像模板的操作方法。

素材文件	素材 \ 第 3 章 \BG-B04.jpg
效果文件	效果 \ 第 3 章 \ 黄沙枯木 .VSP
视频文件	视频 \ 第 3 章 \3.2.1　沙漠模板：制作黄沙枯木效果 .mp4

【操练 + 视频】
——沙漠模板：制作黄沙枯木效果

STEP 01 进入会声会影编辑器，单击"显示照片"按钮 📷 ，如图 3-11 所示。

图 3-11　单击"显示照片"按钮

STEP 02 在"照片"素材库中，选择沙漠图像模板，如图 3-12 所示。

图 3-12　选择沙漠图像模板

STEP 03 在沙漠图像模板上，按住鼠标左键将其拖曳至故事板中的适当位置，释放鼠标左键，即可应用沙漠图像模板，如图 3-13 所示。

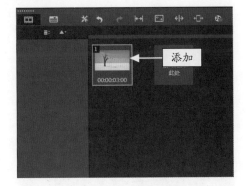

图 3-13　应用沙漠图像模板

STEP 04 在预览窗口中，可以预览添加的沙漠模板效果，如图 3-14 所示。

图 3-14　预览添加的沙漠模板效果

▶ 专家指点

　　在"媒体"素材库中，当用户显示照片素材后，"显示照片"按钮将变为"隐藏照片"按钮。单击"隐藏照片"按钮 ，即可隐藏素材库中所有的照片素材，使素材库保持整洁。

3.2.2　树林模板：制作自然森林效果

　　在会声会影 2020 中，向读者提供了树林模板，用户可以将树林模板应用到各种各样的照片中。下面介绍应用树林图像模板的操作方法。

素材文件	素材 \ 第 3 章 \BG-B03.jpg
效果文件	效果 \ 第 3 章 \ 树林模板 .VSP
视频文件	视频 \ 第 3 章 \3.2.2　树林模板：制作自然森林效果 .mp4

【操练 + 视频】
——树林模板：制作自然森林效果

STEP 01 在"照片"素材库中，选择树林图像模板，如图 3-15 所示。

图 3-15　选择树林图像模板

STEP 02 在树林图像模板上右击，在弹出的快捷菜

单中选择"插入到" | "视频轨"命令，如图 3-16 所示。

图 3-16　选择"视频轨"命令

▶ 专家指点

　　在时间轴面板的"视频轨"图标 上单击，即可禁用视频轨，隐藏视频轨中的所有素材画面。

STEP 03 执行操作后，即可将树林图像模板插入时间轴面板的视频轨中，如图 3-17 所示。

图 3-17　插入树林图像模板

STEP 04 在预览窗口中，可以预览添加的树林模板效果，如图 3-18 所示。

图 3-18　预览添加的树林模板效果

▶ 专家指点

　　在会声会影 2020 中，用户还可以将"照片"素材库中的模板添加至覆叠轨中。可以通过直接拖曳的方式，将模板拖曳至覆叠轨中；还可以在图像模板上右击，在弹出的快捷菜单中选择"插入到"|"覆叠轨 #1"命令，如图 3-19 所示，即可将图像模板应用到覆叠轨中，制作视频画中画特效。

图 3-19　选择"覆叠轨 #1"命令

3.2.3　植物模板：制作绿色植被效果

　　在会声会影 2020 中，用户可以使用"照片"素材库中的植物模板制作蒲公英画面效果。下面介绍运用植物模板制作蒲公英画面的操作方法。

素材文件	素材\第 3 章\绿色植被 .VSP
效果文件	效果\第 3 章\绿色植被 .VSP
视频文件	视频\第 3 章\3.2.3 植物模板：制作绿色植被效果 .mp4

【操练 + 视频】
——植物模板：制作绿色植被效果

STEP 01 进入会声会影编辑器，选择"文件"|"打开项目"命令，打开一个项目文件，如图 3-20 所示。

图 3-20　打开的项目文件

STEP 02 在"照片"素材库中，选择绿色植被模板，如图 3-21 所示。

图 3-21　选择绿色植被模板

STEP 03 按住鼠标左键将其拖曳至视频轨中的适当位置，释放鼠标左键，即可添加绿色植被图像模板，如图 3-22 所示。

图 3-22　添加图像模板

STEP 04 执行上述操作后，在预览窗口中即可预览绿色植被画面图像效果，如图 3-23 所示。

图 3-23　预览画面图像效果

3.2.4　灯光模板：制作霓虹灯闪耀效果

　　在会声会影 2020 中，用户可以使用"视频"素材库中的灯光模板制作霓虹夜景灯光闪耀的效果。下面介绍应用灯光视频模板的操作方法。

素材文件	素材＼第 3 章＼SP-V04.wmv
效果文件	效果＼第 3 章＼灯光闪耀 .VSP
视频文件	视频＼第 3 章＼3.2.4 灯光模板：制作霓虹灯闪耀效果 .mp4

【操练＋视频】
——灯光模板：制作霓虹灯闪耀效果

STEP 01 进入会声会影编辑器，单击"媒体"按钮，进入"媒体"素材库，单击"显示视频"按钮，如图 3-24 所示。

图 3-24　单击"显示视频"按钮

STEP 02 在"视频"素材库中，选择灯光视频模板，如图 3-25 所示。

图 3-25　选择灯光视频模板

STEP 03 在灯光视频模板上右击，在弹出的快捷菜单中选择"插入到"|"视频轨"命令，如图 3-26 所示。

STEP 04 执行操作后，即可将视频模板添加至时间轴面板的视频轨中，如图 3-27 所示。

STEP 05 在预览窗口中，可以预览添加的灯光视频模板效果，如图 3-28 所示。

图 3-26　选择"视频轨"命令

图 3-27　将视频模板添加至时间轴面板

图 3-28　预览添加的灯光视频模板效果

图 3-28 预览添加的灯光视频模板效果（续）

▶ 专家指点

在会声会影 2020 的素材库中，用户还可以通过复制的方式将模板应用到视频轨中。首先在素材库中选择需要添加到视频轨中的视频模板，然后右击，在弹出的快捷菜单中选择"复制"命令，如图 3-29 所示。

图 3-29 选择"复制"命令

复制视频模板后，将鼠标指针移至视频轨中的开始位置，此时鼠标区域显示白色色块，表示视频将要放置的位置，如图 3-30 所示。单击鼠标左键，即可将视频模板应用到视频轨中。

图 3-30 将鼠标指针移至视频轨中的开始位置

3.2.5 舞台模板：制作移动立体舞台效果

在会声会影 2020 中，用户可以使用"视频"素材库中的舞台模板制作绚丽舞台的视频动态效

果。下面介绍应用舞台视频模板的操作方法。

素材文件	素材 \ 第 3 章 \ SP-V02.mp4
效果文件	效果 \ 第 3 章 \ 立体舞台 .VSP
视频文件	视频 \ 第 3 章 \3.2.5 舞台模板：制作移动立体舞台效果 .mp4

【操练 + 视频】
——舞台模板：制作移动立体舞台效果

STEP 01 进入会声会影编辑器，单击"媒体"按钮，进入"媒体"素材库，单击"显示视频"按钮█，如图 3-31 所示。

图 3-31 单击"显示视频"按钮

STEP 02 在"视频"素材库中，选择舞台视频模板，如图 3-32 所示。

图 3-32 选择舞台视频模板

STEP 03 在舞台视频模板上右击，在弹出的快捷菜单中选择"插入到"|"视频轨"命令，如图 3-33 所示。

STEP 04 执行操作后，即可将视频模板添加至时间轴面板的视频轨中，如图 3-34 所示。

STEP 05 在预览窗口中，可以预览添加的舞台视频模板效果，如图 3-35 所示。

图 3-33　选择"视频轨"命令

图 3-34　将视频模板添加至时间轴面板

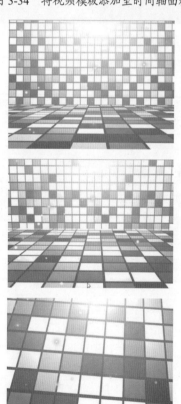

图 3-35　预览添加的舞台视频模板效果

图 3-35　预览添加的舞台视频模板效果（续）

3.2.6　炫彩模板：制作动态 3D 视频效果

在会声会影 2020 中，用户可以使用"视频"素材库中的炫彩模板制作非常专业的视频动态效果。下面介绍应用炫彩视频模板的操作方法。

素材文件	素材＼第 3 章＼SP-V03.mp4
效果文件	效果＼第 3 章＼星星挂件 .VSP
视频文件	视频＼第 3 章＼3.2.6 炫彩模板：制作动态 3D 视频效果 .mp4

【操练＋视频】
——炫彩模板：制作动态 3D 视频效果

STEP 01 在"视频"素材库中，选择炫彩视频模板，如图 3-36 所示。

图 3-36　选择炫彩视频模板

STEP 02 在炫彩视频模板上右击，在弹出的快捷菜单中选择"插入到"|"视频轨"命令，如图 3-37 所示。

STEP 03 执行操作后，即可将视频模板添加至时间轴面板的视频轨中，如图 3-38 所示。

STEP 04 在预览窗口中，可以预览添加的炫彩视频模板效果，如图 3-39 所示。

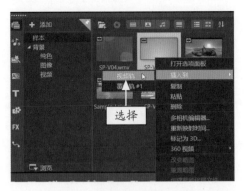

图 3-37　选择"视频轨"命令

图 3-38　将视频模板添加至时间轴面板

图 3-39　预览添加的炫彩视频模板效果

3.2.7　即时项目：制作风景秀丽视频模板

　　会声会影 2020 提供了多种即时项目模板，每一个模板都提供了不一样的素材转场以及标题效果，用户可根据需要选择不同的模板应用到视频中。下面向读者介绍运用即时项目模板的操作方法。

素材文件	无
效果文件	无
视频文件	视频\第 3 章\3.2.7 即时项目：制作风景秀丽视频模板 .mp4

【操练 + 视频】
——即时项目：制作风景秀丽视频模板

STEP 01 进入会声会影编辑器，单击"模板"按钮，在库导航面板中，选择"即时项目"选项，如图 3-40 所示。

图 3-40　选择"即时项目"选项

STEP 02 打开模板素材库，在其中选择即时项目模板 T-01.VSP，如图 3-41 所示。

图 3-41　选择即时项目模板

STEP 03 按住鼠标左键将其拖曳至视频轨中的开始位置后释放鼠标，即可添加即时项目模板，如图 3-42 所示。

图 3-42　添加即时项目模板

STEP 04 执行上述操作后，单击导览面板中的"播放"按钮 ▶，即可预览制作的视频片头模板效果，如图 3-43 所示。

图 3-43　预览即时项目模板效果（续）

▶ 专家指点

　　套用"即时项目"模板，值得一提的是会声会影 2020 的"分割画面"模板，可以同屏多框制作动态分屏视频，步骤操作详见第 1 章"1.2.5 新增动态分割视频画面功能"。

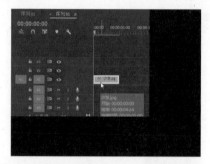

图 3-43　预览即时项目模板效果

3.3　影片模板的编辑与装饰处理

　　在会声会影 2020 中，不仅提供了即时项目模板、图像模板以及视频模板，还提供了其他模板，如图形模板、基本形状以及动画覆叠模板等。本节主要介绍在影片模板中进行相应的编辑操作与装饰处理的方法。

3.3.1　在模板中删除不需要的素材

　　当用户将影片模板添加至时间轴面板后，如果对模板中的素材文件不满意，可以将其删除，以符合用户的制作需求。

　　在时间轴面板的覆叠轨中，选择需要删除的覆叠素材，如图 3-44 所示。在覆叠素材上右击，在弹出的快捷菜单中选择"删除"命令，如图 3-45 所示。

图 3-45　选择"删除"命令

　　在菜单栏中选择"编辑"|"删除"命令，如图 3-46 所示，也可以快速删除覆叠轨中选择的素材文件，如图 3-47 所示。

　　在覆叠轨中删除模板中的素材文件后，在导览面板中单击"播放"按钮，即可预览删除素材后的视频画面效果，如图 3-48 所示。

图 3-44　选择需要删除的覆叠

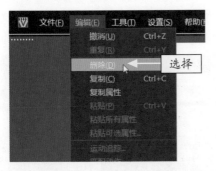

图 3-46　选择"删除"命令

图 3-47　删除选择的素材文件

图 3-48　预览删除素材后的视频画面效果

▶ 专家指点

在会声会影 2020 中，当用户删除模板中的相应素材文件后，可以将自己喜欢的素材文件添加至时间轴面板的覆叠轨中，制作视频的画中画效果。用户也可以删除标题轨和音乐轨中的素材文件。

3.3.2　替换素材：把模板变成自己的视频

在会声会影 2020 中应用模板效果后，用户可以将模板中的素材文件直接替换为自己喜欢的素材文件，快速制作需要的视频画面效果。下面向读者介绍将模板素材替换成自己喜欢的素材的操作方法。

素材文件	素材 \ 第 3 章 \V-02 文件夹、荷花盛开（1）～（7）.jpg
效果文件	效果 \ 第 3 章 \ 荷花盛开 .VSP
视频文件	视频 \ 第 3 章 3.3.2 替换素材：把模板变成自己的视频 .mp4

【操练 + 视频】
——替换素材：把模板变成自己的视频

STEP 01 进入会声会影编辑器，选择"文件"|"打开项目"命令，打开一个项目文件，时间轴面板中显示了项目模板文件，如图 3-49 所示。

图 3-49　打开项目文件

STEP 02 在视频轨中，选择需要替换的照片素材，如图 3-50 所示。

图 3-50　选择需要替换的素材

STEP 03 在照片素材上右击，在弹出的快捷菜单中选择"替换素材"|"照片"命令，如图 3-51 所示。

STEP 04 执行操作后，弹出"替换 / 重新链接素材"对话框，在其中选择用户需要替换的素材文件，如图 3-52 所示。

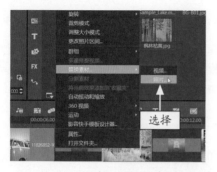

图 3-51　选择"照片"命令

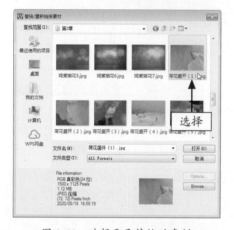

图 3-52　选择需要替换的素材

STEP 05 单击"打开"按钮，将模板中的素材替换为用户需要的素材，替换后的素材画面如图 3-53 所示。

图 3-53　替换后的素材画面

STEP 06 在预览窗口中选择需要编辑的标题字幕，如图 3-54 所示。

图 3-54　选择需要编辑的标题字幕

STEP 07 对标题字幕的内容进行相应更改，在"编辑"选项面板中设置标题的字体属性，如图 3-55 所示。

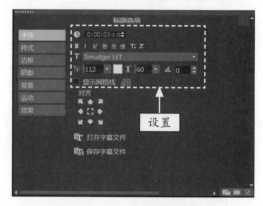

图 3-55　设置标题的字体属性

STEP 08 用与上同样的方法对其他素材进行替换，并更改结尾处的标题字幕，时间轴面板如图 3-56 所示。

图 3-56　时间轴面板

STEP 09 在导览面板中，单击"播放"按钮，预览替换素材后的视频画面效果，如图 3-57 所示。

图 3-57　预览替换素材后的视频画面效果

3.3.3　图形模板：制作画中画特效

会声会影提供了多种类型的图形模板，用户可以根据需要将图形模板应用到所编辑的视频中，使视频画面更加美观。下面向读者介绍在素材中添加画中画图形模板的操作方法。

素材文件	素材 \ 第 3 章 \ 夜景风光 .jpg、OB-16.png
效果文件	效果 \ 第 3 章 \ 夜景风光 .VSP
视频文件	视频 \ 第 3 章 \3.3.3　图形模板：制作画中画特效 .mp4

【操练 + 视频】
——图形模板：制作画中画特效

STEP 01 进入会声会影编辑器，在时间轴面板中插入一幅素材图像，如图 3-58 所示。

STEP 02 单击"覆叠"按钮 ![按钮]，在库导航面板中选择"图形"选项，如图 3-59 所示。

图 3-58　插入素材图像

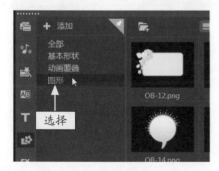

图 3-59　选择"图形"选项

STEP 03 打开"图形"素材库，可以看到多种类型的图形模板，在列表框中选择模板 OB-16，如图 3-60 所示。

图 3-60　选择图形模板 OB-16.png

STEP 04 按住鼠标左键并将其拖曳至覆叠轨中的适当位置，释放鼠标左键，即可添加图形模板，如图 3-61 所示。

图 3-61　添加图形模板

> ▶ **专家指点**
>
> 在会声会影 2020 的"图形"素材库中，提供了多种图形素材供用户选择和使用。需要注意的是，图形素材添加至覆叠轨中后，如果发现其大小和位置与视频背景不符合，可以通过拖曳的方式调整覆叠素材的大小和位置等属性。

STEP 05 在预览窗口中，可以预览对象模板的效果。拖曳图形对象四周的控制柄，即可调整图形素材的大小和位置，如图 3-62 所示。

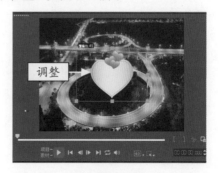

图 3-62　调整对象素材的大小和位置

STEP 06 单击导览面板中的"播放"按钮▶，即可预览运用图形模板制作的视频效果，如图 3-63 所示。

图 3-63　预览视频效果

▶ 专家指点

在会声会影 2020 的"图形"素材库中，用户如果对素材库中原有的图形素材不满意，也可以去网站或论坛下载需要的图形素材，然后导入"图形"素材库中，用与上面相同的方法，即可应用下载的图形素材。

3.3.4　基本形状：为视频画面添加装饰

在会声会影 2020 中编辑影片时，适当地为素材添加基本形状模板，可以制作出绚丽多彩的视频作品。下面介绍为素材添加基本形状装饰的操作方法。

素材文件	素材 \ 第 3 章 \ 人间仙境 .jpg
效果文件	效果 \ 第 3 章 \ 人间仙境 .VSP
视频文件	视频 \ 第 3 章 \3.3.4 基本形状：为视频画面添加装饰 .mp4

【操练 + 视频】
——基本形状：为视频画面添加装饰

STEP 01 进入会声会影编辑器，在时间轴面板中插入一幅素材图像，在预览窗口中可以查看素材效果，如图 3-64 所示。

图 3-64　查看素材效果

STEP 02 单击"覆叠"按钮，在库导航面板中选择"基本形状"选项，如图 3-65 所示。

图 3-65　选择"基本形状"选项

STEP 03 打开"基本形状"素材库，其中显示了多种类型的形状模板，选择形状模板 Arrow2.png，如图 3-66 所示。

图 3-66　选择形状模板 Arrow2.png

STEP 04 按住鼠标左键并将其拖曳至覆叠轨中的适当位置，并在预览窗口中调整形状的大小和位置，效果如图 3-67 所示。

图 3-67　调整形状的大小和位置

STEP 05 双击覆叠轨中的形状素材，如图 3-68 所示。

STEP 06 展开"编辑"选项面板，设置"基本动作"为"从左边进入"和"从右边退出"，如图 3-69 所示。

图 3-68 双击覆叠轨中的形状素材

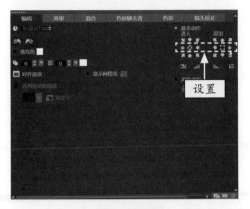

图 3-69 设置"基本动作"参数

STEP 07 执行上述操作后，在预览窗口中查看项目效果，如图 3-70 所示。

图 3-70 查看项目效果

在"基本形状"素材库中，显示了多种类型的模板，用户可以根据需要选择相应的模板来使用，也可以在网上另行下载或自行制作 PNG 格式的素材进行应用。

3.3.5 动画覆叠：为画面添加动态特效

在会声会影 2020 中，提供了多种样式的动画覆叠模板，用户可根据需要进行选择，将其添加至覆叠轨或视频轨中。下面向读者介绍运用动画覆叠模板制作视频画面的操作方法。

素材文件	素材 \ 第 3 章 \ 动力风车 .VSP
效果文件	效果 \ 第 3 章 \ 动力风车 .VSP
视频文件	视频 \ 第 3 章 \3.3.5 动画覆叠：为画面添加动态特效 .mp4

【操练 + 视频】
——动画覆叠：为画面添加动态特效

STEP 01 进入会声会影编辑器，打开一个项目文件，在预览窗口中可以预览项目效果，如图 3-71 所示。

图 3-71 预览项目效果

STEP 02 单击"覆叠"按钮，在库导航面板中选择"动画覆叠"选项，如图 3-72 所示。

图 3-72 选择"动画覆叠"选项

STEP 03 打开"动画覆叠"素材库,其中显示了多种类型的动画模板,选择一个动画模板,如图 3-73 所示。

图 3-73　选择动画模板

STEP 04 在选择的动画模板上,按住鼠标左键并将其拖曳至覆叠轨中的适当位置,添加动画模板素材,如图 3-74 所示。

图 3-74　添加动画模板素材

STEP 05 单击导览面板中的"播放"按钮,预览添加动画覆叠后的视频画面效果,如图 3-75 所示。

图 3-75　预览添加动画覆叠后的视频画面效果

▶ **专家指点**

　　为图像添加动画覆叠素材后,在覆叠轨中双击动画素材,在"编辑"选项面板中,还可以根据需要调整动画素材的区间,并在预览窗口中调整素材的大小和位置。

3.4　使用影音快手制作视频画面

　　影音快手模板功能非常适合新手使用,可以让新手快速、方便地制作出视频画面,还可以制作出非常专业的影视短片效果。本节主要向读者介绍运用影音快手模板套用素材制作视频画面的方法,希望读者熟练掌握本节内容。

3.4.1　选择模板:挑选适合的视频模板

　　在会声会影 2020 中,用户可以通过菜单栏中的"影音快手"命令快速启动"影音快手"程序,启动程序后,需要先选择影音模板,下面介绍具体的操作方法。

素材文件	无
效果文件	无
视频文件	视频 \ 第 3 章 \3.4.1　选择模板:挑选适合的视频模板 .mp4

【操练 + 视频】
——选择模板：挑选适合的视频模板

STEP 01 在会声会影 2020 编辑器中，在菜单栏中选择"工具"|"影音快手"命令，如图 3-76 所示。

图 3-76　选择"影音快手"命令

STEP 02 执行操作后，即可进入影音快手工作界面，如图 3-77 所示。

图 3-77　影音快手工作界面

STEP 03 在右侧的"所有主题"列表框中，选择一种视频主题样式，如图 3-78 所示。

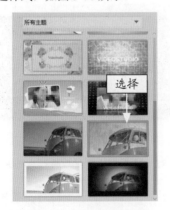

图 3-78　选择视频主题样式

STEP 04 在左侧的预览窗口下方，单击"播放"按钮 ⊙，如图 3-79 所示。

STEP 05 开始播放主题模板画面，预览模板效果，

如图 3-80 所示。

图 3-79　单击"播放"按钮

图 3-80　预览模板效果

▶ 专家指点

　　在"影音快手"界面中播放影片模板时，如果用户希望暂停某个视频画面，可以单击预览窗口下方的"暂停"按钮。

3.4.2　添加媒体：制作视频每帧动画特效

　　当用户选择好影音模板后，接下来在模板中添加需要的影视素材，使制作的视频画面更加符合用户的需求。下面向读者介绍添加影音素材的操作方法。

素材文件	素材＼第 3 章＼桃花绽放（1）.jpg～桃花绽放（5）.jpg
效果文件	无
视频文件	视频＼第 3 章＼3.4.2　添加媒体：制作视频每帧动画特效.mp4

【操练＋视频】
——添加媒体：制作视频每帧动画特效

STEP 01 完成上一节中第 1 步的模板选择后，接下来单击第 2 步中的"添加媒体"按钮，如图 3-81 所示。

图 3-81　单击"添加媒体"按钮（1）

STEP 02 打开相应面板，单击右侧的"添加媒体"按钮 ⊕，如图 3-82 所示。

图 3-82　单击"添加媒体"按钮（2）

STEP 03 弹出"添加媒体"对话框，在其中选择需要添加的媒体文件，单击"打开"按钮，如图 3-83 所示。

STEP 04 将媒体文件添加到"Corel 影音快手"界面，在右侧显示了新增的媒体文件，如图 3-84 所示。

STEP 05 在左侧预览窗口下方，单击"播放"按钮 ▶，预览更换素材后的影片模板效果，如图 3-85 所示。

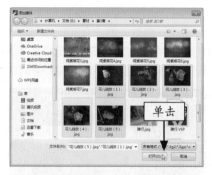

图 3-83　单击"打开"按钮

图 3-84　显示了新增的媒体文件

图 3-85　预览更换素材后的影片模板效果

3.4.3　输出文件：共享桃花视频项目文件

当用户选择好影音模板并添加相应的视频素材后，即可输出制作的影视文件，使其可以在任意播放器中播放，并永久珍藏。下面向读者介绍输出影视文件的操作方法。

素材文件	无
效果文件	效果 \ 第 3 章 \ 桃花视频 .mpg
视频文件	视频 \ 第 3 章 \3.4.3 输出文件：共享桃花视频项目文件 .mp4

【操练 + 视频】
——输出文件：共享桃花视频项目文件

STEP 01 当用户对第二步操作完成后，在下方单击第 3 步中的"保存和共享"按钮，如图 3-86 所示。

图 3-86　单击"保存和共享"按钮

STEP 02 打开相应的面板，在右侧单击 MPEG-2 按钮，如图 3-87 所示，即可导出为 MPEG 视频格式。

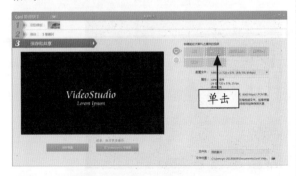

图 3-87　单击 MPEG-2 按钮

STEP 03 单击"文件位置"右侧的"浏览"按钮📂，弹出"另存为"对话框，在其中设置视频文件的输出位置与文件名称，然后单击"保存"按钮，如图 3-88 所示。

STEP 04 完成视频输出属性的设置后，返回到影音快手界面，在左侧单击"保存电影"按钮，如图 3-89 所示。

图 3-88　单击"保存"按钮

图 3-89　单击"保存电影"按钮

STEP 05 执行操作后，开始渲染输出视频文件，并显示输出进度，如图 3-90 所示。

图 3-90　显示输出进度

STEP 06 待视频输出完成后，将弹出提示信息框，提示用户影片已经输出成功，单击"确定"按钮，如图 3-91 所示，即可完成操作。

图 3-91　单击"确定"按钮

第 4 章
获取：捕获与导入视频素材

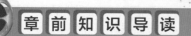

章前知识导读

　　会声会影 2020 为用户提供了捕获功能，用户可以使用该功能捕获视频素材，并且可以将捕获到的视频素材和图像素材导入会声会影的编辑面板中。本章主要介绍捕获与导入视频素材的操作方法。

新手重点索引

- 通过拷贝的方式获取 DV 视频
- 导入图像和视频素材
- 获取移动设备中的视频
- 亲手录制视频画面

效果图片欣赏

4.1　通过拷贝的方式获取 DV 视频

在用户使用摄像机完成视频的拍摄之后，通过数据线将 DV 中的视频导入会声会影中，即可在会声会影中对视频进行编辑。本节介绍将 DV 中的视频导入会声会影中的操作方法。

4.1.1　连接 DV 摄像机

用户如果需要将 DV 中的视频导入会声会影，首先需要将摄像机与电脑相连接。一般情况下，用户可选择使用延长线，连接 DV 摄像机与电脑，如图 4-1 所示。

图 4-3　选择视频文件

图 4-1　连接 DV 摄像机与电脑

4.1.2　获取 DV 摄像机中的视频

在将摄像机与电脑连接后，即可在计算机中查看摄像机的路径，如图 4-2 所示。进入相应的文件夹，在其中选择视频文件，如图 4-3 所示。

进入会声会影编辑器，在视频轨的空白位置右击，在弹出的快捷菜单中选择"插入视频"命令，如图 4-4 所示。弹出"打开视频文件"对话框，在其中选择相应的视频文件，单击"打开"按钮，如图 4-5 所示。

图 4-4　选择"插入视频"命令

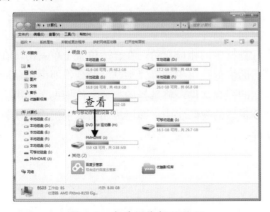

图 4-2　查看摄像机的路径

图 4-5　单击"打开"按钮

执行上述操作后，即可将 DV 摄像机中的视频文件导入时间轴中，如图 4-6 所示。

图 4-6 导入视频文件

4.2 获取移动设备中的视频

随着智能手机与 iPad 设备的流行，目前很多用户都会使用它们来拍摄视频或照片素材，当然用户还可以从其他途径捕获视频素材，如 U 盘、摄像头以及 DVD 光盘等移动设备。本节主要向读者介绍从移动设备中捕获视频素材的操作方法。

4.2.1 捕获安卓手机视频

安卓（Android）是一个基于 Linux 内核的操作系统，是 Google 公司公布的手机类操作系统。下面向读者介绍从安卓手机中捕获视频素材的操作方法。

在 Windows 7 的操作系统中，打开"计算机"窗口，在安卓手机的内存磁盘上右击，在弹出的快捷菜单中选择"打开"命令，如图 4-7 所示。依次打开手机移动磁盘中的相应文件夹，选择安卓手机拍摄的视频文件，如图 4-8 所示。

图 4-8 选择视频文件

在视频文件上右击，在弹出的快捷菜单中选择"复制"命令，复制视频文件，如图 4-9 所示。进入计算机中的相应盘符，在合适位置上单右击，在弹出的快捷菜单中选择"粘贴"命令，即可粘贴所复制的视频文件。将选择的视频文件拖曳至会声会影编辑器的视频轨中，即可应用安卓手机中的视频文件。

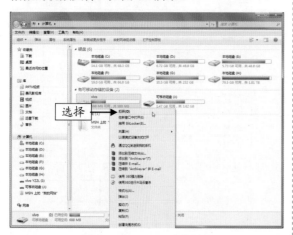

图 4-7 选择"打开"命令

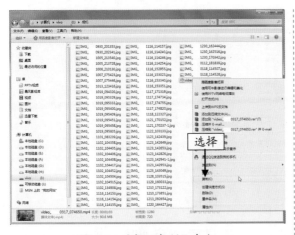

图 4-9　选择"复制"命令

4.2.2　捕获苹果手机视频

　　iPhone、iPod Touch 和 iPad 均安装由苹果公司研发的 iOS 作业系统（前身称为 iPhone OS），它是由 Apple Darwin 的核心发展出来的变体，负责在用户界面上提供平滑顺畅的动画效果。下面向读者介绍从苹果手机中捕获视频的操作方法。

　　打开"计算机"窗口，在 Apple iPhone 移动设备上右击，在弹出的快捷菜单中选择"打开"命令，如图 4-10 所示。打开苹果移动设备，在其中选择苹果手机的内存文件夹并右击，在弹出的快捷菜单中选择"打开"命令，如图 4-11 所示。

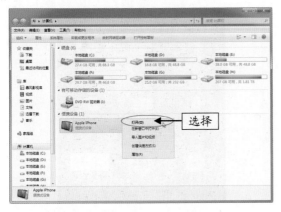

图 4-10　选择"打开"命令（1）

图 4-11　选择"打开"命令（2）

　　依次打开相应的文件夹，选择苹果手机拍摄的视频文件并右击，在弹出的快捷菜单中选择"复制"命令，如图 4-12 所示。复制视频，进入"计算机"中的相应盘符，在合适位置上右击，在弹出的快捷菜单中选择"粘贴"命令，即可粘贴所复制的视频文件。将选择的视频文件拖曳至会声会影编辑器的视频轨中，即可应用苹果手机中的视频文件。在导览面板中单击"播放"按钮，预览苹果手机中拍摄的视频画面，完成苹果手机中视频的捕获操作。

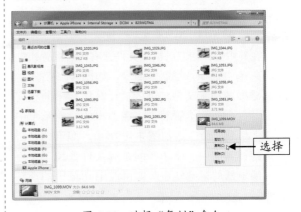

图 4-12　选择"复制"命令

4.2.3　捕获 iPad 中的视频

　　iPad 在欧美称网络阅读器，国内俗称平板电脑，具备浏览网页、收发邮件、播放普通视频文件、播放音频文件等基本的多媒体功能。下面向读者介绍从 iPad 中采集视频的操作方法。

　　用数据线将 iPad 与计算机连接，打开"计算机"窗口，在"便携设备"一栏中，显示了用户的 iPad 设备，如图 4-13 所示。在 iPad 设备上双击，依次打开相应的文件夹，如图 4-14 所示。

图 4-13 显示用户的 iPad 设备

图 4-14 依次打开相应的文件夹

在其中选择相应的视频文件并右击，在弹出的快捷菜单中选择"复制"命令，如图 4-15 所示，复制需要的视频文件。进入"计算机"中的相应盘符，在合适的位置右击，在弹出的快捷菜单中选择"粘贴"命令，如图 4-16 所示，即可粘贴所复制的视频文件。将选择的视频文件拖曳至会声会影编辑器的视频轨中，即可应用 iPad 中的视频文件。

图 4-15 选择"复制"命令

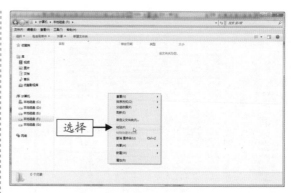

图 4-16 选择"粘贴"命令

4.2.4 从 U 盘捕获视频

U 盘的全称为 USB 闪存驱动器，英文名为 USB Flash Disk。它是一种使用 USB 接口的无须物理驱动器的微型高容量移动存储产品，通过 USB 接口与电脑连接，实现即插即用。下面向读者介绍从 U 盘中捕获视频素材的操作方法。

在时间轴面板上方，单击"录制 / 捕获选项"按钮，如图 4-17 所示。

图 4-17 单击"录制 / 捕获选项"按钮

弹出"录制 / 捕获选项"对话框，单击"移动设备"图标，如图 4-18 所示。弹出相应的对话框，在其中选择 U 盘设备，然后选择 U 盘中的视频文件，单击"确定"按钮，如图 4-19 所示。

图 4-18 单击"移动设备"图标

图 4-19 选择视频文件并单击"确定"按钮

弹出"导入设置"对话框，选中"捕获到素材库"和"插入到时间轴"复选框，然后单击"确定"按钮，如图 4-20 所示，即可捕获 U 盘中的视频文件，并插入时间轴面板的视频轨中，如图 4-21 所示。

图 4-20 单击"确定"按钮

图 4-21 插入视频文件

在导览面板中单击"播放"按钮▶，预览捕获的视频画面效果，如图 4-22 所示。

图 4-22 预览捕获的视频画面效果

4.3 导入图像和视频素材

除了可以从移动设备中捕获素材以外，还可以在会声会影 2020 的"编辑"步骤面板中，添加各种不同类型的素材。本节主要介绍导入图像素材、导入透明素材、导入视频素材、导入动画素材、导入对象素材以及导入边框素材的操作方法。

4.3.1 导入图像：制作松树枯黄效果

当素材库中的图像素材无法满足用户需求时，用户可以将常用的图像素材添加至会声会影 2020 素材库中。下面介绍在会声会影 2020 中导入图像素材的操作方法。

	素材文件	素材 \ 第 4 章 \ 松树枯黄 .jpg
	效果文件	效果 \ 第 4 章 \ 松树枯黄 .VSP
	视频文件	视频 \ 第 4 章 \4.3.1 导入图像：制作松树枯黄效果 .mp4

会声会影 2020 全面精通：**
模板应用＋剪辑精修＋特效制作＋输出分享＋案例实战

【操练＋视频】

——导入图像：制作松树枯黄效果

STEP 01 进入会声会影编辑器，选择"文件"|"将媒体文件插入到素材库"|"插入照片"命令，如图 4-23 所示。

图 4-23　选择"插入照片"命令

STEP 02 弹出"选择媒体文件"对话框，在该对话框中选择需要的图像素材，如图 4-24 所示。

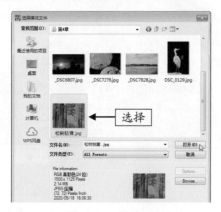

图 4-24　选择所需的图像素材

STEP 03 单击"打开"按钮，即可将所选择的图像素材添加至素材库中，如图 4-25 所示。

图 4-25　添加图像素材

STEP 04 将素材库中添加的图像素材拖曳至视频轨

中的开始位置，如图 4-26 所示。

图 4-26　拖曳至视频轨中的开始位置

STEP 05 释放鼠标左键，即可将图像素材添加至视频轨中，如图 4-27 所示。

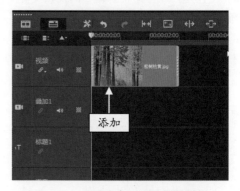

图 4-27　将图像素材添加至视频轨

STEP 06 单击导览面板中的"播放"按钮，即可预览添加的图像素材，如图 4-28 所示。

图 4-28　预览添加的图像素材

▶ 专家指点

　　在"选择媒体文件"对话框中，选择需要打开的图像素材后，按 Enter 键确认，也可以快速将图像素材导入素材库面板中。

　　在 Windows 操作系统中的计算机磁盘中，选择需要添加的图像素材，单击鼠标左键并拖曳至会声会影 2020 的时间轴面板中，释放鼠标左键，也可以快速添加图像素材。

68

4.3.2　透明素材：制作艳阳高照特效

　　png 图像是一种具有透明背景的素材，该图像格式常用于网络图像模式。png 格式可以保存图像的 24 位真彩色，且支持透明背景和消除据齿边缘的功能，能在不失真的情况下压缩保存图像。

素材文件	素材 \ 第 4 章 \ 艳阳高照 .VSP、钢琴 .png
效果文件	效果 \ 第 4 章 \ 艳阳高照 .VSP
视频文件	视频 \ 第 4 章 \ 4.3.2　透明素材：制作艳阳高照特效 .mp4

【操练 + 视频】
——透明素材：制作艳阳高照特效

STEP 01 进入会声会影编辑器，选择"文件"|"打开项目"命令，打开一个项目文件，如图 4-29 所示。

图 4-29　打开项目文件

STEP 02 在预览窗口中可以预览打开的项目效果，如图 4-30 所示。

图 4-30　预览项目效果

STEP 03 进入"媒体"素材库，单击"显示照片"按钮，如图 4-31 所示，即可显示素材库中的图像文件。

图 4-31　单击"显示照片"按钮

STEP 04 在素材库面板的空白位置上右击，在弹出的快捷菜单中选择"插入媒体文件"命令，如图 4-32 所示。

图 4-32　选择"插入媒体文件"命令

STEP 05 弹出"选择媒体文件"对话框，在其中选择需要插入的 png 图像素材，单击"打开"按钮，如图 4-33 所示。

图 4-33　单击"打开"按钮

STEP 06 将 png 图像素材导入素材库面板中，如图 4-34 所示。

图 4-34　导入 png 图像素材

STEP 07 在导入的 png 图像素材上右击，在弹出的快捷菜单中选择"插入到"｜"覆叠轨 #1"命令，如图 4-35 所示。

图 4-35　选择"覆叠轨 #1"命令

STEP 08 执行操作后，即可将图像素材插入覆叠轨中的开始位置，如图 4-36 所示。

图 4-36　插入图像素材

STEP 09 在预览窗口中可以预览添加的 png 图像效果，如图 4-37 所示。

图 4-37　预览添加的 png 图像效果

STEP 10 在 png 图像素材上，按住鼠标左键并向右下角拖曳，即可调整图像素材的位置，如图 4-38 所示。

图 4-38　调整图像素材的位置

> ▶ **专家指点**
>
> png 图像文件是背景透明的静态图像，这一类格式的静态图像可以运用在视频画面上，它可以很好地嵌入视频中，用来装饰视频效果。

4.3.3　导入视频：制作彩旗飘扬效果

会声会影 2020 的素材库中提供了各种类型的素材，用户可直接从中取用。若提供的素材并不能满足用户的需求，此时就可以将常用的素材添加至素材库中，然后插入视频轨中。

素材文件	素材＼第 4 章＼彩旗飘扬 .mpg
效果文件	效果＼第 4 章＼彩旗飘扬 .VSP
视频文件	视频＼第 4 章＼4.3.3　导入视频：制作彩旗飘扬效果 .mp4

【操练 + 视频】
——导入视频：制作彩旗飘扬效果

STEP 01 进入会声会影编辑器，单击"显示视频"按钮 ▦▦，如图 4-39 所示。

图 4-39 单击"显示视频"按钮

STEP 02 显示素材库中的视频文件，单击"导入媒体文件"按钮 🗁，如图 4-40 所示。

图 4-40 单击"导入媒体文件"按钮

STEP 03 弹出"选择媒体文件"对话框，在该对话框中选择所要打开的视频素材，单击"打开"按钮，如图 4-41 所示。

图 4-41 选择视频素材并单击"打开"按钮

STEP 04 将所选择的素材添加到素材库中，如图 4-42 所示。

图 4-42 将素材添加到素材库

▶ **专家指点**

在"选择媒体文件"对话框中，按住 Ctrl 键的同时，在需要添加的素材上单击，可选择多个不连续的视频素材；按住 Shift 键的同时，在第 1 个视频素材和最后 1 个视频素材上分别单击，即可选择两个视频素材之间的所有视频素材，单击"打开"按钮，即可打开多个素材。

STEP 05 将素材库中添加的视频素材拖曳至时间轴面板的视频轨中，如图 4-43 所示。

图 4-43 拖曳视频素材至视频轨中

STEP 06 单击导览面板中的"播放"按钮，预览添加的视频画面效果，如图 4-44 所示。

图 4-44 预览添加的视频画面效果

图 4-44 预览添加的视频画面效果（续）

在会声会影 2020 预览窗口的右上角，各主要按钮的含义如下。

- "媒体"按钮：单击该按钮，可以显示素材库中的视频素材、图片素材、音频素材以及背景素材。
- "声音"按钮：单击该按钮，可以显示素材库中的各种音效素材。
- "模板"按钮：单击该按钮，可以显示素材库中的各种类型的模板。
- "转场"按钮：单击该按钮，可以显示素材库中的转场效果。
- "标题"按钮：单击该按钮，可以显示素材库中的标题效果。
- "覆叠"按钮：单击该按钮，可以显示素材库中的基本形状、动画覆叠、图形素材。
- "滤镜"按钮：单击该按钮，可以显示素材库中的滤镜效果。
- "路径"按钮：单击该按钮，可以显示素材库中的移动路径效果。

4.3.4 导入动画：制作卡通女孩效果

在会声会影 2020 中，用户可以在视频中应用相应的动画素材，丰富视频内容。下面向读者介绍添加动画素材的操作方法。

素材文件	素材 \ 第 4 章 \ 卡通女孩 .swf
效果文件	效果 \ 第 4 章 \ 卡通女孩 .VSP
视频文件	视频 \ 第 4 章 \4.3.4 导入动画：制作卡通女孩效果 .mp4

【操练＋视频】
——导入动画：制作卡通女孩效果

STEP 01 进入会声会影编辑器，在素材库的左侧单击"覆叠"按钮，如图 4-45 所示。

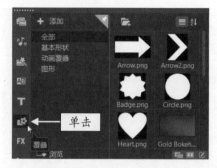

图 4-45 单击"覆叠"按钮

STEP 02 展开"覆叠"素材库，在库导航面板中选择"动画覆叠"选项，如图 4-46 所示。

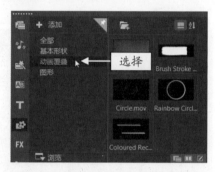

图 4-46 选择"动画覆叠"选项

STEP 03 打开"动画覆叠"素材库，单击素材库上方的"导入媒体文件"按钮，如图 4-47 所示。

图 4-47 单击"选择媒体文件"按钮

STEP 04 弹出"选择媒体文件"对话框，选择需要添加的卡通女孩文件，单击"打开"按钮，如图 4-48 所示。

第4章 获取：捕获与导入视频素材

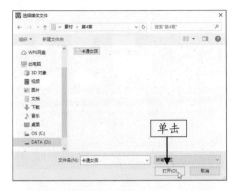

图4-48 选择文件并单击"打开"按钮

STEP 05 即可将动画素材插入素材库中，如图4-49所示。

图4-49 插入动画素材

STEP 06 在素材库中选择卡通女孩动画素材，按住鼠标左键并将其拖曳至时间轴面板的合适位置，如图4-50所示。

图4-50 拖曳动画素材

STEP 07 在导览面板中单击"播放"按钮，即可预览导入的卡通女孩动画素材效果，如图4-51所示。

> ▶ 专家指点

在会声会影2020中，选择"文件"|"将媒体文件插入到时间轴"|"插入视频"命令，弹出"打开视频文件"对话框，选择需要插入

> ▶ 专家指点

的动画文件，单击"打开"按钮，即可将动画文件直接添加到时间轴中。

图4-51 预览卡通女孩动画素材效果

4.3.5 图形素材：制作情意浓浓效果

在会声会影2020中，用户可以通过"图形"素材库，加载外部的图形素材。下面向读者介绍加载外部图形素材的操作方法。

73

	素材文件	素材\第3章\情意浓浓 .VSP、情意浓浓.png
	效果文件	效果\第3章\情意浓浓.VSP
	视频文件	视频\第3章\4.3.5 图形素 材：制作情意浓浓效果.mp4

【操练＋视频】
——图形素材：制作情意浓浓效果

STEP 01 进入会声会影编辑器，选择"文件"|"打开项目"命令，打开一个项目文件，如图4-52所示。

图4-52 打开项目文件

STEP 02 在预览窗口中，可以预览打开的项目效果，如图4-53所示。

图4-53 预览打开的项目效果

STEP 03 在素材库左侧单击"覆叠"按钮 ，切换至"覆叠"素材库，在库导航面板中选择"图形"选项，打开"图形"素材库，单击素材库上方的"导入媒体文件"按钮 ，如图4-54所示。

STEP 04 弹出"选择媒体文件"对话框，选择需要添加的图形文件，然后单击"打开"按钮，如图4-55所示。

STEP 05 将图形素材导入素材库中，如图4-56所示。

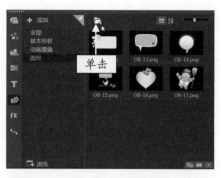

图4-54 单击"导入媒体文件"按钮

图4-55 单击"打开"按钮

图4-56 导入图形素材

STEP 06 在素材库中选择对象素材，按住鼠标左键并将其拖曳至时间轴面板的合适位置，如图4-57所示。

图4-57 拖曳至时间轴面板中

STEP 07 在预览窗口中可以预览加载的外部图形样式，如图 4-58 所示。

图 4-58　预览加载的外部图形样式

STEP 08 在预览窗口中，手动拖曳对象素材四周的控制柄，调整图形素材的大小和位置，效果如图 4-59 所示。

图 4-59　调整素材的大小和位置

4.3.6　边框素材：制作汽车旅程效果

在会声会影 2020 中，用户可以通过"边框"素材库，加载外部的边框素材。下面向读者介绍加载外部边框素材的操作方法。

	素材文件	素材 \ 第 4 章 \ 汽车旅程 .jpg、边框 .png、汽车旅程 .VSP
	效果文件	效果 \ 第 4 章 \ 汽车旅程 .VSP
	视频文件	视频 \ 第 4 章 \4.3.6　边框素材：制作汽车旅程效果 .mp4

【操练 + 视频】
——边框素材：制作汽车旅程效果

STEP 01 进入会声会影编辑器，选择"文件" | "打

开项目"命令，打开一个项目文件，如图 4-60 所示。

图 4-60　打开项目文件

STEP 02 在预览窗口中可以预览打开的项目效果，如图 4-61 所示。

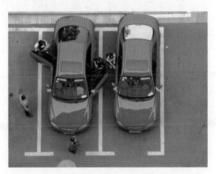

图 4-61　预览打开的项目效果

STEP 03 在素材库左侧单击"覆叠"按钮，切换至"覆叠"素材库，在库导航面板中选择"图形"选项，打开"图形"素材库，单击素材库上方的"导入媒体文件"按钮，如图 4-62 所示。

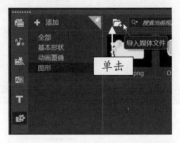

图 4-62　单击"导入媒体文件"按钮

STEP 04 弹出"选择媒体文件"对话框，选择需要添加的边框文件，如图 4-63 所示。

STEP 05 单击"打开"按钮，将边框插入素材库中，如图 4-64 所示。

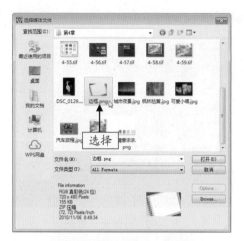

图 4-63　选择需要添加的边框

图 4-64　将边框素材插入素材库

STEP 06 在素材库中选择边框素材，单击鼠标左键并将其拖曳至时间轴面板的合适位置，如图 4-65 所示。

图 4-65　拖曳至时间轴面板中

STEP 07 在预览窗口中可以预览加载的外部边框样式，如图 4-66 所示。

STEP 08 在预览窗口的边框样式上右击，在弹出的快捷菜单中选择"调整到屏幕大小"命令，如图 4-67 所示。

图 4-66　预览外部边框样式

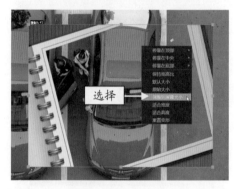

图 4-67　选择"调整到屏幕大小"命令

STEP 09 调整边框样式的大小，使其全屏显示在预览窗口中，效果如图 4-68 所示。

图 4-68　边框样式全屏显示

4.4　亲手录制视频画面

　　在会声会影 2020 中，用户可以将绘制的图形设置为动画模式，视频文件主要是在动态模式下手绘创建的。本节主要向读者介绍创建视频文件的方法，以及对创建完成的视频进行播放与编辑操作，使手绘的视频更符合用户的需求。

4.4.1　实时屏幕捕获

在会声会影中，用户还可以使用"屏幕捕获"功能，对屏幕画面进行捕获与导入。下面介绍实时屏幕捕获的操作方法。

进入会声会影编辑器，切换至"捕获"步骤面板，在右侧的"捕获"选项面板中，单击"屏幕捕获"按钮，如图 4-69 所示。

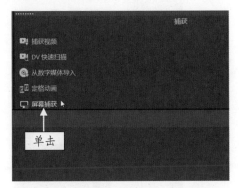

图 4-69　单击"屏幕捕获"按钮

执行操作后，弹出"捕获屏幕"对话框，用户可以在其中选择相应大小的尺寸，进行录制捕获操作。

4.4.2　录制文件：制作手绘动画视频效果

在会声会影 2020 中，只有在"动画模式"下，才能录制绘制的图形，然后创建为视频文件。下面向读者介绍录制视频文件的操作方法。

素材文件	无
效果文件	无
视频文件	视频 \ 第 4 章 \4.4.2　录制文件：制作手绘动画视频效果 .mp4

【操练 + 视频】
——录制文件：制作手绘动画视频效果

STEP 01 在菜单栏上选择"工具"|"绘图创建器"命令，进入"绘图创建器"窗口，单击左下方的"更改为'动画'或'静态'模式"按钮，在弹出的列表框中选择"动画模式"选项，如图 4-70 所示，应用动画模式。

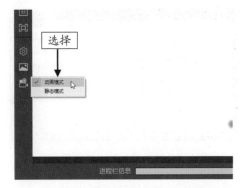

图 4-70　选择"动画模式"选项

STEP 02 在工具栏的右侧，单击"开始录制"按钮，如图 4-71 所示。

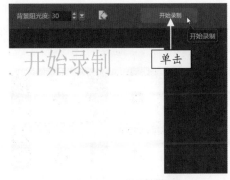

图 4-71　单击"开始录制"按钮

STEP 03 开始录制视频文件，运用"画笔"笔刷工具，设置画笔的颜色属性，在预览窗口中绘制一个图形，绘制完成后，单击"停止录制"按钮，如图 4-72 所示。

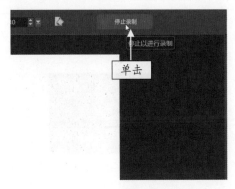

图 4-72　单击"停止录制"按钮

STEP 04 执行操作后，即可停止视频的录制，绘制的动态图形自动保存到"动画类型"下拉列表框中。在工具栏右侧，单击"播放选中的画廊条目"按钮，即可播放录制完成的视频画面，如图 4-73 所示。

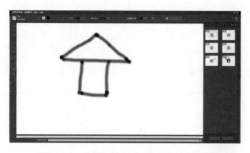

图 4-73　播放录制完成的视频画面

4.4.3　更改视频的区间长度

在会声会影中，更改视频动画的区间，是指调整动画的时间长度。

进入"绘图创建器"窗口，选择需要更改区间的视频动画，在动画文件上右击，在弹出的快捷菜单中选择"更改区间"命令，如图 4-74 所示。

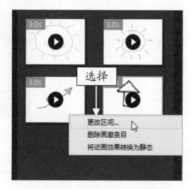

图 4-74　选择"更改区间"，命令

弹出"区间"对话框，在"区间"数值框中输入 3，单击"确定"按钮，如图 4-75 所示，即可更改视频文件的区间长度。

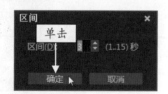

图 4-75　"区间"对话框

4.4.4　动画效果转换为静态

在"绘图创建器"窗口的"动画类型"下拉列表框中，用户可以将视频动画效果转换为静态图像效果。

进入"绘图创建器"窗口，在"动画类型"下拉列表框中任意选择一个视频动画文件并右击，在弹出

的快捷菜单中选择"将动画效果转换为静态"命令，如图 4-76 所示。执行操作后，在"动画类型"下拉列表框中显示转换为静态图像的文件，如图 4-77 所示。

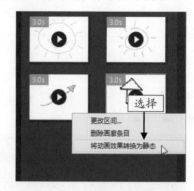

图 4-76　选择"将动画效果转换为静态"命令

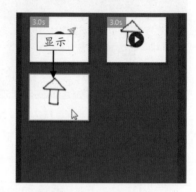

图 4-77　显示转换为静态图像的文件

4.4.5　删除录制的视频文件

在"绘图创建器"窗口中，如果用户对录制的视频动画文件不满意，可以将其删除。

进入"绘图创建器"窗口，选择需要删除的视频动画文件，在动画文件上右击，在弹出的快捷菜单中选择"删除画廊条目"命令，如图 4-78 所示，即可删除选择的视频动画文件。

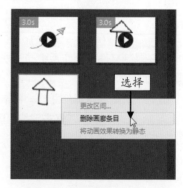

图 4-78　选择"删除画廊条目"命令

第5章

处理：素材的操作与调色技巧

章前知识导读

在会声会影 2020 编辑器中，用户可以根据自身的需要对视频画面进行校正与调整，从而使画面拥有合适的色彩。本章主要向用户介绍轨道素材的基本操作、色彩校正素材颜色画面、为画面添加白平衡效果等内容。

新手重点索引

- 轨道素材的基本操作
- 色彩校正素材颜色画面
- 复制与粘贴视频文件
- 为画面添加白平衡效果

效果图片欣赏

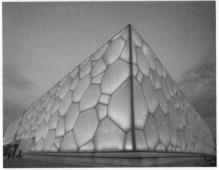

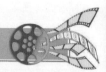

5.1 轨道素材的基本操作

在以往的会声会影版本中，用户只能通过"轨道管理器"对话框对轨道进行添加和删除操作，而在会声会影 2020 中提供了直接添加/删除轨道的功能，用户可对轨道中的素材进行管理操作。

5.1.1 在时间轴面板中添加轨道

在会声会影 2020 的时间轴面板中，如果用户需要在视频中制作多个画中画效果，需要在面板中添加多条覆叠轨道，以满足视频制作的需要。

在时间轴面板中叠加 1 轨道面板上右击，在弹出的快捷菜单中选择"插入轨上方"命令，如图 5-1 所示，即可在选择的覆叠轨上方插入一条新的覆叠轨道，如图 5-2 所示。

图 5-1 选择"插入轨上方"命令

图 5-2 插入一条新的覆叠轨道

5.1.2 删除不需要的轨道和轨道素材

在制作视频的过程中，如果不再需要使用某条轨道中的素材文件，可以将该轨道直接删除，以提高管理视频素材的效率。

在时间轴面板中需要删除的"叠加 2"覆叠轨图

标上右击，在弹出的快捷菜单中选择"删除轨"命令，如图 5-3 所示。即可将选择的轨道和轨道素材文件同时删除，如图 5-4 所示。

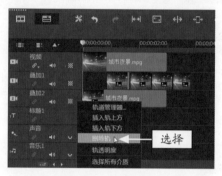

图 5-3 选择"删除轨"命令

图 5-4 同时删除轨道和轨道素材

5.1.3 交换轨道：调整画中画素材顺序

在会声会影 2020 中，用户可以对覆叠轨中的素材进行轨道交换操作，调整轨道中素材的叠放顺序。下面介绍在时间轴中交换轨道的操作方法。

素材文件	素材\第 5 章\乘舟游玩.VSP
效果文件	效果\第 5 章\乘舟游玩.VSP
视频文件	视频\第 5 章\5.1.3 交换轨道：调整画中画素材顺序.mp4

【操练 + 视频】
——交换轨道：调整画中画素材顺序

STEP 01 进入会声会影编辑器，选择"文件"|"打开项目"命令，打开一个项目文件，如图 5-5 所示。

图 5-5 打开项目文件

STEP 02 在预览窗口中，可以预览打开的视频效果，如图 5-6 所示。

图 5-6 预览打开的视频效果

STEP 03 在覆叠轨图标上右击，在弹出的快捷菜单中选择"交换轨"|"覆叠轨 #1"命令，如图 5-7 所示。

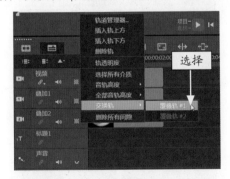

图 5-7 选择"覆叠轨 #1"命令

STEP 04 交换覆叠轨道中素材的叠放顺序，如图 5-8 所示。

STEP 05 在预览窗口中可以预览交换轨道顺序后的视频效果，如图 5-9 所示。

图 5-8 交换轨道叠放顺序

图 5-9 预览交换轨道顺序后的视频效果

5.1.4 组合轨道：合并多个视频片段

在会声会影 2020 中，用户可以将需要编辑的多个素材进行组合操作，然后对组合的素材进行批量编辑，这样可以提高视频剪辑的效率。下面介绍组合多个素材片段的方法。

素材文件	素材 \ 第 5 章 \ 向日葵 .VSP
效果文件	效果 \ 第 5 章 \ 向日葵 .VSP
视频文件	视频 \ 第 5 章 \5.1.4 组合轨道：合并多个视频片段 .mp4

【操练 + 视频】
——组合轨道：合并多个视频片段

STEP 01 进入会声会影编辑器，打开一个项目文件，如图 5-10 所示。

STEP 02 同时选择视频轨中的两个素材，在素材上右击，在弹出的快捷菜单中选择"群组"|"分组"命令，如图 5-11 所示，即可对素材进行组合操作。

STEP 03 在"滤镜"素材库中，选择需要添加的滤镜效果，如图 5-12 所示。

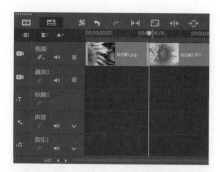

图 5-10　打开项目文件

图 5-11　选择"分组"命令

图 5-12　选择需要添加的滤镜效果

STEP 04 按住鼠标左键将其拖曳至组合的素材上，此时组合的多个素材将同时应用相同的滤镜，素材缩略图的左上角显示了滤镜图标，如图 5-13 所示。

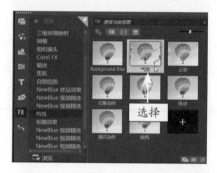

图 5-13　左上角显示滤镜图标

STEP 05 在导览面板中单击"播放"按钮，预览组合编辑后的素材效果，如图 5-14 所示。

图 5-14　预览组合编辑后的素材效果

5.1.5　取消组合轨道素材片段

当用户对素材批量编辑完成后，可以将组合的素材进行取消组合操作，以还原单个素材文件的属性。在需要取消组合的素材上右击，在弹出的快捷菜单中选择"群组"|"取消分组"命令，如图 5-15 所示，即可取消组合。选择单个素材文件的效果如图 5-16 所示。

图 5-15　选择"取消分组"命令

图 5-16　选择单个素材文件的效果

5.1.6 透明效果：制作画面透明度效果

"轨透明度"功能主要用于调整轨道中素材的透明度效果，用户可以在轨道上直接单击"轨透明度"按钮，进入轨道编辑界面，使用关键帧对素材的透明度进行控制。下面向用户介绍具体的操作方法。

素材文件	素材 \ 第 5 章 \ 对角建筑 .jpg
效果文件	效果 \ 第 5 章 \ 对角建筑 .VSP
视频文件	视频 \ 第 5 章 \5.1.6 透明效果：制作画面透明度效果 .mp4

【操练 + 视频】
——透明效果：制作画面透明度效果

STEP 01 进入会声会影编辑器，打开一个项目文件，在"叠加 1"覆叠轨道上单击"轨透明度"按钮，如图 5-17 所示。

图 5-17　单击"轨透明度"按钮

STEP 02 进入轨道编辑界面，最上方的直线代表阻光度的参数位置，左侧是阻光度的数值标尺。将鼠标指针移至直线的最开始位置，向下拖曳直线，直至"阻光度"参数显示为 0，如图 5-18 所示，表示素材目前处于完全透明状态。

图 5-18　向下拖曳直线

STEP 03 在直线右侧合适的位置单击鼠标左键，添加一个"阻光度"关键帧，并向上拖曳关键帧，调整关键帧的位置，直至"阻光度"参数显示为 100，表示素材目前处于完全显示状态，如图 5-19 所示，此时轨道素材淡入特效制作完成。

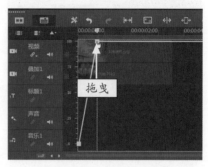

图 5-19　向上拖曳关键帧

STEP 04 用上面同样的方法，在右侧合适的位置再次添加一个"阻光度"参数为 100 的关键帧，如图 5-20 所示。

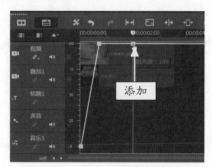

图 5-20　再次添加一个关键帧

STEP 05 用上面同样的方法，在右侧合适的位置再添加一个"阻光度"参数为 0 的关键帧，表示素材目前处于完全透明状态，如图 5-21 所示，此时轨道素材淡出特效制作完成。

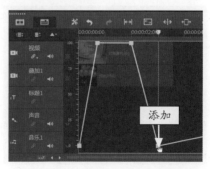

图 5-21　添加第 3 个关键帧

STEP 06 在时间轴面板的右上方单击"关闭"按钮
⊠，如图 5-22 所示，退出轨透明度编辑状态，完成
"轨透明度"的特效制作。

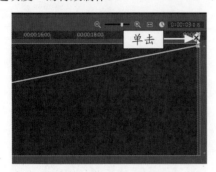

图 5-22 单击"关闭"按钮

STEP 07 在导览面板中单击"播放"按钮，预览制
作的视频特效，如图 5-23 所示。

图 5-23 预览制作的视频特效

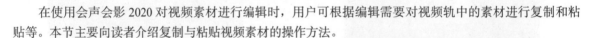

5.2 复制与粘贴视频文件

在使用会声会影 2020 对视频素材进行编辑时，用户可根据编辑需要对视频轨中的素材进行复制和粘贴等。本节主要向读者介绍复制与粘贴视频素材的操作方法。

5.2.1 移动视频素材

如果用户对视频轨中素材的位置和顺序不满意，可以通过移动素材的方式调整素材的播放顺序。下面向读者介绍移动素材文件的方法。

进入会声会影编辑器，在视频轨中导入两幅图像素材，如图 5-24 所示。移动鼠标指针至第二个素材上，单击鼠标左键，选取该素材，单击鼠标左键，将其拖曳至第一个素材的前方，如图 5-25 所示。

图 5-25 拖曳至第一个素材的前方

执行操作后，即可调整两段素材的播放顺序，单击导览面板中的"播放"按钮，预览调整顺序后的视频画面效果，如图 5-26 所示。

图 5-24 导入两幅图像素材

图 5-26 预览调整顺序后的视频画面效果

图 5-26　预览调整顺序后的视频画面效果（续）

▶ 专家指点

　　上面介绍的是在时间轴面板中移动素材的方法，用户还可以通过故事板视图来移动素材，达到调整视频播放顺序的目的。

　　通过故事板视图移动素材的方法很简单，首先选择需要移动的素材，按住鼠标左键将其拖曳至第一幅素材的前面，拖曳的位置会显示一条竖线，表示素材将要放置的位置。释放鼠标左键，即可移动素材，调整视频播放顺序。

5.2.2　替换素材：快速更换素材内容

　　在会声会影 2020 中用照片制作电子相册视频时，如果用户对视频轨中的照片素材不满意，可以通过快捷键将照片素材快速替换为用户满意的素材。下面介绍具体的操作方法。

素材文件	素材 \ 第 5 章 \ 斑斓金鱼 .jpg
效果文件	效果 \ 第 5 章 \ 斑斓金鱼 .VSP
视频文件	视频 \ 第 5 章 \5.2.2　替换素材：快速更换素材内容 .mp4

【操练 + 视频】
——替换素材：快速更换素材内容

STEP 01 进入会声会影编辑器，选择"文件" | "打开项目"命令，打开一个项目文件，如图 5-27 所示。

图 5-27　打开项目文件

STEP 02 在预览窗口中预览打开的项目效果，如图 5-28 所示。

图 5-28　预览打开的项目效果

STEP 03 在"媒体"素材库面板的空白位置右击，弹出快捷菜单，选择"插入媒体文件"命令，弹出"替换 / 重新链接素材"对话框，选择需要替换的照片，如图 5-29 所示。

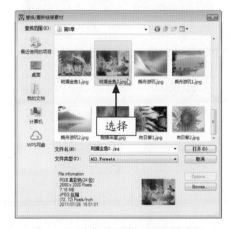

图 5-29　选择需要替换的照片素材

STEP 04 单击"打开"按钮，将照片素材导入"媒体"素材库，选择导入的照片素材，如图 5-30 所示。

图 5-30　选择导入的照片素材

STEP 05 将其拖曳至视频轨中的照片素材的上方，如图 5-31 所示，按住 Ctrl 键的同时释放鼠标左键，即可替换照片素材。

图 5-31 拖曳照片素材

STEP 06 在预览窗口中预览替换照片后的画面效果，如图 5-32 所示。

图 5-32 预览替换照片后的画面效果

5.2.3 复制素材：制作重复的图像素材画面

在会声会影 2020 中，用户可以根据需要复制时间轴面板中的素材，并将复制的素材粘贴到时间轴面板或者素材库中，这样可以快速制作重复的视频素材画面内容。

素材文件	素材\第5章\梅花盛开.mp4
效果文件	效果\第5章\梅花盛开.VSP
视频文件	视频\第5章\5.2.3 复制素材：制作重复的图像素材画面.mp4

【操练＋视频】
——复制素材：制作重复的图像素材画面

STEP 01 进入会声会影编辑器，然后在时间轴面板的视频轨中插入一段视频素材，如图 5-33 所示。

STEP 02 移动鼠标指针至时间轴面板的素材上，右击，在弹出的快捷菜单中选择"复制"命令，如图 5-34 所示。

图 5-33 插入视频素材

图 5-34 选择"复制"命令

STEP 03 执行复制操作后，将鼠标指针移至需要粘贴素材的位置，右击，在弹出的快捷菜单中选择"粘贴"命令，将复制的素材粘贴到时间轴面板中，如图 5-35 所示，即可制作重复的视频画面。

图 5-35 粘贴至时间轴面板

5.2.4 快速复制：在素材库中复制素材

在会声会影 2020 中，用户还可以将素材库中的素材文件复制到视频轨中。下面向读者介绍复制素材库中素材文件的操作方法。

素材文件	素材\第5章\公园一角.jpg
效果文件	效果\第5章\公园一角.VSP
视频文件	视频\第5章\5.2.4 快速复制：在素材库中复制素材.mp4

【操练 + 视频】
——快速复制：在素材库中复制素材

STEP 01 在素材库中添加一个素材文件，如图 5-36 所示。

图 5-36 添加的素材文件

STEP 02 在素材文件上右击，在弹出的快捷菜单中选择"复制"命令，如图 5-37 所示，即可复制素材文件。

图 5-37 选择"复制"命令

STEP 03 将鼠标指针移至视频轨中的开始位置，如图 5-38 所示。

图 5-38 将光标移至视频轨中的开始位置

STEP 04 单击鼠标左键，即可将复制的素材进行粘贴操作，在预览窗口中可以预览复制与粘贴后的素材画面，如图 5-39 所示。

图 5-39 预览复制与粘贴后的素材画面

▶ **专家指点**

在会声会影 2020 中，用户还可以将视频轨中的素材复制与粘贴到素材库面板中。在视频轨中选择需要复制的素材文件，右击，在弹出的快捷菜单中选择"复制"命令，复制素材。然后将鼠标指针移至素材库中，选择相应的素材文件，右击，在弹出的快捷菜单中选择"粘贴"命令，还可以在菜单栏中选择"编辑"|"粘贴"命令，即可粘贴之前复制的素材文件。

5.2.5 粘贴属性：粘贴所有属性至另一素材

在会声会影 2020 中，如果用户需要制作多种相同的视频特效，可以将制作好的特效直接复制与粘贴到其他素材上，提高编辑视频的效率。下面向读者介绍粘贴所有素材属性的方法。

素材文件	素材 \ 第 5 章 \ 水珠涟漪 .VSP
效果文件	效果 \ 第 5 章 \ 水珠涟漪 .VSP
视频文件	视频 \ 第 5 章 \5.2.5 粘贴属性：粘贴所有属性至另一素材 .mp4

【操练 + 视频】
——粘贴属性：粘贴所有属性至另一素材

STEP 01 进入会声会影编辑器，选择"文件"|"打开项目"命令，打开一个项目文件，如图 5-40 所示。

STEP 02 在视频轨中，选择需要复制属性的素材文件，在菜单栏中选择"编辑"|"复制属性"命令，如图 5-41 所示，即可复制素材的属性。

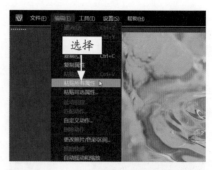

图 5-42　选择"粘贴所有属性"命令

图 5-40　打开项目文件

▶ 专家指点

　　复制属性后，用户还可以执行"粘贴可选属性"操作，在弹出的"粘贴可选属性"对话框中，选择要粘贴到素材上的属性。

STEP 04 在导览面板中单击"播放"按钮，预览视频画面效果，如图 5-43 所示。

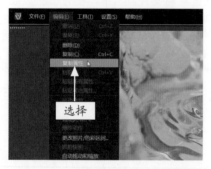

图 5-41　选择"复制属性"命令

STEP 03 在视频轨中选择需要粘贴属性的素材文件，在菜单栏中选择"编辑"|"粘贴所有属性"命令，如图 5-42 所示，即可粘贴素材的所有属性特效。

图 5-43　预览视频画面效果

5.3 　色彩校正素材颜色画面

　　在会声会影 2020 中，用户可以根据需要为视频素材调色，还可以对视频素材进行剪辑操作，或者对视频素材进行多重修整操作，使制作的视频更加符合用户的需求。会声会影 2020 提供了专业的色彩校正功能，用户可以轻松调整素材的亮度、对比度以及饱和度等，甚至可以将影片调成具有艺术效果的色彩。本节主要向读者介绍对素材进行色彩校正的操作方法。

5.3.1　色调调整：调整画面的风格

在会声会影 2020 中，如果用户对照片的色调不太满意，可以重新调整照片的色调。下面向读者介绍调整素材画面色调的操作方法。

素材文件	素材 \ 第 5 章 \ 千叶豆腐 .jpg
效果文件	效果 \ 第 5 章 \ 千叶豆腐 .VSP
视频文件	视频 \ 第 5 章 \5.3.1　色调调整：调整画面的风格 .mp4

【操练 + 视频】
——色调调整：调整画面的风格

STEP 01 插入一幅素材图像，在预览窗口中可以预览素材的画面效果，如图 5-44 所示。

图 5-44　预览素材的画面效果

STEP 02 打开"色彩"选项面板，单击"基本"标签，打开"基本"选项面板，如图 5-45 所示。

图 5-45　打开"基本"选项面板

STEP 03 在选项面板中拖曳"色调"右侧的滑块，直至参数显示为 -5，如图 5-46 所示。

STEP 04 在预览窗口中，可以预览更改色调后的图像素材效果，如图 5-47 所示。

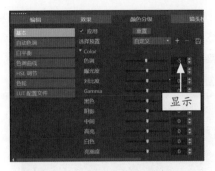

图 5-46　调整"色调"参数

图 5-47　预览更改色调后的图像素材效果

5.3.2　自动调整色调

在会声会影 2020 中，用户还可以运用软件自动调整素材画面的色调。下面向读者介绍自动调整素材色调的操作方法。

进入会声会影 2020 编辑器，用户可以选择需要调整色调的图像素材。在"色彩"选项面板中，单击"自动色调"标签，展开"自动色调"选项面板，选中"自动调整色调"复选框，如图 5-48 所示，即可调整图像的色调。

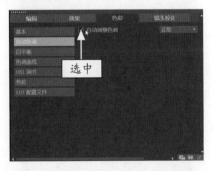

图 5-48　选中"自动调整色调"复选框

单击"自动调整色调"右侧的下拉按钮，在弹出的下拉列表中包含 5 个不同的选项，分别为"最亮""较亮""正常""较暗""最暗"，如图 5-49

所示。默认情况下，软件将使用"正常"选项为自动调整素材色调。

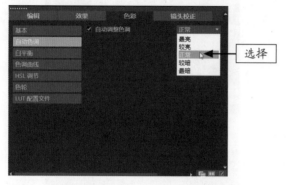

图 5-49　选择自动调整色调选项

5.3.3　调整饱和度

在会声会影 2020 中使用"饱和度"功能，可以调整整张照片或单个颜色分量的色相、饱和度和亮度值，还可以同步调整照片中所有的颜色。下面介绍调整图像饱和度的操作方法。

进入会声会影 2020 编辑器，选择需要调整饱和度的图像素材，在预览窗口中可以预览素材画面效果，如图 5-50 所示。在"色彩"选项面板中，单击"基本"标签，展开相应选项面板，拖曳"饱和度"右侧的滑块，即可调整图像的饱和度，效果如图 5-51 所示。

图 5-50　素材画面效果

图 5-51　调整饱和度后的效果

▶ 专家指点

在会声会影 2020 的选项面板中设置饱和度参数时，饱和度参数值设置得越低，图像画面的饱和度越灰；饱和度参数值设置得越高，图像颜色越鲜艳，色彩画面感越强。

5.3.4　曝光调节：使画面更通透

在会声会影 2020 中，当素材亮度过暗或者过亮时，用户可以调整素材的曝光度。

素材文件	素材 \ 第 5 章 \ 山间小道 .jpg
效果文件	效果 \ 第 5 章 \ 山间小道 .VSP
视频文件	视频 \ 第 5 章 \5.3.4　曝光调节：使画面更通透 .mp4

【操练 + 视频】
——曝光调节：使画面更通透

STEP 01　进入会声会影 2020 编辑器，在时间轴中插入一幅素材图像，在预览窗口中可以预览素材画面效果，如图 5-52 所示。

图 5-52　素材画面效果

STEP 02　在"色彩"选项面板中，单击"基本"标签，展开相应选项面板，拖曳"曝光度"右侧的滑块，直至参数显示为 30，即可调整图像的曝光度，效果如图 5-53 所示。

图 5-53　调整曝光度后的效果

　　亮度是指颜色的明暗程度，它通常使用 -100 到 100 之间的整数来度量。在正常光线下照射的色相，被定义为标准色相。一些亮度高于标准色相的，称为该色相的高度；反之称为该色相的阴影。本例通过调整曝光度的参数来加强素材左上角的亮度。

5.3.5　调整对比度

　　对比度是指图像中阴暗区域最亮的白与最暗的黑之间不同亮度范围的差异。在会声会影 2020 中，用户可以轻松地调整素材的对比度。

　　进入会声会影 2020 编辑器，选择需要调整对比度的素材文件，素材画面效果如图 5-54 所示。在"色彩"选项面板中，单击"基本"标签，展开相应选项面板，拖曳"对比度"选项右侧的滑块，即可调整图像的对比度，效果如图 5-55 所示。

图 5-54　素材画面效果

图 5-55　调整对比度后的效果

　　在会声会影 2020 中，"对比度"选项用于调整素材的对比度，其取值范围为 -100 到

100 之间的整数。数值越高，素材的对比度越大；反之，则降低素材的对比度。

5.3.6　调整 Gamma 效果

　　在会声会影 2020 中，用户可以通过设置画面的 Gamma 值来更改画面的色彩灰阶。进入会声会影 2020 编辑器，选择需要调整 Gamma 值的素材文件，素材画面效果如图 5-56 所示。在"色彩"选项面板中，单击"基本"标签，展开相应选项面板，拖曳 Gamma 选项右侧的滑块，即可调整图像的 Gamma 值，效果如图 5-57 所示。

图 5-56　素材画面效果

图 5-57　调整 Gamma 值后的效果

　　会声会影中的 Gamma，翻译成中文是"灰阶"的意思，是指液晶屏幕上人们肉眼所见的一个点，即一个像素，它是由红、绿、蓝三个子像素组成的。每一个子像素背后的光源都可以显现出不同的亮度级别。而灰阶代表了由最暗到最亮之间不同亮度的层次级别，中间的层级越多，所能够呈现的画面效果也就越细腻。

5.4　为画面添加白平衡效果

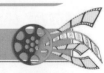

　　在会声会影 2020 中，用户可以通过调整图像素材和视频素材的白平衡，使画面达到不同的色调效果。

本节主要向读者介绍在会声会影 2020 中设置素材白平衡的操作方法，主要包括添加钨光效果、添加荧光效果、添加日光效果以及添加云彩效果等。

5.4.1　钨光效果：修正偏黄或偏红画面

钨光白平衡也称为"白炽灯"或"室内光"，可以修正偏黄或者偏红的画面，一般适用于在钨光灯环境下拍摄的照片或者视频素材。下面向读者介绍添加钨光效果的操作方法。

素材文件	素材 \ 第 5 章 \ 喜结良缘 .jpg
效果文件	效果 \ 第 5 章 \ 喜结良缘 .VSP
视频文件	视频 \ 第 5 章 \5.4.1 钨光效果：修正偏黄或偏红画面 .mp4

【操练＋视频】
——钨光效果：修正偏黄或偏红画面

STEP 01 进入会声会影 2020 编辑器，在故事板中插入一幅图像素材，如图 5-58 所示。

图 5-58　插入图像素材

STEP 02 打开"色彩"选项面板，单击"白平衡"标签，在左侧选中"白平衡"复选框，如图 5-59 所示。

图 5-59　选中"白平衡"复选框

STEP 03 在"白平衡"复选框下方单击"钨光"按钮 ，如图 5-60 所示，添加钨光效果。

STEP 04 在预览窗口中可以预览添加钨光效果后的素材画面，效果如图 5-61 所示。

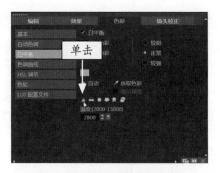

图 5-60　单击"钨光"按钮

图 5-61　添加钨光效果后的素材画面

> ▶ **专家指点**
>
> 在选项面板的"白平衡"选项组中，用户还可以手动选取色彩来设置素材画面的白平衡效果。在"白平衡"选项组中，单击"选取色彩"按钮，在预览窗口中需要的颜色上单击，即可吸取颜色，用吸取的颜色改变素材画面的白平衡效果。
>
> 在选项面板中，当用户手动吸取画面颜色后，选中"显示预览"按钮，在选项面板的右侧，将显示素材画面的原图，在预览窗口中将显示素材画面添加白平衡后的效果，用户可以查看图像对比效果。

5.4.2　荧光效果：制作自然的蓝天效果

荧光效果的色温在 3800 K，适合制作自然的蓝天效果。下面向读者介绍在会声会影 2020 中为素材画面添加荧光效果的操作方法。

素材文件	素材 \ 第 5 章 \ 空中飞行 .jpg
效果文件	效果 \ 第 5 章 \ 空中飞行 .VSP
视频文件	视频 \ 第 5 章 \5.4.2 荧光效果：制作自然的蓝天效果 .mp4

【操练 + 视频】
——荧光效果：制作自然的蓝天效果

STEP 01 进入会声会影 2020 编辑器，在故事板中插入一幅素材图像，如图 5-62 所示。

图 5-62　插入素材图像

STEP 02 打开"色彩"选项面板，单击"白平衡"标签，打开相应选项面板，选中"白平衡"复选框，在下方单击"荧光"按钮 。在预览窗口中，可以预览添加荧光效果后的素材画面，效果如图 5-63 所示。

图 5-63　预览添加荧光效果后的素材画面

▶ 专家指点

荧光效果适合于在荧光下做白平衡调节，因为荧光的类型有很多种，如冷白和暖白，因而有些相机不止一种荧光白平衡调节。

5.4.3　日光效果：制作风景画面

日光效果可以修正色调偏红的视频或照片素材，一般适用于灯光夜景、日出、日落以及焰火等。

素材文件	素材 \ 第 5 章 \ 寒冰料峭 .jpg
效果文件	效果 \ 第 5 章 \ 寒冰料峭 .VSP
视频文件	视频 \ 第 5 章 \5.4.3 日光效果：制作风景画面 .mp4

【操练 + 视频】
——日光效果：制作风景画面

STEP 01 进入会声会影 2020 编辑器，在故事板中插入一幅素材图像，如图 5-64 所示。

图 5-64　插入素材图像

STEP 02 打开"色彩"选项面板，单击"白平衡"标签，打开相应选项面板，选中"白平衡"复选框，在下方单击"日光"按钮 。在预览窗口中，可以预览添加日光效果后的素材画面，效果如图 5-65 所示。

图 5-65　预览添加日光效果后的素材画面

5.4.4　云彩效果：体现更多细节

在会声会影 2020 中，应用云彩效果可以使素材画面呈现偏黄的暖色调，同时可以修正偏蓝的照片。下面向读者介绍添加云彩效果的操作方法。

素材文件	素材 \ 第 5 章 \ 摩托艇 .jpg
效果文件	效果 \ 第 5 章 \ 摩托艇 .VSP
视频文件	视频 \ 第 5 章 \5.4.4 云彩效果：体现更多细节 .mp4

【操练 + 视频】
——云彩效果：体现更多细节

STEP 01 进入会声会影 2020 编辑器，在故事板中插入一幅素材图像，如图 5-66 所示。

图 5-66　插入素材图像

STEP 02 打开"色彩"选项面板，单击"白平衡"标签，打开相应选项面板，选中"白平衡"复选框，在下方单击"云彩"按钮🔲。在预览窗口中可以预览添加云彩效果后的素材画面，效果如图 5-67 所示。

图 5-67　预览添加云彩效果后的素材画面

5.4.5　添加阴影效果

下面向读者介绍在会声会影 2020 中为素材画面添加阴影效果的操作方法。

进入会声会影 2020 编辑器，选择需要添加阴影效果的照片素材，如图 5-68 所示。打开"色彩"选项面板，单击"白平衡"标签，打开相应选项面板，选中"白平衡"复选框，在下方单击"阴影"按钮🏠，即可完成添加阴影效果的操作，效果如图 5-69 所示。

图 5-68　照片素材

图 5-69　添加阴影效果

5.4.6　添加阴暗效果

下面向读者介绍在会声会影 2020 中为素材画面添加阴暗效果的操作方法。

进入会声会影 2020 编辑器，选择需要添加阴影效果的照片素材，如图 5-70 所示。打开"色彩"选项面板，单击"白平衡"标签，打开相应选项面板，选中"白平衡"复选框，在下方单击"阴暗"按钮🔲，即可完成添加阴暗效果的操作，效果如图 5-71 所示。

图 5-70　照片素材

图 5-71　添加阴暗效果

第6章

编辑：编辑与制作视频特效

章前知识导读

　　在会声会影 2020 编辑器中，用户可以对素材进行编辑和校正，使制作的影片更为生动、美观。本章主要向用户介绍编辑与调整视频素材、制作视频运动与马赛克特效、制作图像摇动效果等内容。

新手重点索引

　■ 编辑与调整视频素材　　　　■ 制作视频运动与马赛克特效

　■ 制作图像摇动效果　　　　　■ 应用 360 视频编辑功能

效果图片欣赏

6.1 编辑与调整视频素材

在会声会影 2020 中添加视频素材后，用户可以对视频素材进行编辑与调整，制作更美观、流畅的影片。本节主要向读者介绍在会声会影 2020 中编辑视频素材的操作方法。

6.1.1 调整素材：对视频画面进行变形扭曲

在会声会影 2020 中，用户可以对视频轨和覆叠轨中的视频素材进行变形操作，如调整视频宽高比、放大视频、缩小视频等。下面介绍在会声会影 2020 中变形视频素材的操作方法。

素材文件	素材 \ 第 6 章 \ 山水相融 .mpg
效果文件	效果 \ 第 6 章 \ 山水相融 .VSP
视频文件	视频 \ 第 6 章 \6.1.1 调整素材：对视频画面进行变形扭曲 .mp4

【操练＋视频】
——调整素材：对视频画面进行变形扭曲

STEP 01 进入会声会影编辑器，在时间轴面板的视频轨中插入一段视频素材，如图 6-1 所示。

图 6-1　插入视频素材

STEP 02 在导览面板中单击"变形工具"下拉按钮，如图 6-2 所示。

STEP 03 在弹出的下拉菜单中选择"比例模式"，对素材进行变形操作，如图 6-3 所示。

STEP 04 在预览窗口中拖曳素材四周的控制柄，如图 6-4 所示，即可将素材变形成所需的效果。

图 6-2　单击"变形工具"下拉按钮

图 6-3　选择"比例模式"

图 6-4　拖曳控制柄

STEP 05 单击下面的"播放"按钮，即可预览视频效果，如图 6-5 所示。

图 6-5　预览视频效果

> ● 专家指点
>
> 　　使用会声会影 2020，在导览面板的"变形工具"下拉列表中有两个途径可进行变形，除了"比例变形"工具外，用户还可以使用"裁剪变形"工具对素材进行变形操作。
>
> 　　如果用户对变形后的视频效果不满意，可以还原对视频素材的变形操作。在预览窗口的视频素材上右击，在弹出的快捷菜单中选择"重置变形"命令，即可还原被变形的视频素材。

6.1.2　调节区间：修改视频素材整体的时长

　　在会声会影 2020 中编辑视频素材时，用户可以调整视频素材的区间长短，使调整后的视频素材更好地适用于所编辑的项目。下面向读者介绍调整视频区间的操作方法。

素材文件	素材 \ 第 6 章 \ 高楼夜景 .mpg
效果文件	效果 \ 第 6 章 \ 高楼夜景 .VSP
视频文件	视频 \ 第 6 章 \6.1.2　调节区间：修改视频素材整体的时长 .mp4

【操练 + 视频】
——调节区间：修改视频素材整体的时长

STEP 01 进入会声会影编辑器，在视频轨中插入一段视频素材，如图 6-6 所示。

图 6-6　插入视频素材

STEP 02 展开"编辑"选项面板，将鼠标指针移至"视频区间"数值框中所需修改的数值上，单击鼠标左键，数值框中的数值呈可编辑状态，如图 6-7 所示。

图 6-7　数值呈可编辑状态

STEP 03 输入所需的数值，如图 6-8 所示，按 Enter 键确认。

图 6-8　输入所需数值

STEP 04 调整视频素材区间长度后的结果如图 6-9 所示。

图 6-9　调整素材区间

▶ 专家指点

　　在会声会影 2020 中，用户在"编辑"选项面板中单击"视频区间"数值框右侧的微调按钮，也可调整视频区间。

6.1.3　音量调节：单独调整视频的背景音量

　　使用会声会影 2020 对视频素材进行编辑时，为了使视频与背景音乐互相协调，可以根据需要对视频素材的声音进行调整。

素材文件	素材 \ 第 6 章 \ 落日晚霞 .mpg
效果文件	效果 \ 第 6 章 \ 落日晚霞 .VSP
视频文件	视频 \ 第 6 章 \6.1.3　音量调节：单独调整视频的背景音量 .mp4

【操练＋视频】
——音量调节：单独调整视频的背景音量

STEP 01 进入会声会影编辑器，在视频轨中插入一段视频素材，如图 6-10 所示。

图 6-10　插入视频素材

STEP 02 单击"编辑"按钮，展开相应选项面板，在"素材音量"数值框中输入所需的数值，如图 6-11 所示，按 Enter 键确认，即可调整素材的音量大小。

图 6-11　输入数值

▶ 专家指点

　　在会声会影 2020 中对视频进行编辑时，如果用户不想使用视频的背景音乐，而需要重新添加一段音乐作为视频的背景音乐，可以将视频现有的背景音乐调整为静音。操作方法很简单，首先选择视频轨中需要调整为静音的视频素材，然后展开"视频"选项面板，单击"素材音量"右侧的"静音"按钮 🔇，即可设置视频素材的背景音乐为静音。

6.1.4　分离音频：使视频画面与背景声音分离

　　在会声会影中进行视频编辑时，有时需要将视频素材的视频部分和音频部分进行分离，然后替换成其他音频或对音频部分作进一步调整。

素材文件	素材 \ 第 6 章 \ 千鹤翔翔 .mov
效果文件	效果 \ 第 6 章 \ 千鹤翔翔 .VSP
视频文件	视频 \ 第 6 章 \6.1.4　分离音频：使视频画面与背景声音分离 .mp4

【操练＋视频】
——分离音频：使视频画面与背景声音分离

STEP 01 进入会声会影编辑器，在视频轨中插入一段视频素材，如图 6-12 所示。

图 6-12　插入视频素材

STEP 02 在时间轴面板中选中要分离音频的视频素材，如图 6-13 所示。包含音频的素材，其缩略图左下角会显示音频图标。

图 6-13 选中要分离音频的素材

STEP 03 在选中的素材上右击，在弹出的快捷菜单中选择"音频"|"分离音频"命令，如图 6-14 所示。

图 6-14 选择"分离音频"命令

STEP 04 将视频与音频分离后，结果如图 6-15 所示。

图 6-15 视频与分离的音频

▶ 专家指点

在时间轴面板的视频轨中，选择需要分离音频的视频素材，单击"显示选项面板"按钮，展开"编辑"选项面板，单击"分离音频"按钮，也可以将视频与背景声音进行分离操作。另外，用户通过在菜单栏中选择"编辑"|"分离音频"命令，也可以快速将视频与声音进行分割。

6.1.5 反转视频：制作视频画面的倒播效果

在电影中经常可以看到物品破碎后又复原的效果，要在会声会影 2020 中制作出这种效果非常简单，用户只要逆向播放一次影片即可。下面向读者介绍反转视频素材的具体操作方法。

素材文件	素材\第 6 章\猿猴集锦 .VSP
效果文件	效果\第 6 章\猿猴集锦 .VSP
视频文件	视频\第 6 章\6.1.5 反转视频：制作视频画面的倒播效果 .mp4

【操练 + 视频】
——反转视频：制作视频画面的倒播效果

STEP 01 进入会声会影编辑器，选择"文件"|"打开项目"命令，打开一个项目文件，如图 6-16 所示。

图 6-16 打开项目文件

STEP 02 单击导览面板中的"播放"按钮，预览时间轴中的视频画面效果，如图 6-17 所示。

图 6-17 预览视频效果

图 6-17　预览视频效果（续）

在视频轨中，选择插入的视频素材，双击视频轨中的视频素材，在"编辑"选项面板中选中"反转视频"复选框，如图 6-18 所示，即可反转视频素材。

图 6-18　选中"反转视频"复选框

单击导览面板中的"播放"按钮，即可在预览窗口中观看视频反转后的效果，如图 6-19 所示。

图 6-19　视频反转后的效果

图 6-19　视频反转后的效果（续）

▶ 专家指点

　　在会声会影 2020 中，用户只能对视频素材执行反转操作，而对照片素材无法执行反转操作。

6.1.6　抓拍快照：从视频播放中抓拍视频快照

　　制作视频画面特效时，如果用户对某个视频画面比较喜欢，可以将该视频画面抓拍下来，存于素材库中。下面向读者介绍抓拍视频快照的操作方法。

素材文件	素材 \ 第 6 章 \ 萌宠来袭 .mpg
效果文件	效果 \ 第 6 章 \ 萌宠来袭 .VSP
视频文件	视频 \ 第 6 章 \6.1.6　抓拍快照：从视频播放中抓拍视频快照 .mp4

【操练 + 视频】
——抓拍快照：从视频播放中抓拍视频快照

STEP 01 进入会声会影编辑器，在时间轴面板的视频轨中插入一段视频素材，如图 6-20 所示。

图 6-20　插入一段视频素材

STEP 02 在时间轴面板中，选择需要抓拍照片的视频文件，如图 6-21 所示。

图 6-21　选择需要抓拍照片的视频文件

STEP 03 将时间线移至需要抓拍视频画面的位置，如图 6-22 所示。

图 6-22　确定时间线的位置

▶ 专家指点

在会声会影 2020 之前的软件版本中，"抓拍快照"功能存在于"视频"选项面板中；而在会声会影 2020 软件版本中，"抓拍快照"功能存在于"编辑"菜单下，用户在操作时需要找对位置。

STEP 04 在菜单栏中选择"编辑"菜单下的"抓拍快照"命令，如图 6-23 所示，即可抓拍视频快照。

图 6-23　选择"抓拍快照"命令

STEP 05 被抓拍的视频快照将显示在"照片"素材库中，如图 6-24 所示。

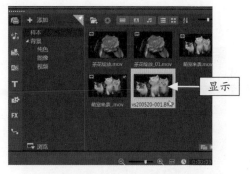

图 6-24　"照片"素材库

6.1.7　音频滤镜：为视频中的背景音乐添加音频滤镜

在会声会影 2020 中，当用户导入一段视频素材后，如果发现视频的背景音乐有瑕疵，可以为其添加音频滤镜，使制作的视频更加符合用户的要求。

素材文件	素材 \ 第 6 章 \ 茶花绽放 .mpg
效果文件	效果 \ 第 6 章 \ 茶花绽放 .VSP
视频文件	视频 \ 第 6 章 \6.1.7 音频滤镜：为视频中的背景音乐添加音频滤镜 .mp4

【操练 + 视频】
——音频滤镜：为视频中的背景音乐添加音频滤镜

STEP 01 进入会声会影编辑器，在视频轨中插入一段视频素材，如图 6-25 所示。

图 6-25　插入视频素材

STEP 02 展开"效果"选项面板，单击"音频滤镜"按钮，如图 6-26 所示。

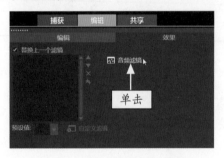

图 6-26　单击"音频滤镜"按钮

STEP 03 弹出"音频滤镜"对话框，选择"嗒声去除"音频滤镜，单击"添加"按钮，如图 6-27 所示。

STEP 04 将所选的音频滤镜添加至右侧的"已用滤镜"列表框中，如图 6-28 所示。

图 6-27　单击"添加"按钮

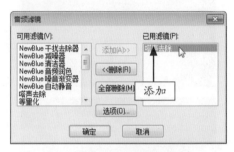

图 6-28　添加音频滤镜

STEP 05 单击"确定"按钮，即可为视频的背景音乐添加音频滤镜。在导览面板中单击"播放"按钮，预览视频画面效果并聆听音乐的声音，如图 6-29 所示。

图 6-29　预览视频画面效果并聆听音乐的声音

6.2　制作视频运动与马赛克特效

在会声会影 2020 中，用户可以对视频画面进行处理，还可以在视频中应用马赛克特效，对视频中的人物与公司的 LOGO 标志进行马赛克处理。本节主要向读者介绍制作视频运动与马赛克特效的操作方法。

6.2.1 快速播放：制作画面的快动作效果

在会声会影 2020 中，用户可通过设置视频的回放速度来实现快动作或慢动作的效果。下面向读者介绍制作视频以快动作播放的操作方法。

素材文件	素材 \ 第 6 章 \ 河边古镇 .avi
效果文件	效果 \ 第 6 章 \ 河边古镇 .VSP
视频文件	视频 \ 第 6 章 \6.2.1 快速播放：制作画面的快动作效果 .mp4

【操练 + 视频】
——快速播放：制作画面的快动作效果

STEP 01 进入会声会影编辑器，在时间轴面板的视频轨中插入一段视频素材，如图 6-30 所示。

图 6-30 插入视频素材

STEP 02 单击"显示选项面板"按钮，展开"编辑"选项面板，如图 6-31 所示。

图 6-31 展开"编辑"选项面板

STEP 03 在"编辑"选项面板中，单击"速度 / 时间流逝"按钮，如图 6-32 所示。

STEP 04 弹出"速度 / 时间流逝"对话框，在"速度"右侧的数值框中输入 200，如图 6-33 所示。或在时间轴面板中，按住 Shift 键然后拖动素材的终点，也可改变回放速度。

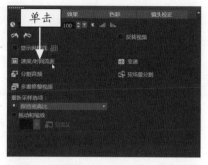

图 6-32 单击"速度 / 时间流逝"按钮

图 6-33 设置速度

STEP 05 单击"确定"按钮，即可设置视频以快动作的方式进行播放。在导览面板中单击"播放"按钮▶，即可预览视频效果，如图 6-34 所示。

图 6-34 预览视频效果

▶ 专家指点

在视频轨素材上右击，在弹出的快捷菜单中选择"速度／时间流逝"命令，也可以弹出"速度／时间流逝"对话框。

6.2.2 慢速播放：制作视频画面的慢动作效果

在会声会影 2020 中，"速度／时间流逝"对话框中的"速度"参数为 100% 时，视频会以正常速度播放，参数大于 100% 时则会以快动作的方式播放，反之则以慢动作的方式播放。下面介绍制作视频以慢动作的方式播放的操作方法。

素材文件	素材 \ 第 6 章 \ 火车男孩 .avi
效果文件	效果 \ 第 6 章 \ 火车男孩 .VSP
视频文件	视频 \ 第 6 章 \6.2.2 慢速播放：制作视频画面的慢动作效果 .mp4

【操练＋视频】
——慢速播放：制作视频画面的慢动作效果

STEP 01 进入会声会影编辑器，在时间轴面板的视频轨中插入一段视频素材，单击"显示选项面板"按钮，展开"编辑"选项面板，单击"速度／时间流逝"按钮，如图 6-35 所示。

图 6-35　单击"速度／时间流逝"按钮

STEP 02 弹出"速度／时间流逝"对话框，在"速度"右侧的数值框中输入 50，如图 6-36 所示。

STEP 03 单击"确定"按钮，即可设置视频以慢动作的方式进行播放。在导览面板中单击"播放"按钮，即可预览视频效果，如图 6-37 所示。

图 6-36　设置速度

图 6-37　预览视频效果

6.2.3 变形视频：去除视频中的黑边

在会声会影 2020 中，用户可以自主地去除视频画面中多余的部分，如画面周边的黑边或者白边，从而使视频画面更加完美。下面介绍去除视频中多余部分的操作方法。

素材文件	素材 \ 第 6 章 \ 小镇风光 .mpg
效果文件	效果 \ 第 6 章 \ 小镇风光 .VSP
视频文件	视频 \ 第 6 章 \6.2.3 变形视频：去除视频中的黑边 .mp4

【操练＋视频】
——变形视频：去除视频中的黑边

STEP 01 进入会声会影编辑器，在时间轴面板的视频轨上插入一段视频素材，在预览窗口中可以查看插入的视频效果，如图 6-38 所示。

图 6-38　查看插入的视频效果

STEP 02 在视频轨中选中素材，在预览窗口中双击素材图像，即可选中素材进行变形操作。在预览窗口中拖曳素材四周的控制柄，放大显示图像，使视频的黑边位于预览窗口之外，如图 6-39 所示，即可去除视频中的多余部分。

图 6-39　放大变形视频画面

▶ 专家指点

　　在会声会影 2020 中，有时会遇到视频有白边的情况，用户可以采用本节中去除黑边的方法，来去除视频的白边。

6.2.4　晕影滤镜：制作周围虚化背景效果

　　在会声会影 2020 中，浅景深画面有背景虚化的效果，具有主体突出的特点。下面介绍如何通过"晕影"滤镜制作周围虚化的背景效果。

素材文件	素材\第 6 章\读书先生 .jpg
效果文件	效果\第 6 章\读书先生 .VSP
视频文件	视频\第 6 章 \6.2.4 晕影滤镜：制作周围虚化背景效果 .mp4

【操练 + 视频】
——晕影滤镜：制作周围虚化背景效果

STEP 01 进入会声会影编辑器，在时间轴面板的视频轨上插入一幅素材图像，如图 6-40 所示。

图 6-40　插入素材图像

STEP 02 在右上角素材库中单击"滤镜"按钮，选择"暗房"选项，打开"暗房"素材库，选择"晕影"滤镜，如图 6-41 所示。

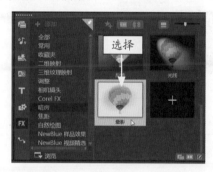

图 6-41　选择"晕影"滤镜

STEP 03 按住鼠标左键将其拖曳至时间轴中的图像素材上方，添加"晕影"滤镜效果。在"效果"选项面板中，单击"预设值"下拉按钮，在弹出的下拉列表框中选择第 3 排第 1 个预设样式，如图 6-42 所示。

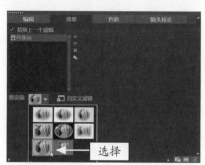

图 6-42　选择预设样式

STEP 04 单击导览面板中的"播放"按钮，即可预览"晕影"滤镜效果，如图 6-43 所示。

图 6-43　预览"晕影"滤镜效果

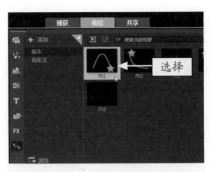

图 6-45　选择 P01 路径运动效果

6.2.5　移动路径：让素材按指定路径进行运动

在会声会影 2020 的"自定路径"对话框中，用户可以设置视频的动画属性和运动效果。下面向读者介绍自定路径的操作方法。

素材文件	素材＼第 6 章＼美丽城堡 .VSP
效果文件	效果＼第 6 章＼美丽城堡 .VSP
视频文件	视频＼第 6 章＼6.2.5 移动路径：让素材按指定路径进行运动 .mp4

【操练＋视频】
——移动路径：让素材按指定路径进行运动

STEP 01 进入会声会影编辑器，选择"文件"|"打开项目"命令，打开一个项目文件，在预览窗口中，可以预览视频的画面效果，如图 6-44 所示。

图 6-44　预览视频的画面效果

STEP 02 在素材库的左侧，单击"路径"按钮 ，进入"路径"素材库，选择 P01 路径运动效果，如图 6-45 所示。

> **▶ 专家指点**
>
> 在会声会影 2020 中，用户可以使用软件自带的路径动画效果，还可以导入外部的路径动画效果。导入外部路径动画的方法很简单，只需在"路径"素材库中单击"导入路径"按钮，在弹出的对话框中选择需要导入的路径文件，将其导入会声会影软件中即可。

STEP 03 将选择的路径运动效果拖曳至视频轨中的素材图像上，释放鼠标左键，即可为素材添加路径运动效果。单击导览面板中的"播放"按钮，预览添加路径运动效果后的视频画面，如图 6-46 所示。

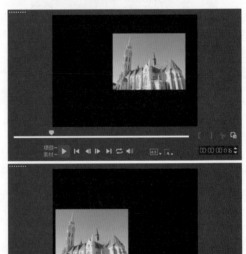

图 6-46　预览添加路径运动效果后的视频画面

6.2.6　红圈跟踪：在视频中用红圈跟踪人物运动

在会声会影 2020 中，对素材进行运动追踪后，在"匹配动作"对话框中，用户可以设置视频的动画属性和运动效果。下面向读者介绍在视频中用红圈跟踪人物运动的操作方法。

素材文件	素 材 \ 第 6 章 \ 人物移动 .mov、红圈 .png
效果文件	效果 \ 第 6 章 \ 人物移动 .VSP
视频文件	视频 \ 第 6 章 \6.2.6　红圈跟踪：在视频中用红圈跟踪人物运动 .mp4

【操练 + 视频】
——红圈跟踪：在视频中用红圈跟踪人物运动

STEP 01 在菜单栏中选择"工具"|"运动追踪"命令，如图 6-47 所示。

图 6-47　选择"运动追踪"命令

STEP 02 弹出"打开视频文件"对话框，选择相应的视频文件，单击"打开"按钮。弹出"运动追踪"对话框，将时间线移至 0:00:01:10 位置，在下方单击"按区域设置跟踪器"按钮，如图 6-48 所示。

图 6-48　单击"按区域设置跟踪器"按钮

STEP 03 在预览窗口中，通过拖曳的方式调整青色方框的跟踪位置，移至人物位置处，单击"运动追踪"按钮，即可开始播放视频文件，并显示运动追踪信息。

视频播放完成后，在上方窗格中即可显示运动追踪路径，路径线条以青色线表示，如图 6-49 所示。

图 6-49　显示运动追踪路径

STEP 04 单击对话框下方的"确定"按钮，返回到会声会影编辑器，在视频轨和覆叠轨中即显示视频文件与运动追踪文件，完成视频运动追踪操作，如图 6-50 所示。

图 6-50　显示视频文件与运动追踪文件

STEP 05 在覆叠轨中，通过拖曳的方式调整覆叠素材的起始位置和区间长度，将覆叠轨中的素材进行替换操作，替换为"红圈 .png"素材。在"红圈 .png"素材上右击，在弹出的快捷菜单中选择"运动"|"匹配动作"命令，如图 6-51 所示。

图 6-51　选择"匹配动作"命令

STEP 06 弹出"匹配动作"对话框，在下方的"偏移"选项组中设置 X 为 3、Y 为 25；在"大小"选项组中设置 X 为 39、Y 为 27。选择第 2 个关键帧，在下方的"偏移"选项组中设置 X 为 0、Y 为 -2；在"大小"选项组中设置 X 为 39、Y 为 23，如图 6-52 所示。

图 6-52 设置参数

STEP 07 设置完成后，单击"确定"按钮，即可在视频中用红圈跟踪人物运动路径。单击导览面板中的"播放"按钮，预览视频画面效果，如图 6-53 所示。

图 6-53 预览视频画面效果

6.2.7 面部遮挡：在人物中应用马赛克特效

用户在编辑和处理视频的过程中，有时候需要对视频中的人物进行马赛克处理，隐藏人物的面部形态。此时，可以使用会声会影 2020 中新增的"设置多点跟踪器"功能，对人物进行马赛克处理。

素材文件	素材\第 6 章\人物马赛克.mpg
效果文件	效果\第 6 章\人物马赛克.VSP
视频文件	视频\第 6 章\6.2.7 面部遮挡：在人物中应用马赛克特效.mp4

【操练＋视频】
——面部遮挡：在人物中应用马赛克特效

STEP 01 在菜单栏中选择"工具"|"运动追踪"命令，弹出"打开视频文件"对话框，选择需要使用的视频文件，如图 6-54 所示。

图 6-54 选择视频文件

STEP 02 单击"打开"按钮，弹出"运动追踪"对话框，在下方单击"设置多点跟踪器"按钮和"应用/隐藏马赛克"按钮。在上方预览窗口中，通过拖曳 4 个红色控制柄来调整需要添加马赛克的范围，然后单击"运动追踪"按钮，如图 6-55 所示。

图 6-55 单击"运动追踪"按钮

STEP 03 开始播放视频文件，并显示运动追踪信息。待视频播放完成后，在上方窗格中即可显示马赛克运动追踪路径，路径线条以青色线表示。单击"确定"按钮，即可在视频中的人物脸部添加马赛克效果，如图6-56所示。

图 6-56　在人物脸部添加马赛克效果

6.2.8　遮盖商标：遮盖视频中的 LOGO 标志

有些视频是从网上下载的，视频画面中显示了某些公司的 LOGO 标志，此时用户可以使用会声会影 2020 中的"运动追踪"功能，对视频中的 LOGO 标志进行马赛克处理。

素材文件	素材\第 6 章\美丽花朵 .mpg
效果文件	效果\第 6 章\美丽花朵 .VSP
视频文件	视频\第 6 章\6.2.8遮盖商标：遮盖视频中的 LOGO 标志

【操练 + 视频】
——遮盖商标：遮盖视频中的 LOGO 标志

STEP 01 通过"工具"菜单下的"运动追踪"命令，打开一段需要遮盖 LOGO 标志的视频素材，在下方单击"设置多点跟踪器"按钮 和"应用 / 隐藏马赛克"按钮 ，并设置"调整马赛克大小"为 10，如图 6-57 所示。

STEP 02 在上方预览窗口中，通过拖曳 4 个红色控制柄来调整需要遮盖的视频 LOGO 的范围，然后单击"运动追踪"按钮，如图 6-58 所示。

图 6-57　设置马赛克大小

图 6-58　单击"运动追踪"按钮

STEP 03 待运动追踪完成后，时间轴位置将显示一条青色线，表示画面已追踪完成，单击"确定"按钮，如图 6-59 所示。

图 6-59　单击"确定"按钮

STEP 04 返回到会声会影编辑器，在导览面板中单击"播放"按钮，可以预览已被遮盖 LOGO 标志的视频素材，效果如图 6-60 所示。

图 6-60　遮盖 LOGO 标志后的效果

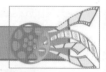

6.3　制作图像摇动效果

在会声会影 2020 中，摇动与缩放效果是针对图像而言的，在时间轴面板中添加图像文件后，即可在选项面板中为图像添加摇动和缩放效果，使静态的图像运动起来，增强画面的视觉感染力。本节主要向读者介绍为素材添加摇动与缩放效果的操作方法。

6.3.1　添加自动摇动和缩放动画

使用会声会影 2020 提供的摇动和缩放功能，可以使静态图像产生运动的效果，从而使制作出来的影片更加生动、形象。

进入会声会影 2020 编辑器，选择需要添加自动摇动和缩放动画的素材，在菜单栏中选择"编辑"|"自动摇动和缩放"命令，即可为其添加自动摇动和缩放效果。单击导览面板中的"播放"按钮，即可预览添加的摇动和缩放效果，如图 6-61 所示。

图 6-61　预览添加的摇动和缩放效果

▶ 专家指点

在会声会影 2020 中，用户还可以通过以下两种方法执行"自动摇动和缩放"功能。
● 在时间轴面板的素材图像上右击，在弹出的快捷菜单中选择"自动摇动和缩放"命令。

▶ 专家指点

● 选择素材图像，在"编辑"选项面板中，选中"摇动和缩放"单选按钮。

6.3.2　添加预设摇动和缩放动画

在会声会影 2020 中，提供了多种预设的摇动和缩放效果，用户可根据实际需要进行选择和应用。下面向读者介绍添加预设摇动和缩放效果的方法。

进入会声会影 2020 编辑器，选择需要添加预设摇动和缩放动画的图像素材。打开"编辑"选项面板，选中"摇动和缩放"单选按钮，如图 6-62 所示。单击"自定义"按钮左侧的下拉按钮，在弹出的下拉列表框中选择需要设置的摇动和缩放预设样式，即可完成添加预设摇动和缩放动画的操作，如图 6-63 所示。

图 6-62　选中"摇动和缩放"单选按钮

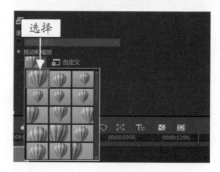

图 6-63　选择摇动和缩放预设样式

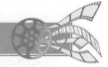

> **专家指点**
>
> 　　在会声会影 2020 中，除了可以使用软件预置的摇动和缩放效果外，还可以根据需要对摇动和缩放属性进行自定义设置。
> 　　方法是：在选择需要自定义的图像素材后，打开"编辑"选项面板，选中"摇动和缩放"单选按钮，然后单击"自定义"按钮，即可弹出相应的对话框，在其中自定义动画的参数即可。

6.4　应用 360 视频编辑功能

　　360 视频编辑功能是会声会影 2020 的新增功能，通过该功能可以对视频画面进行 360 度的编辑与查看。本节主要介绍应用 360 视频编辑功能的操作方法。

6.4.1　功能应用：打开 360 视频编辑窗口

　　用户对视频进行 360 视频编辑前，首先需要打开"360 到标准"对话框，然后在该对话框中对视频画面进行编辑操作。

素材文件	素材 \ 第 6 章 \ 春暖花开 .mpg
效果文件	无
视频文件	视频 \ 第 6 章 \6.4.1　功能应用：打开 360 视频编辑窗口 .mp4

【操练 + 视频】
——功能应用：打开 360 视频编辑窗口

STEP 01 进入会声会影编辑器，在视频轨中插入一段视频素材，如图 6-64 所示。

图 6-64　插入视频素材

STEP 02 在预览窗口中预览视频画面效果，如图 6-65 所示。

STEP 03 在视频轨的素材上右击，在弹出的快捷菜单中选择"360 视频"|"360 视频到标准"|"投影到标准"命令，如图 6-66 所示。

图 6-65　预览视频画面效果

图 6-66　选择"投影到标准"命令

STEP 04 打开"投影到标准"对话框，如图 6-67 所示。

图 6-67　"投影到标准"对话框

111

6.4.2 编辑视频：添加关键帧制作360视频效果

在"360到标准"对话框中，用户可以通过添加画面关键帧制作视频的360运动效果，下面介绍具体操作方法。

素材文件	素材 \ 第 6 章 \ 春暖花开 .mpg
效果文件	效果 \ 第 6 章 \ 春暖花开 .VSP
视频文件	视频 \ 第 6 章 \6.4.2 编辑视频：添加关键帧制作 360 视频效果 .mp4

【操练＋视频】
——编辑视频：添加关键帧制作 360 视频效果

STEP 01 在上一例的基础上，打开"投影到标准"对话框，选择第 1 个关键帧，在下方设置"平移"为 13，"倾斜"为 25，"视野"为 120，如图 6-68 所示。

图 6-68　设置第 1 个关键帧的参数

STEP 02 将时间线移至 0:00:00:10 的位置，单击"添加关键帧"按钮██，添加一个关键帧，在下方设置"平移"为 10，"倾斜"为 -9，"视野"为 120，如图 6-69 所示。

图 6-69　设置第 2 个关键帧的参数

STEP 03 将时间线移至 0:00:02:000 的位置，单击"添加关键帧"按钮██，添加第 3 个关键帧，在下方设置"平

移"为 -13、"倾斜"为 -32，"视野"为 120，如图 6-70 所示。

图 6-70　设置第 3 个关键帧的参数

STEP 04 将时间线移至最后一个关键帧的位置，在预览窗口中可以查看画面效果。视频编辑完成后，单击对话框下方的"确定"按钮，如图 6-71 所示。

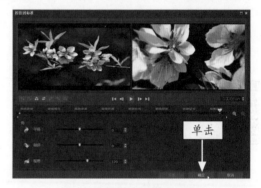

图 6-71　单击"确定"按钮

STEP 05 返回到会声会影 2020 工作界面，在预览窗口中可以预览视频效果，如图 6-72 所示。

图 6-72　预览视频效果

第7章

剪修：剪辑与精修视频画面

章前知识导读

　　在会声会影 2020 中可以对视频进行相应的剪辑，如剪辑视频片头片尾部分、按场景分割视频、使用多相机编辑器剪辑合成视频等。在进行视频编辑时，用户只要掌握这些剪辑视频的方法，便可以制作出流畅的影片。

新手重点索引

- 掌握剪辑视频素材的技巧
- 多重修整视频素材
- 应用时间重映射精修技巧

- 按场景分割视频技术
- 使用多相机编辑器剪辑合成视频

效果图片欣赏

7.1 掌握剪辑视频素材的技巧

如果用户有效、合理地使用转场，可以使制作的影片呈现出专业的视频效果。从本质上讲，影片剪辑就是选取所需的图像以及视频片段进行重新排列组合，而转场效果就是连接这些素材的方式，所以转场效果的应用在视频编辑领域占有很重要的地位。

7.1.1 片尾剪辑：剪辑视频片尾不需要的部分

在会声会影 2020 中，最快捷、最直观的剪辑方式是在素材缩略图上直接对视频素材进行剪辑。下面向读者介绍通过拖曳的方式剪辑视频片尾不需要部分的操作方法。

素材文件	素材 \ 第 7 章 \ 高山峻岭 .VSP
效果文件	效果 \ 第 7 章 \ 高山峻岭 .VSP
视频文件	视频 \ 第 7 章 \7.1.1 片尾剪辑：剪辑视频片尾不需要的部分 .mp4

【操练＋视频】
——片尾剪辑：剪辑视频片尾不需要的部分

STEP 01 进入会声会影编辑器，选择"文件"|"打开项目"命令，打开一个项目文件，如图 7-1 所示。

图 7-1 打开项目文件

STEP 02 将鼠标指针移至时间轴面板中的视频素材的末端位置，按住鼠标左键并向左拖曳，如图 7-2 所示。

STEP 03 拖曳至适当位置后，释放鼠标左键，然后单击导览面板中的"播放"按钮 ▶，即可预览剪辑后的视频素材动画效果，如图 7-3 所示。

图 7-2 拖曳鼠标

图 7-3 预览视频效果

▶ 专家指点

在会声会影 2020 的视频轨中，当用户拖曳鼠标时，鼠标的右下方会出现一个淡黄色的时间提示框，提示用户修剪的区间。

7.1.2 片头剪辑：剪辑视频片头不需要的部分

在会声会影 2020 的修整栏中，有两个修整标记，在修整标记之间的部分代表素材被选取的部分，拖动修整标记，即可对素材进行相应的剪辑，在预览窗口中将显示与修整标记相对应的帧画面。下面介绍通过修整标记剪辑视频片头不需要部分的操作方法。

素材文件	素材 \ 第 7 章 \ 红色小花 .mpg
效果文件	效果 \ 第 7 章 \ 红色小花 .VSP
视频文件	视频 \ 第 7 章 \7.1.2 片头剪辑：剪辑视频片头不需要的部分 .mp4

【操练 + 视频】
——片头剪辑：剪辑视频片头不需要的部分

STEP 01 进入会声会影编辑器，在时间轴面板的视频轨中插入一段视频素材，如图 7-4 所示。

图 7-4　插入视频素材

STEP 02 将鼠标指针移至修整标记上，按住鼠标左键向右拖曳，如图 7-5 所示。

图 7-5　拖曳修整标记

STEP 03 拖曳至适当位置后，释放鼠标左键，然后单击导览面板中的"播放"按钮▶，即可在预览窗口中预览剪辑后的视频素材效果，如图 7-6 所示。

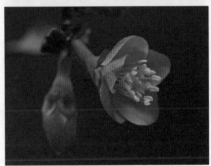

图 7-6　预览视频素材效果

7.1.3 同时剪辑视频片头与片尾部分

在会声会影 2020 中，通过时间轴剪辑视频素材也是一种常用的方法，该方法主要通过"开始标记"按钮[和"结束标记"按钮]来实现对视频素材的剪辑操作。下面介绍通过时间轴同时剪辑视频片头与片尾的操作方法。

进入会声会影 2020 编辑器，选择需要剪辑的视频文件，将鼠标指针移至时间轴中的滑块上，当鼠标指针呈双箭头形状时，按住鼠标左键向右拖曳，至合适位置后释放鼠标左键，然后在预览窗口的右下角单击"开始标记"按钮[，此时在时间轴上方会显示一条橘红色线条，如图 7-7 所示。将鼠标指针移至时间轴中的滑块上，单击鼠标左键并向左拖曳，至合适位置后释放鼠标左键，单击预览窗口右下角的"结束标记"按钮]，确定视频的终点位置，此时选定的区域将以橘红色线条表示。至此，即可完成同时剪辑视频片头与片尾的操作，如图 7-8 所示。

图 7-7　显示橘红色线条

图 7-8　选定的区域以橘红色线条表示

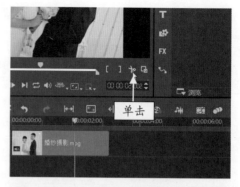

图 7-9　单击"根据滑轨位置分割素材"按钮

图 7-10　对视频轨中的素材进行剪辑

将不需要的素材删除后，单击导览面板中的"播放"按钮▶，即可预览剪辑后的视频效果，如图 7-11 所示。

在时间轴面板中，将时间线定位到视频片段中的相应位置，按 F3 键，可以快速设置开始标记；按 F4 键，可以快速设置结束标记。如果按快捷键 F3、F4 没反应，可能是会声会影软件的快捷键与其他应用程序的快捷键发生冲突所致，此时关闭打开的所有应用程序，然后重新启动会声会影软件，即可完成激活软件中的快捷键功能的操作。

7.1.4　将一段视频剪辑成不同的小段

在会声会影 2020 中，用户还可以通过按钮剪辑视频素材。下面介绍通过按钮剪辑多段视频素材的操作方法。

进入会声会影编辑器，选择需要剪辑的视频素材，用鼠标拖曳预览窗口下方的"滑轨"至合适位置，然后单击"根据滑轨位置分割素材"按钮🎬，如图 7-9 所示，即可剪辑所选视频。用上述同样的方法，再次对视频轨中的素材进行剪辑，如图 7-10 所示。

图 7-11　预览视频效果

7.1.5　保存修整后的视频素材

在会声会影 2020 中，用户可以将剪辑后的视频片段保存到媒体素材库中，方便以后对视频进行调用，或者将剪辑后的视频片段与其他视频片段进行合成应用。

保存修整后的视频素材的操作非常简单，用户对视频进行剪辑操作后，在菜单栏中选择"文件"|"保存修整后的视频"命令，如图 7-12 所示，即可将剪辑后的视频保存到媒体素材库中，如图 7-13 所示。

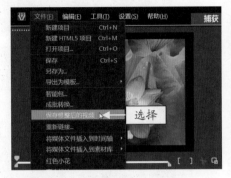

图 7-12　选择"保存修整后的视频"命令

图 7-13　保存修整后的视频

▶ 7.2 ◀　按场景分割视频技术

在会声会影 2020 中，使用"按场景分割"功能，可以将不同场景下拍摄的视频内容分割成多个不同的视频片段。对于不同类型的文件，场景检测也有所不同，如 DV AVI 文件，可以根据录制时间以及内容结构来分割场景；而 MPEG-1 和 MPEG-2 文件，只能按照内容结构来分割视频文件。本节主要向读者介绍按场景分割视频素材的操作方法。

7.2.1　了解按场景分割视频功能

在会声会影 2020 中，按"场景分割"功能非常强大，它可以将视频画面中的多个场景分割为多个不同的小片段，也可以将多个不同的小片段场景进行合成操作。

选择需要按场景分割的视频素材后，在菜单栏中选择"编辑"|"按场景分割"命令，弹出"场景"对话框，如图 7-14 所示。

图 7-14　"场景"对话框

▶ 专家指点

"场景"对话框中各主要选项的含义如下。

- ⚫ "连接"按钮：可以将多个不同的场景进行连接、合成操作。

- ⚫ "分割"按钮：可以将多个不同的场景进行分割操作。

- ⚫ "重置"按钮：单击该按钮，可将扫描的视频场景恢复到分割前的状态。

- ⚫ "将场景作为多个素材打开到时间轴"复选框：可以将场景片段作为多个素材插入时间轴面板中进行应用。

- ⚫ "扫描方法"下拉列表框：在该下拉列表框中，可以选择视频扫描的方法，默认选项为"帧内容"。

- ⚫ "扫描"按钮：单击该按钮，可以对视频素材进行扫描操作。

- "选项"按钮：单击该按钮，可以设置视频检测场景时的敏感度值。
- "预览"框：在预览区域内，可以预览扫描的视频场景片段。

7.2.2 在素材库中分割视频多个场景

下面向读者介绍在会声会影 2020 的素材库中分割视频场景的操作方法。

进入媒体素材库，选择需要分割的视频文件，在菜单栏中选择"编辑"|"按场景分割"命令，弹出"场景"对话框，其中显示了一个视频片段，单击左下角的"扫描"按钮，如图 7-15 所示。稍等片刻，即可扫描出视频中的多个不同场景，如图 7-16 所示。

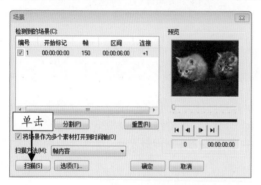

图 7-15　单击"扫描"按钮

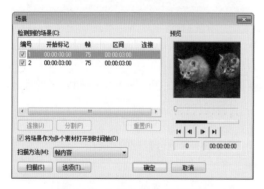

图 7-16　扫描出多个不同场景

单击"确定"按钮，即可在素材库中显示按照场景分割的两个视频素材，选择相应的场景片段，在预览窗口中可以预览视频的场景画面，效果如图 7-17 所示。

图 7-17　预览视频的场景画面

7.2.3 分割视频：通过菜单栏的命令分割视频多个场景

下面向读者介绍在会声会影 2020 的菜单栏中按场景分割视频片段的操作方法。

素材文件	素材＼第 7 章＼白鹭之美 .mpg
效果文件	效果＼第 7 章＼白鹭之美 .VSP
视频文件	视频＼第 7 章＼7.2.3 分割视频：通过菜单栏的命令分割视频多个场景 .mp4

【操练＋视频】
——分割视频：通过菜单栏的命令分割视频多个场景

STEP 01 进入会声会影 2020 编辑器，在时间轴中插入一段视频素材，如图 7-18 所示。

图 7-18　插入视频素材

STEP 02 选择需要分割的视频文件，在菜单栏中选择"编辑"|"按场景分割"命令，如图7-19所示。

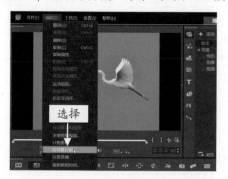

图7-19　选择"按场景分割"命令

STEP 03 弹出"场景"对话框，单击"扫描"按钮，如图7-20所示。

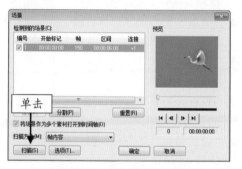

图7-20　单击"扫描"按钮

STEP 04 根据视频中的场景变化开始扫描，扫描结束后将按照编号显示分割的视频片段，如图7-21所示。

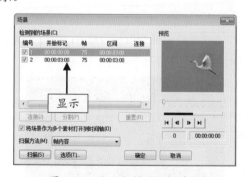

图7-21　显示分割的视频片段

STEP 05 分割完成后，单击"确定"按钮，返回到会声会影编辑器，在时间轴中显示了分割的多个场景片段，如图7-22所示。

图7-22　显示分割的多个场景片段

STEP 06 选择相应的场景片段，在预览窗口中可以预览视频的场景画面，效果如图7-23所示。

图7-23　预览视频的场景画面

7.3　多重修整视频素材

　　用户如果需要从一段视频中一次修整出多个片段，可以使用"多重修整视频"功能。该功能与"按场景分割"功能相比更为灵活，用户还可以在标记了起始点和终点的修整素材上进行更为精细的修整。本节主要向读者介绍多重修整视频素材的操作方法。

7.3.1 了解多重修整视频

进行多重修整视频操作之前，首先需要打开"多重修整视频"对话框，方法很简单，只需在菜单栏中选择"多重修整视频"命令即可。

将视频素材添加至素材库中，然后将素材拖曳至故事板中，在视频素材上右击，在弹出的快捷菜单中选择"多重修整视频"命令，如图 7-24 所示。或者在菜单栏中选择"编辑"|"多重修整视频"命令，如图 7-25 所示。

图 7-24　选择"多重修整视频"命令

图 7-25　选择"多重修整视频"命令

执行操作后，弹出"多重修整视频"对话框，即可预览视频画面，如图 7-26 所示。

图 7-26　预览视频画面

"多重修整视频"对话框中各主要选项的含义如下。

- "反转选取"按钮：可以反转选取视频素材的片段。
- "向后搜索"按钮：可以将时间线定位到视频第 1 帧的位置。
- "向前搜索"按钮：可以将时间线定位到视频最后 1 帧的位置。
- "自动检测电视广告"按钮：可以自动检测视频片段中的电视广告。
- "检测敏感度"选项组：在该选项组中，包含低、中、高 3 种敏感度设置，用户可根据实际需要进行相应选择。
- "播放修整的视频"按钮：可以播放修整后的视频片段。
- "修整的视频区间"面板：在该面板中，显示了修整的多个视频片段文件。
- "设置开始标记"按钮：可以设置视频的开始标记位置。
- "设置结束标记"按钮：可以设置视频的结束标记位置。
- "转到特定的时间码"：可以转到特定的时间码位置，在精确剪辑视频帧位置时非常有效。

7.3.2 快速搜寻间隔

在"多重修整视频"对话框中，设置"快速搜索间隔"为 0:00:08:00，如图 7-27 所示。

图 7-27　设置快速搜索间隔

单击"向前搜索"按钮，即可快速搜索视频间隔，如图 7-28 所示。

图 7-28　单击"向前搜索"按钮

7.3.3　标记视频片段

在"多重修整视频"对话框中进行相应的设置，可以标记视频片段的起点和终点，以修剪视频素材。在"多重修整视频"对话框中，将滑块拖曳至合适位置后，单击"设置开始标记"按钮 **[**，如图 7-29 所示，确定视频的起始点。

图 7-29　单击"设置开始标记"按钮

单击预览窗口下方的"播放"按钮，播放视频素材，至合适位置后单击"暂停"按钮，再单击"设置结束标记"按钮 **]**，确定视频的终点位置，此时选定的区间即可显示在对话框下方的列表框中，完成标记第一个修整片段起点和终点的操作，如图 7-30 所示。

图 7-30　单击"设置结束标记"按钮

单击"确定"按钮，返回到会声会影编辑器，在导览面板中单击"播放"按钮，即可预览标记的视频片段效果。

7.3.4　删除所选片段

在"多重修整视频"对话框中，将滑块拖曳至合适位置后，单击"设置开始标记"按钮 **[**，然后单击预览窗口下方的"播放"按钮，查看视频素材。至合适位置后单击"暂停"按钮，再单击"设置结束标记"按钮 **]**，确定视频的终点位置。此时选定的区间即可显示在对话框下方的列表框中，单击"修整的视频区间"面板中的"删除所选素材"按钮 **X**，如图 7-31 所示。执行上述操作后，即可删除所选素材片段，如图 7-32 所示。

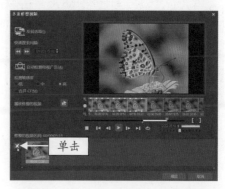

图 7-31　单击"删除所选素材"按钮

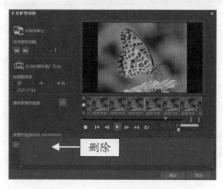

图 7-32　删除所选素材片段

7.3.5　更多片段：多个视频片段的修整

下面向读者详细介绍在"多重修整视频"对话框中修整多个视频片段的操作方法。

素材文件	素材＼第 7 章＼小狗日常 .mpg
效果文件	效果＼第 7 章＼小狗日常 .VSP
视频文件	视频＼第 7 章＼7.3.5　更多片段：多个视频片段的修整 .mp4

【操练＋视频】
——更多片段：多个视频片段的修整

STEP 01　进入会声会影 2020 编辑器，在视频轨中插入一段视频素材，如图 7-33 所示。

图 7-33　插入视频素材

STEP 02　选择视频轨中插入的视频素材，在菜单栏中选择"编辑"|"多重修整视频"命令，如图 7-34 所示。

图 7-34　选择"多重修整视频"命令

STEP 03　弹出"多重修整视频"对话框，单击右下角的"设置开始标记"按钮，标记视频的起始位置，如图 7-35 所示。

STEP 04　单击"播放"按钮，播放至合适位置后，单击"暂停"按钮，再单击"设置结束标记"按钮，选定的区间将显示在对话框下方的列表框中，如图 7-36 所示。

图 7-35　标记视频的起始位置

图 7-36　单击"设置结束标记"按钮

STEP 05　单击"播放"按钮，查找下一个区间的起始位置，至适当位置后单击"暂停"按钮，再单击"设置开始标记"按钮，标记素材的开始位置，如图 7-37 所示。

图 7-37　单击"设置开始标记"按钮

STEP 06　单击"播放"按钮，查找区间的结束位置，至合适位置后单击"暂停"按钮，然后单击"设置结束标记"按钮，确定素材的结束位置，在下方的列表框中将显示选定的区间，如图 7-38 所示。

STEP 07　单击"确定"按钮，返回到会声会影编辑器，在视频轨中显示了刚剪辑的两个视频片段，如图 7-39 所示。

图 7-38 单击"设置结束标记"按钮

图 7-39 剪辑的两个视频片段

STEP 08 切换至故事板视图，在其中可以查看剪辑的视频区间参数，如图 7-40 所示。

图 7-40 查看剪辑的视频区间参数

STEP 09 在导览面板中单击"播放"按钮，预览剪辑后的视频画面效果，如图 7-41 所示。

图 7-41 预览剪辑后的视频画面效果

图 7-41 预览剪辑后的视频画面效果（续）

7.3.6 精确标记：对视频片段进行精确剪辑

下面向读者介绍在"多重修整视频"对话框中精确标记视频片段进行剪辑的操作方法。

素材文件	素材 \ 第 7 章 \ 喷泉夜景 .mpg
效果文件	效果 \ 第 7 章 \ 喷泉夜景 .VSP
视频文件	视频 \ 第 7 章 \7.3.6 精确标记：对视频片段进行精确剪辑 .mp4

【操练 + 视频】
——精确标记：对视频片段进行精确剪辑

STEP 01 进入会声会影 2020 编辑器，在视频轨中插入一段视频素材，如图 7-42 所示。

图 7-42　插入视频素材

STEP 02 在视频素材上右击，在弹出的快捷菜单中选择"多重修整视频"命令，如图 7-43 所示。

图 7-43　选择"多重修整视频"命令

STEP 03 弹出"多重修整视频"对话框，单击右下角的"设置开始标记"按钮，标记视频的起始位置，如图 7-44 所示。

图 7-44　设置开始标记

STEP 04 在"转到特定的时间码"文本框中输入 0:00:05:00，即可将时间线定位到视频中第 5 秒的位置，如图 7-45 所示。

STEP 05 单击"设置结束标记"按钮，选定的区间将显示在对话框下方的列表框中，如图 7-46 所示。

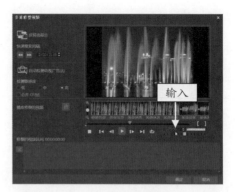

图 7-45　定位时间线

图 7-46　显示选定的区间

STEP 06 继续在"转到特定的时间码"文本框中输入 0:00:08:00，即可将时间线定位到视频中第 8 秒的位置。单击"设置开始标记"按钮，标记第二段视频的起始位置，如图 7-47 所示。

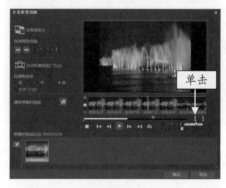

图 7-47　标记第二段视频的起始位置

STEP 07 继续在"转到特定的时间码"文本框中输入 0:00:10:00，即可将时间线定位到视频中第 10 秒的位置。单击"设置结束标记"按钮，如图 7-48 所示，标记第二段视频的结束位置，选定的区间将显示在对话框下方的列表框中。

STEP 08 单击"确定"按钮，返回到会声会影编辑器，在视频轨中显示了刚剪辑的两个视频片段，如图 7-49 所示。

图 7-48 单击"设置结束标记"按钮

图 7-49 显示两个视频片段

STEP 09 在导览面板中单击"播放"按钮，预览剪辑后的视频画面效果，如图 7-50 所示。

图 7-50

图 7-50 预览剪辑后的视频画面效果（续）

7.3.7 快速剪辑：使用单素材修整剪辑视频

在会声会影 2020 中，用户可以对媒体素材库中的视频素材进行单修整操作，然后将修整后的视频插入视频轨中。本节主要向读者介绍素材的单修整操作方法。

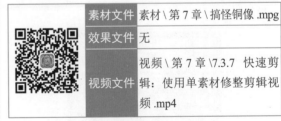

素材文件	素材\第 7 章\搞怪铜像 .mpg
效果文件	无
视频文件	视频\第 7 章\7.3.7 快速剪辑：使用单素材修整剪辑视频 .mp4

【操练 + 视频】
——快速剪辑：使用单素材修整剪辑视频

STEP 01 进入会声会影 2020 编辑器，在素材库中插入一段视频素材。在视频素材上右击，在弹出的快捷菜单中选择"单素材修整"命令，弹出"单素材修整"对话框，如图 7-51 所示。

STEP 02 在"转到特定的时间码"文本框中输入 0:00:02:00，单击"设置开始标记"按钮，如图 7-52 所示，标记视频的开始位置。

图 7-51 弹出"单素材修整"对话框

图 7-52 单击"设置开始标记"按钮

STEP 03 继续在"转到特定的时间码"文本框中输入 0:00:05:00，即可将时间线定位到视频中相应的位置，如图 7-53 所示。

图 7-53 输入特定的时间码

STEP 04 单击"设置结束标记"按钮，标记视频的结束位置，如图 7-54 所示。

图 7-54 单击"设置结束标记"按钮

▶ 专家指点

　　在"单素材修整"对话框中，用户还可以通过拖曳时间线上的滑块来定位视频画面的具体位置，然后进行开始和结束标记的设定，截取视频画面。

STEP 05 单击"确定"按钮，返回到会声会影编辑器，将素材库中剪辑后的视频添加至视频轨中。在导览面板中单击"播放"按钮，预览剪辑后的视频画面效果，如图 7-55 所示。

图 7-55 预览剪辑后的视频画面效果

▶ 专家指点

　　在"单素材修整"对话框的下方，有一排控制播放的按钮，可以对剪辑后的视频进行播放操作，预览视频画面是否符合用户的要求。

7.4　使用多相机编辑器剪辑合成视频

　　在会声会影 2020 中提供了"多相机编辑器"功能，用户可以通过从不同相机、不同角度捕获的事件镜头创建外观专业的视频。通过简单的多视图工作区，可以在播放视频素材的同时进行动态剪辑、合成操作。本节主要向读者介绍使用多相机编辑器剪辑合成视频的操作方法，希望读者熟练掌握本节内容。

7.4.1　打开"多相机编辑器"窗口

　　在会声会影 2020 中，当用户使用多相机编辑器剪辑视频素材前，首先需要打开"多相机编辑器"窗口，下面介绍打开该窗口的方法。

　　在菜单栏中选择"工具"|"多相机编辑器"命令，如图 7-56 所示。或者在时间轴面板上方，单击"多相机编辑器"按钮▦，如图 7-57 所示。

图 7-58　选择"插入视频"命令

　　在"相机 1"轨道中，插入一段视频，如图 7-59 所示。

图 7-56　选择"多相机编辑器"命令

图 7-57　单击"多相机编辑器"按钮

　　进入"来源管理器"窗口，在右上方的"相机 1"轨道右侧空白处右击，在弹出的快捷菜单中选择"插入视频"命令，如图 7-58 所示。

图 7-59　插入一段视频

　　单击最下方的"确定"按钮，即可打开"多相机编辑器"窗口，如图 7-60 所示。

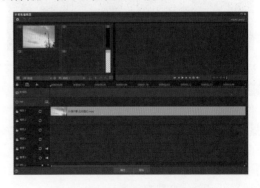

图 7-60　"多相机编辑器"窗口

7.4.2 轻松剪辑：使用多相机进行视频剪辑

在会声会影 2020 中，使用"多相机编辑器"功能可以更加快速地进行视频剪辑，可以对大量的素材进行选择、搜索、剪辑点确定、时间线对位等基本操作。在多相机素材同步播放的时候，可以实时切换需要的镜头，播放一遍之后就直接完成了一部影片的剪辑，这使普通家庭用户也可以在没有完整硬件设备的时候，极大地提高剪辑视频的效率。本节主要向读者介绍剪辑、合成多个视频画面的操作方法。

素材文件	素材＼第 7 章＼湖光美景1.mpg、湖光美景2.mpg
效果文件	效果＼第 7 章＼湖光美景.VSP
视频文件	视频＼第 7 章＼7.4.2 轻松剪辑：使用多相机进行视频剪辑.mp4

【操练＋视频】
——轻松剪辑：使用多相机进行视频剪辑

STEP 01 进入"多相机编辑器"窗口，在下方的"相机 1"轨道右侧空白处右击，在弹出的快捷菜单中选择"导入源"命令，如图 7-61 所示。

图 7-61 选择"导入源"命令

STEP 02 在弹出的对话框中，选择需要添加的视频文件，如图 7-62 所示，单击"打开"按钮。

STEP 03 添加视频至"相机 1"轨道中，如图 7-63 所示。

STEP 04 用与上同样的方法，在"相机 2"轨道中添加一段视频，如图 7-64 所示。

图 7-62 单击"打开"按钮

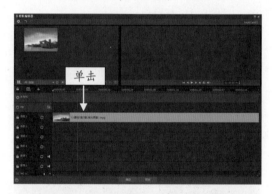

图 7-63 添加视频至"相机 1"轨道

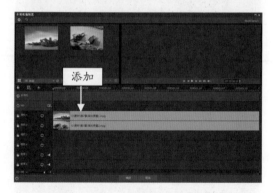

图 7-64 添加视频至"相机 2"轨道

STEP 05 单击左上方的预览框 2，即可在"多相机"轨道上添加"相机 2"轨道的视频画面，如图 7-65 所示。

STEP 06 拖动时间轴上方的滑块到 00:00:00:20 的位置，单击左上方的预览框 1，对视频进行剪辑操作，如图 7-66 所示。

STEP 07 剪辑、合成两段视频画面后，单击下方的"确定"按钮。返回到会声会影编辑器，对文件进行保存操作，合成的视频文件将显示在"媒体"素材库中，如图 7-67 所示。

图 7-65　添加视频到"多相机"轨道

图 7-67　显示合成的视频文件

图 7-66　单击预览框 1

STEP 08 单击左上方导览面板中的"播放"按钮，预览剪辑后的视频画面效果，如图 7-68 所示。

图 7-68　预览剪辑后的视频画面效果

7.5　应用时间重新映射精修技巧

　　"重新映射时间"功能是会声会影 2020 新增的功能，可以帮助用户更加精准地修整视频的播放速度，制作出视频的快动作或慢动作特效。本节主要向读者介绍应用重新映射时间精修视频片段的操作方法。

7.5.1　应用剪辑：打开"时间重新映射"窗口

　　在会声会影 2020 中，当用户使用"重新映射时间"功能精修视频素材前，首先需要打开"时间重新映射"窗口，下面介绍打开该窗口的方法。

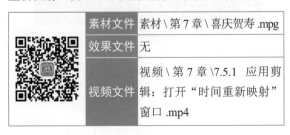

素材文件	素材 \ 第 7 章 \ 喜庆贺寿 .mpg
效果文件	无
视频文件	视频 \ 第 7 章 \7.5.1 应用剪辑：打开"时间重新映射"窗口 .mp4

【操练 + 视频】
——应用剪辑：打开"时间重新映射"窗口

STEP 01 进入会声会影编辑器，在视频轨中插入一段视频素材，如图 7-69 所示。

图 7-69　插入视频素材

STEP 02 在菜单栏中选择"工具"|"重新映射时间"命令，如图 7-70 所示。

图 7-70 选择"重新映射时间"命令

STEP 03 弹出"时间重新映射"对话框，如图 7-71所示，在其中可以编辑视频画面。

图 7-71 "时间重新映射"对话框

7.5.2 功能精修：用时间重新映射剪辑视频

下面介绍使用"时间重新映射"窗口精修视频画面的具体操作方法。

素材文件	素材＼第 7 章＼喜庆贺寿 .mpg
效果文件	效果＼第 7 章＼喜庆贺寿 .VSP
视频文件	视频＼第 7 章＼7.5.2 功能精修：用时间重新映射剪辑视频 .mp4

【操练＋视频】
——功能精修：用时间重新映射剪辑视频

STEP 01 执行"重新映射时间"命令，打开"时间重新映射"窗口，将时间线移至 0:00:00:06 的位置，如图 7-72 所示。

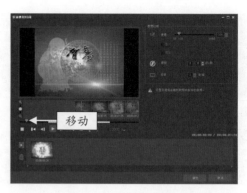

图 7-72 移动时间线的位置

STEP 02 在窗口右侧单击"停帧"按钮，设置"停帧"的时间为 3 秒，表示在该处静态停帧 3 秒，此时窗口下方显示了一幅停帧的静态图像，如图 7-73所示。

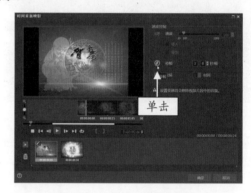

图 7-73 单击"停帧"按钮

STEP 03 在预览窗口下方，将时间线移至 0:00:01:05的位置，在窗口右上方设置"速度"为 50，表示以慢动作的形式播放视频，如图 7-74 所示。

图 7-74 设置"速度"为 50

STEP 04 在预览窗口下方，向右拖曳时间线滑块，将时间线移至 0:00:03:07 的位置，如图 7-75 所示。

图 7-75　移动时间线的位置

STEP 05 再次单击"停帧"按钮 ⊘，设置"停帧"的时间为 3 秒，在时间线位置再次添加一幅停帧的静态图像，如图 7-76 所示。

图 7-76　再次添加一幅停帧的静态图像

STEP 06 视频编辑完成后，单击窗口下方的"确定"按钮，返回到会声会影编辑器，在视频轨中可以查看精修完成的视频文件，如图 7-77 所示。

图 7-77　查看精修完成的视频文件

STEP 07 在导览面板中单击"播放"按钮，预览精修的视频画面，效果如图 7-78 所示。

图 7-78　预览精修的视频画面

图 7-78　预览精修的视频画面（续）

第8章

滤镜：制作专业滤镜特效

章前知识导读

　　会声会影2020为用户提供了多种滤镜效果，对视频素材进行编辑时，可以将它应用到视频素材上。通过视频滤镜不仅可以掩饰视频素材的瑕疵，还可以让视频产生绚丽的视觉效果，使制作出来的视频更具有表现力。

新手重点索引

🎬 了解滤镜和选项面板　　　　🎬 添加与删除滤镜效果

🎬 使用滤镜调整视频画面色调　　🎬 制作常见的专业视频画面特效

效果图片欣赏

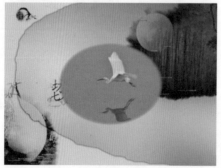

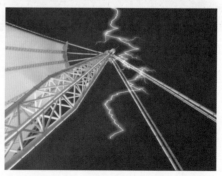

8.1 了解滤镜和选项面板

视频滤镜可以说是会声会影的一大亮点，越来越多的滤镜特效出现在各种影视节目中，它可以使视频画面更加生动、绚丽多彩，从而创作出非常神奇的、变幻莫测的媲美好莱坞大片的视觉效果。本节主要向读者介绍视频滤镜的基础内容，主要包括了解视频滤镜、掌握视频选项面板，以及熟悉常用滤镜属性设置等。

8.1.1 视频滤镜

视频滤镜是指可以应用到视频素材中的效果，可以改变视频文件的外观和样式。会声会影 2020 提供了多达 18 大类 150 多种滤镜效果供用户选用，如图 8-1 所示。

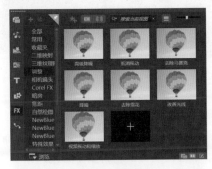

"调整"滤镜特效

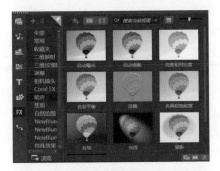

"暗房"滤镜特效

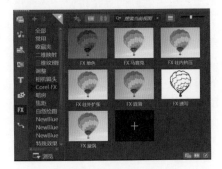

Corel FX 滤镜特效

图 8-1 "滤镜"素材库

"二维映射"滤镜特效

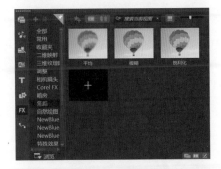

"焦距"滤镜特效

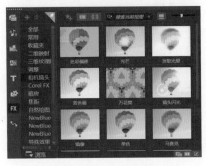

"相机镜头"滤镜特效

图 8-1 "滤镜"素材库（续）

运用视频滤镜对视频进行处理，可以掩盖一些由于拍摄造成的缺陷，并可以使画面更加生动。通过这些滤镜效果，可以模拟各种艺术效果，并对素材进行美化。图 8-2 所示为原图与应用滤镜后的对比效果。

"彩色笔"视频滤镜特效

"自动草绘"视频滤镜特效

"镜头闪光"视频滤镜特效

图 8-2　原图与应用滤镜后的对比效果

8.1.2　"效果"选项面板

当用户为素材添加滤镜效果后，可展开滤镜"效果"选项面板，在其中可以设置相关的滤镜属性，如图 8-3 所示。

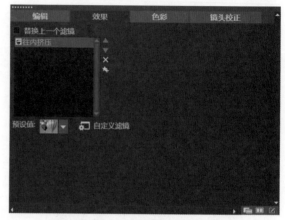

图 8-3　"效果"选项面板

"效果"选项面板中各选项的含义如下。

- 替换上一个滤镜：选中该复选框，将新滤镜应用到素材中时，将替换素材中已经应用的滤镜。如果希望在素材中应用多个滤镜，则不选中此复选框。

- 已用滤镜列表框：显示已经应用到素材中的视频滤镜列表。

- 上移滤镜▲：单击该按钮可以调整视频滤镜在列表中的位置，使当前所选滤镜提前应用。

- 下移滤镜▼：单击该按钮可以调整视频滤镜在列表中的显示位置，使当前所选滤镜延后应用。

- 删除滤镜✕：选中已经添加的视频滤镜，单击该按钮可以从视频滤镜列表中删除所选滤镜。

- 预设值：会声会影为滤镜效果预设了多种不同的类型，单击右侧的下拉按钮，从弹出的下拉列表中可以选择不同的预设类型，并将其应用到素材中。

- 自定义滤镜：单击"自定义滤镜"按钮，在弹出的对话框中可以自定义滤镜属性。根据所选滤镜类型的不同，在弹出的对话框中设置的选项参数也不同。

8.2　添加与删除滤镜效果

　　视频滤镜是会声会影 2020 的一大亮点，越来越多的滤镜特效出现在各种影视节目中，可以使美丽的画面更加生动、绚丽多彩，从而创作出非常神奇的、变幻莫测的媲美好莱坞大片的视觉效果。本节主要介绍视频滤镜的基本操作。

8.2.1　添加滤镜：为视频添加滤镜效果

　　视频滤镜可以改变素材的外观和样式，通过运用这些视频滤镜对素材进行美化，可以制作出精美的视频作品。

素材文件	素材 \ 第 8 章 \ 荷花开放 .jpg
效果文件	效果 \ 第 8 章 \ 荷花开放 .VSP
视频文件	视频 \ 第 8 章 \8.2.1　添加滤镜：为视频添加滤镜效果 .mp4

【操练 + 视频】
——添加滤镜：为视频添加滤镜效果

STEP 01 进入会声会影编辑器，在故事板中插入一幅图像素材，如图 8-4 所示。

图 8-4　插入图像素材

STEP 02 单击"滤镜"按钮 FX，切换至"自然绘图"素材库，在其中选择"自动草绘"滤镜，如图 8-5 所示。按住鼠标左键将其拖曳至故事板中的图像上方，添加滤镜效果。

STEP 03 单击导览面板中的"播放"按钮，即可预览视频滤镜效果，如图 8-6 所示。

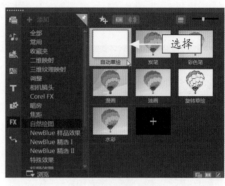

图 8-5　选择滤镜

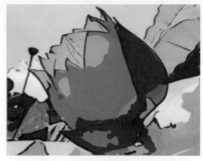

图 8-6　预览视频滤镜效果

8.2.2　添加多个视频滤镜

　　在会声会影 2020 中，当用户为一个图像素材添加多个视频滤镜时，所产生的效果是多个视频滤镜效果的叠加。会声会影 2020 允许用户在同一个素材上最多添加 5 个视频滤镜。

进入会声会影 2020 编辑器，选择需要调整的视频素材，单击"滤镜"按钮 **FX**，切换至"特殊效果"素材库。在其中选择"幻影动作"滤镜，按住鼠标左键将其拖曳至故事板中的图像素材上，释放鼠标左键，即可在"效果"选项面板中查看已添加的视频滤镜，如图 8-7 所示。用与上同样的方法，为图像素材添加"频闪动作"和"云彩"滤镜，然后在"效果"选项面板中查看滤镜，如图 8-8 所示。

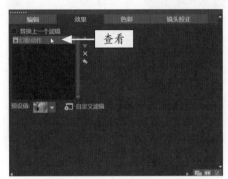

图 8-7 查看添加的滤镜

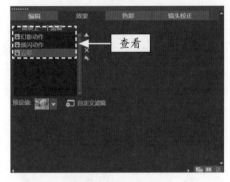

图 8-8 查看多个滤镜

8.2.3 删除视频滤镜效果

在会声会影 2020 中，如果用户对某个滤镜效果不满意，可以将其删除。用户可以在选项面板中删除一个或多个视频滤镜。

进入会声会影编辑器，选择需要删除滤镜效果的素材文件，在"效果"选项面板中单击"删除滤镜"按钮，如图 8-9 所示，即可删除该视频滤镜，如图 8-10 所示。

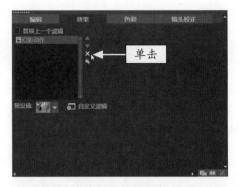

图 8-9 单击"删除滤镜"按钮

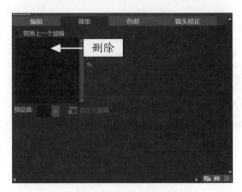

图 8-10 删除视频滤镜

8.2.4 替换视频滤镜效果

当用户为素材添加视频滤镜后，如果发现某个视频滤镜未达到预期的效果，可将其进行替换。

进入会声会影编辑器，选择需要替换滤镜效果的素材，在"效果"选项面板中选中"替换上一个滤镜"复选框，如图 8-11 所示。在"滤镜"素材库中，选择想要的滤镜，即可完成替换上一个视频滤镜的操作，在"效果"选项面板中可以查看替换后的视频滤镜，如图 8-12 所示。

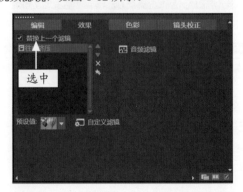

图 8-11 选中"替换上一个滤镜"复选框

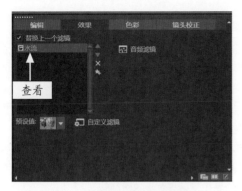

图 8-12　查看替换后的视频滤镜

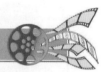

8.3　使用滤镜调整视频画面色调

　　在会声会影 2020 中，如果拍摄视频时白平衡设置不当，或者现场光线情况比较复杂，拍摄的视频画面会出现整段或局部偏色现象，此时可以利用会声会影 2020 中的色彩调整类视频滤镜有效地解决问题，使其还原为正确的色彩。本节主要向读者介绍使用滤镜调整视频画面色调的操作方法。

8.3.1　调节曝光：调整视频画面曝光度的问题

　　"自动曝光"滤镜只有一种预设模式，主要是通过调整图像的光线来达到曝光的效果，适合在光线比较暗的素材上使用。下面介绍使用"自动曝光"滤镜调整视频画面色调的操作方法。

素材文件	素材 \ 第 8 章 \ 热气球 .jpg
效果文件	效果 \ 第 8 章 \ 热气球 .VSP
视频文件	视频 \ 第 8 章 \8.3.1　调节曝光：调整视频画面曝光度的问题 .mp4

【操练 + 视频】
——调节曝光：调整视频画面曝光度的问题

STEP 01　进入会声会影编辑器，在故事板中插入一幅图像素材，如图 8-13 所示。

图 8-13　插入图像素材

STEP 02　在预览窗口中可以预览插入的素材图像效果，如图 8-14 所示。

图 8-14　预览素材效果

STEP 03　单击"滤镜"按钮，在库导航面板中，选择"暗房"选项，展开"暗房"素材库，选择"自动曝光"滤镜，如图 8-15 所示。

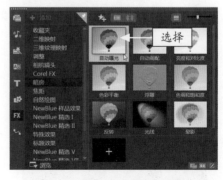

图 8-15　选择"自动曝光"滤镜

STEP 04　按住鼠标左键将其拖曳至故事板中的图像

素材上方,单击导览面板中的"播放"按钮,预览"自动曝光"滤镜效果,如图 8-16 所示。

图 8-16　预览"自动曝光"滤镜效果

▶ 专家指点

　　在会声会影 2020 中,"暗房"素材库中的"自动曝光"滤镜主要是运用从胶片到相片的转变过程使影片产生由暗到亮的转变效果。

8.3.2　调整视频的亮度和对比度

　　在会声会影 2020 中,如果图像的亮度和对比度不足或过度,可以通过"亮度和对比度"滤镜进行调整。下面介绍使用"亮度和对比度"滤镜调整视频画面的操作方法。

　　进入会声会影编辑器,选择需要调整亮度和对比度的素材,如图 8-17 所示。在"暗房"素材库中选择"亮度和对比度"滤镜,单击鼠标左键将其拖曳至故事板中的图像素材上方,为其添加"亮度和对比度"滤镜,效果如图 8-18 所示。

图 8-17　选择需要调整的素材

图 8-18　添加滤镜后的效果

8.3.3　调整视频画面的色彩平衡

　　在会声会影 2020 中,用户可以通过应用"色彩平衡"滤镜,还原照片色彩。下面介绍使用"色彩平衡"滤镜的操作方法。

　　进入会声会影编辑器,选择需要调整视频画面色彩平衡的素材文件,如图 8-19 所示。打开"暗房"素材库,选择"色彩平衡"滤镜,按住鼠标左键将其拖曳至故事板中的素材图像上,即可完成调整画面色彩平衡的操作,效果如图 8-20 所示。

图 8-19　选择需要调整的素材

图 8-20　调整后的视频画面效果

8.3.4　消除视频画面的偏色问题

　　若素材图像添加"色彩平衡"滤镜后,还存在偏色现象,可在其中添加关键帧,来消除偏色。下面介绍消除视频画面偏色的操作方法。

　　进入会声会影编辑器,选择需要调整的素材文件,如图 8-21 所示。在"效果"选项面板中单击"自定义滤镜"按钮,如图 8-22 所示。

图 8-21　选择需要调整的素材

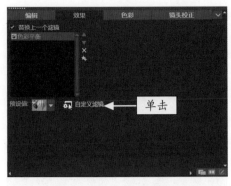

图 8-22　单击"自定义滤镜"按钮

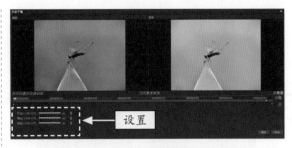

图 8-23　设置各参数

弹出"色彩平衡"对话框，在其中设置相关参数，如图 8-23 所示。

单击"确定"按钮，返回会声会影编辑器，单击导览面板中的"播放"按钮，即可预览滤镜效果，如图 8-24 所示。

图 8-24　预览滤镜效果

8.4　制作常见的专业视频画面特效

在会声会影 2020 中，为用户提供了大量的滤镜，用户可以根据需要应用这些滤镜，制作出精美的视频画面。本节主要向读者介绍运用视频滤镜制作视频特效的操作方法。

8.4.1　鱼眼滤镜：制作圆球状态画面特效

在会声会影 2020 中，用户可以使用"鱼眼"滤镜制作圆形状态效果，下面介绍具体制作方法。

素材文件	素材 \ 第 8 章 \ 空中飞翔 .VSP
效果文件	效果 \ 第 8 章 \ 空中飞翔 .VSP
视频文件	视频 \ 第 8 章 \8.4.1　鱼眼滤镜：制作圆球状态画面特效 .mp4

【操练 + 视频】
——鱼眼滤镜：制作圆球状态画面特效

STEP 01 进入会声会影编辑器，打开一个项目文件，在预览窗口中可以预览项目效果，如图 8-25 所示。

图 8-25　预览项目效果

STEP 02 选择覆叠轨中的素材，在"混合"选项面板中，单击"蒙版模式"右侧的下拉按钮，在弹出的下拉列表框中选择"遮罩帧"选项，在下方选择第 1 排第 1 个遮罩样式，如图 8-26 所示。

STEP 03 单击"滤镜"按钮，展开"三维纹理映射"滤镜组，选择"鱼眼"滤镜，如图 8-27 所示。按住鼠标左键将其拖曳至覆叠轨中的图像素材上方，添加"鱼眼"滤镜。

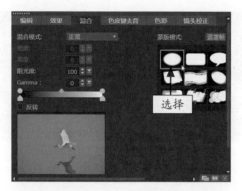

图 8-26 选择遮罩样式

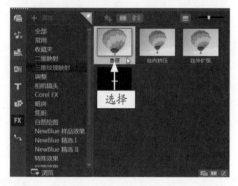

图 8-27 选择"鱼眼"滤镜

STEP 04 在预览窗口中可以预览制作的圆球状态效果，如图 8-28 所示。

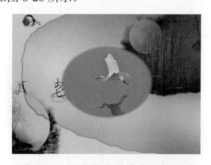

图 8-28 预览制作的圆球状态效果

8.4.2 雨点滤镜：制作如丝细雨画面特效

在会声会影 2020 中，使用"雨点"滤镜可以在画面上添加雨丝的效果，模仿大自然中下雨的场景。

素材文件	素材 \ 第 8 章 \ 大好河山 .jpg
效果文件	效果 \ 第 8 章 \ 大好河山 .VSP
视频文件	视频 \ 第 8 章 \8.4.2 雨点滤镜：制作如丝细雨画面特效 .mp4

STEP 01 进入会声会影编辑器，在故事板中插入一幅图像素材，如图 8-29 所示。

图 8-29 插入图像素材

STEP 02 单击"滤镜"按钮，选择"特殊效果"选项，展开"特殊效果"滤镜组，选择"雨点"滤镜，如图 8-30 所示。按住鼠标左键将其拖曳至故事板中的图像素材上方，添加"雨点"滤镜。

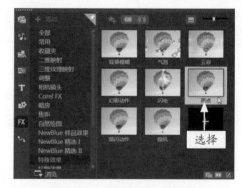

图 8-30 选择"雨点"滤镜

STEP 03 单击导览面板中的"播放"按钮，预览如丝细雨画面特效，如图 8-31 所示。

图 8-31 如丝细雨画面特效

图 8-31　如丝细雨画面特效（续）

8.4.3　雪花特效：制作雪花簌簌的画面效果

使用"雨点"滤镜效果不仅可以制作出下雨的效果，还可以模仿大自然中下雪的场景。

素材文件	素材 \ 第 8 章 \ 情侣天鹅 .jpg
效果文件	效果 \ 第 8 章 \ 情侣天鹅 .VSP
视频文件	视频 \ 第 8 章 \8.4.3 雪花特效：制作雪花簌簌的画面效果 .mp4

【操练 + 视频】
——雪花特效：制作雪花簌簌的画面效果

STEP 01　进入会声会影编辑器，在故事板中插入一幅图像素材。在"滤镜"素材库中，展开"特殊效果"滤镜组，选择"雨点"滤镜，按住鼠标左键将其拖曳至故事板中的图像素材上方，添加"雨点"滤镜，如图 8-32 所示。

图 8-32　添加"雨点"滤镜

STEP 02　切换至"效果"选项面板，单击"自定义滤镜"按钮，如图 8-33 所示。

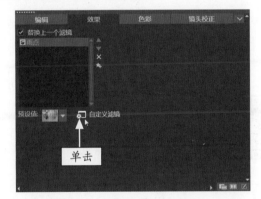

图 8-33　单击"自定义滤镜"按钮

STEP 03　弹出"雨点"对话框，选择第 1 个关键帧，设置"密度"为 201、"长度"为 5、"宽度"为 40、"背景模糊"为 15、"变化"为 65，然后选择最后一个关键帧，设置"密度"为 600、"长度"为 6、"宽度"为 30、"背景模糊"为 15、"变化"为 51，如图 8-34 所示，单击"确定"按钮。

图 8-34　设置最后一个关键帧

STEP 04　单击导览面板中的"播放"按钮，即可预览制作的雪花簌簌画面特效，如图 8-35 所示。

图 8-35　雪花簌簌画面特效

8.4.4　闪电滤镜：制作耀眼闪电的画面效果

在会声会影 2020 中，"闪电"滤镜可以模仿大自然中电闪雷鸣的效果。下面向读者介绍应用"闪电"滤镜的操作方法。

素材文件	素材 \ 第 8 章 \ 天空夜色 .jpg
效果文件	效果 \ 第 8 章 \ 天空夜色 .VSP
视频文件	视频 \ 第 8 章 \8.4.4 闪电滤镜：制作耀眼闪电的画面效果 .mp4

【操练＋视频】
——闪电滤镜：制作耀眼闪电的画面效果

STEP 01 进入会声会影编辑器，在故事板中插入一幅图像素材，如图 8-36 所示。

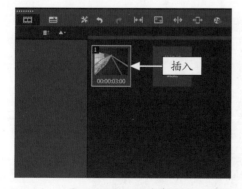

图 8-36　插入图像素材

STEP 02 单击"滤镜"按钮，展开"特殊效果"素材库，选择"闪电"滤镜，如图 8-37 所示，按住鼠标左键将其拖曳至故事板中的图像素材上方，为其添加"闪电"滤镜。

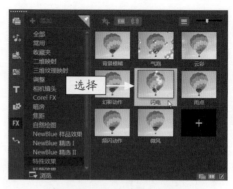

图 8-37　选择"闪电"滤镜

STEP 03 单击导览面板中的"播放"按钮，预览耀眼闪电画面特效，如图 8-38 所示。

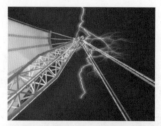

图 8-38　耀眼闪电画面特效

8.4.5　回忆特效：制作旧电视回忆画面效果

在会声会影 2020 中，"双色调"是"相机镜头"素材库中一个比较常用的滤镜，使用该滤镜可以制作出旧电视画面回忆的效果。下面介绍应用"双色调"滤镜制作旧电视回忆效果的操作方法。

素材文件	素材 \ 第 8 章 \ 水上亭楼 .jpg
效果文件	效果 \ 第 8 章 \ 水上亭楼 .VSP
视频文件	视频 \ 第 8 章 \8.4.5 回忆特效：制作旧电视回忆画面效果 .mp4

【操练＋视频】
——回忆特效：制作旧电视回忆画面效果

STEP 01 进入会声会影编辑器，在故事板中插入一幅图像素材，如图 8-39 所示。

图 8-39　插入图像素材

STEP 02 在预览窗口中可以预览图像效果，如图 8-40 所示。

图 8-40　预览图像效果

STEP 03 单击"滤镜"按钮，展开"相机镜头"素材库，选择"双色调"滤镜，按住鼠标左键将其拖曳至故事板中的图像素材上方，添加"双色调"滤镜。在"效果"选项面板中单击"预设值"右侧的下拉按钮，在弹出的下拉列表框中选择第 2 排第 1 个预设样式，如图 8-41 所示。

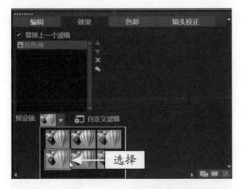

图 8-41　选择预设样式

STEP 04 执行上述操作后，单击导览面板中的"播放"按钮，即可在预览窗口中预览制作的电视画面回忆特效，如图 8-42 所示。

图 8-42　电视画面回忆特效

8.4.6　发散光晕：制作唯美风格画面效果

在会声会影 2020 中，使用"发散光晕"滤镜，可以制作出非常唯美的视频画面色调特效。下面向读者介绍应用"发散光晕"滤镜的操作方法。

素材文件	素材 \ 第 8 章 \ 幸福相爱 .jpg
效果文件	效果 \ 第 8 章 \ 幸福相爱 .VSP
视频文件	视频 \ 第 8 章 \8.4.6　发散光晕：制作唯美风格画面效果 .mp4

【操练 + 视频】
——发散光晕：制作唯美风格画面效果

STEP 01 进入会声会影编辑器，在故事板中插入一幅素材图像，在预览窗口中预览画面效果，如图 8-43 所示。

图 8-43　预览画面效果

STEP 02 单击"滤镜"按钮，展开"相机镜头"素材库，选择"发散光晕"滤镜，如图 8-44 所示。按住鼠标左键将其拖曳至故事板中的图像素材上方，为其添加"发散光晕"滤镜。

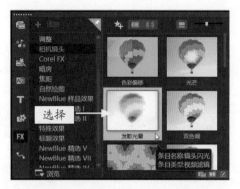

图 8-44　选择"发散光晕"滤镜

STEP 03 单击导览面板中的"播放"按钮，预览制作的唯美视频画面色调效果，如图 8-45 所示。

图 8-45　唯美视频画面色调效果

8.4.7　修剪滤镜：制作相机快门拍摄效果

在会声会影 2020 中，每个滤镜有不同的用途，如用户可以使用"修剪"滤镜制作相机快门效果。下面介绍运用"修剪"滤镜制作相机快门拍摄效果的操作方法。

素材文件	素材＼第 8 章＼甜美女孩.jpg、照相快门.wma	
效果文件	效果＼第 8 章＼甜美女孩.VSP	
视频文件	视频＼第 8 章＼8.4.7 修剪滤镜：制作相机快门拍摄效果.mp4	

【操练＋视频】
——修剪滤镜：制作相机快门拍摄效果

STEP 01 进入会声会影编辑器，在视频轨中插入一幅素材图像，如图 8-46 所示。

图 8-46　插入素材图像

STEP 02 在声音轨中，插入一段相机快门声音的音频素材。拖曳时间指示器到合适位置，选择视频轨中的图像素材，右击，在弹出的快捷菜单中选择"分割素材"命令，如图 8-47 所示。

图 8-47　选择"分割素材"命令

STEP 03 选择分割后的第一段图像素材，单击"滤镜"按钮，展开"二维映射"素材库，选择"修剪"滤镜，如图 8-48 所示。按住鼠标左键将其拖曳至视频轨中的视频素材上方，为其添加"修剪"滤镜。

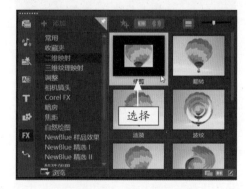

图 8-48　选择"修剪"滤镜

STEP 04 在"效果"选项面板中单击"自定义滤镜"按钮，如图 8-49 所示。

STEP 05 弹出"修剪"对话框，选择开始位置的关键帧，设置"宽度"为 100、"高度"为 0，单击"确定"按钮，如图 8-50 所示。

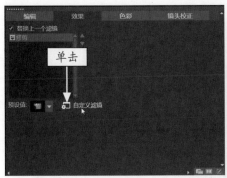

图 8-49　单击"自定义滤镜"按钮

图 8-50　单击"确定"按钮

STEP 06 在预览窗口中可以预览视频画面效果，如图 8-51 所示。

图 8-51　预览制作的相机快门拍摄效果

▶ 专家指点

在选项面板中，提供了多种"修剪"预设滤镜，用户可以选择不同的预设滤镜，来制作更多个性化的视频画面效果。

8.4.8　去除水印：无痕迹隐藏视频水印

在会声会影 2020 中，有多种隐藏视频画面中的水印的方法，使用"修剪"滤镜可以快速有效地去除水印。下面介绍使用"修剪"滤镜去除水印的方法。

素材文件	素材\第 8 章\朦胧风景.mpg
效果文件	效果\第 8 章\朦胧风景.VSP
视频文件	视频\第 8 章\8.4.8 去除水印：无痕迹隐藏视频水印.mp4

【操练 + 视频】
——去除水印：无痕迹隐藏视频水印

STEP 01 进入会声会影编辑器，在视频轨中插入一段视频素材，如图 8-52 所示。

图 8-52　插入视频素材

STEP 02 选择视频轨中的素材并右击，在弹出的快捷菜单中选择"复制"命令，复制视频到覆叠轨中，如图 8-53 所示。

图 8-53　复制视频到覆叠轨

145

STEP 03 在预览窗口的覆叠素材上右击，在弹出的快捷菜单中选择"调整到屏幕大小"命令，如图 8-54 所示。

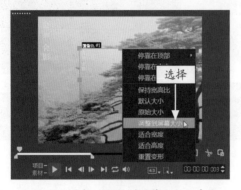

图 8-54　选择"调整到屏幕大小"命令

STEP 04 单击"滤镜"按钮，展开"二维映射"素材库，选择"修剪"滤镜，如图 8-55 所示。按住鼠标左键将其拖曳至覆叠轨中的视频素材上方，为其添加"修剪"滤镜。

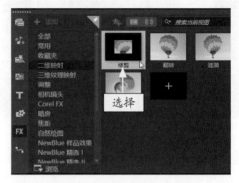

图 8-55　选择"修剪"滤镜

STEP 05 在"效果"选项面板中单击"自定义滤镜"按钮，弹出"修剪"对话框，设置"宽度"为5、"高度"为35，并设置区间位置。选择第一个关键帧并右击，在弹出的快捷菜单中选择"复制"命令。选择最后的关键帧并右击，在弹出的快捷菜单中选择"粘贴"命令，然后单击"确定"按钮，如图 8-56 所示。

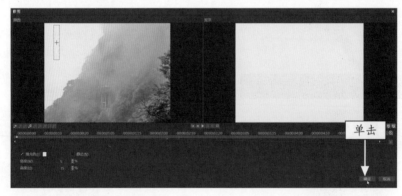

图 8-56　单击"确定"按钮

STEP 06 在"色度键去背"选项面板中，选中"色度键去背"复选框，设置"调整色彩相似度"为0。在预览窗口中，拖曳覆叠素材至合适位置，即可隐藏视频水印。单击导览面板中的"播放"按钮，预览制作的去除水印后的视频画面，如图 8-57 所示。

图 8-57　去除水印后的视频画面

第9章

转场：制作精彩转场特效

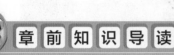

章前知识导读

　　在会声会影 2020 中，转场其实就是一种特殊的滤镜，它是两个媒体素材之间的过渡效果。本章主要向读者介绍编辑与修饰转场效果的操作方法，其中包括了解转场效果、添加与应用转场效果以及替换与移动转场效果等内容。

新手重点索引

　　■ 了解转场效果　　　　　　■ 添加与应用转场效果

　　■ 替换与移动转场效果　　　■ 制作视频转场画面特效

效果图片欣赏

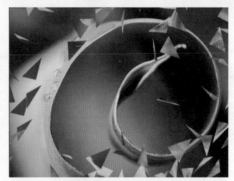

9.1 了解转场效果

镜头之间的过渡或者素材之间的转换称为转场，它是使用一些特殊的效果，在素材与素材之间产生自然、流畅和平滑的过渡。会声会影 2020 为用户提供了上百种转场效果，运用这些转场效果，可以让素材之间过渡更加完美，从而制作出绚丽多彩的视频作品。本节主要向读者介绍转场效果的基础知识。

9.1.1 硬切换与软切换效果

每一个非线性编辑软件都很重视视频转场效果的设计，若转场效果运用得当，可以增强影片的观赏性和流畅性，从而提高影片的艺术档次。

在视频编辑工作中，素材与素材之间的连接称为切换。最常用的切换方法是一个素材与另一个素材紧密连接，使其直接过渡，这种方法称为"硬切换"；另一种方法称为"软切换"，它是使用一些特殊的效果，在素材与素材之间产生自然、流畅和平滑的过渡，如图 9-1 所示。

"折叠盒"转场效果

"飞行木板"转场效果

"3D 比萨饼盒"转场效果

图 9-1 转场效果展示（续）

9.1.2 "转场"选项面板

在会声会影 2020 中，用户可以通过"转场"选项面板来调整转场的各项参数，如调整各转场效果的区间长度、设置转场的边框效果、设置转场的边框颜色以及设置转场的柔化边缘属性等，如图 9-2 所示。不同的转场效果，在选项面板中的选项也会有所不同。

图 9-1 转场效果展示

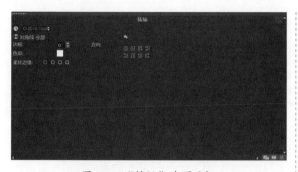

图 9-2　"转场"选项面板

"转场"选项面板中各主要选项的含义如下。

- "区间"数值框：该数值框用于调整转场的播放时间，并显示当前播放转场所需的时间值。单击数值框右侧的微调按钮，可以调整数值的大小，也可单击数值框中的数值，待数值处于

闪烁状态时，输入所需的数字，然后按 Enter 键确认，即可改变当前转场的播放时间。

- "边框"数值框：在该数值框中，用户可以输入所需的数值，来改变转场边框的宽度。单击其右侧的微调按钮，也可调整边框的大小。
- "色彩"色块：单击该选项右侧的色块，在弹出的颜色面板中，可以根据需要选择转场边框的颜色。
- "柔化边缘"选项：该选项右侧有 4 个按钮，代表转场的 4 种柔化边缘程度，用户可以根据需要单击相应的按钮，设置不同的柔化边缘效果。
- "方向"选项组：在该选项组中，单击不同的方向按钮，可以设置转场效果的播放效果。

9.2　添加与应用转场效果

在会声会影 2020 中，影片剪辑就是选取要用的视频片段并重新排列组合，而转场是连接两段视频的方式，所以转场效果的应用在视频编辑领域占有很重要的地位。本节主要向读者介绍添加视频转场效果的操作方法，希望读者熟练掌握本节内容。

9.2.1　自动添加转场

自动添加转场效果是指将照片或视频素材导入会声会影项目中时，软件已经在各段素材中添加了转场效果。当用户需要将大量的静态图像制作成视频相册时，使用自动添加转场效果最为方便，下面向读者介绍自动添加转场效果的操作方法。

进入会声会影编辑器，选择"设置"|"参数选择"命令，弹出"参数选择"对话框，如图 9-3 所示。切换至"编辑"选项卡，选中"自动添加转场效果"复选框，如图 9-4 所示，单击"确定"按钮，即可在导入多个素材文件时自动添加转场效果。

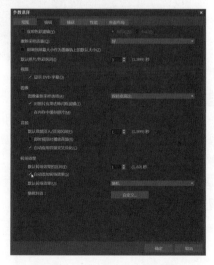

图 9-3　"参数选择"对话框

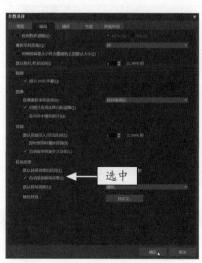

图 9-4　选中"自动添加转场效果"复选框

▶ 专家指点

　　自动添加转场效果的优点是提高了添加转场效果的操作效率；缺点是转场效果添加后，部分转场效果可能会与画面有些不协调，没有将两个画面很好地融合在一起。

9.2.2　手动添加转场

　　会声会影 2020 为用户提供了上百种转场效果，用户可根据需要手动添加适合的转场效果，从而制作出绚丽多彩的视频作品。下面介绍手动添加转场的操作方法。

　　进入会声会影编辑器，切换至故事板视图，在素材库的左侧，单击"转场"按钮，切换至"转场"素材库，在其中可以选择需要添加的转场效果，如图 9-5 所示。按住鼠标左键将其拖曳至故事板中需要添加转场的两幅素材图像之间的方格中，即可手动添加转场效果，如图 9-6 所示。

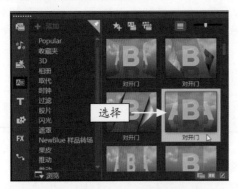

图 9-5　选择需要添加的转场效果

图 9-6　手动添加转场效果

▶ 专家指点

　　进入"转场"素材库后，默认状态下显示"收

夹"转场组，用户可以将其他类别中常用的转场效果添加至"收藏夹"转场组中，以方便日后调用。

9.2.3　随机转场：一键快速添加转场

　　在会声会影 2020 中，当用户在故事板中添加素材图像后，还可以为其添加随机的转场效果，该操作既方便又快捷。下面介绍为素材应用随机效果的操作方法。

	素材文件	素材 \ 第 9 章 \ 白鸽游泳 1.jpg、白鸽游泳 2.jpg
	效果文件	效 果 \ 第 9 章 \ 白 鸽 游 泳 .VSP
	视频文件	视频 \ 第 9 章 \9.2.3　随机转场：一键快速添加转场 .mp4

【操练 + 视频】
——随机转场：一键快速添加转场

STEP 01 进入会声会影编辑器，在故事板中插入两幅图像素材，如图 9-7 所示。

图 9-7　插入图像素材

STEP 02 单击"转场"按钮，切换至"转场"素材库，单击窗口上方的"对视频轨应用随机效果"按钮 ，如图 9-8 所示，即可对素材应用随机转场效果。

STEP 03 单击导览面板中的"播放"按钮，预览添加的随机转场效果，如图 9-9 所示。

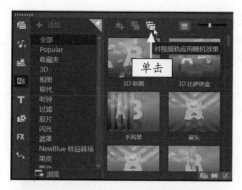

图 9-8 单击"对视频轨应用随机效果"按钮

图 9-9 随机转场效果

▶ 专家指点

若当前项目中已经应用了转场效果，单击
"对视频轨应用随机效果"按钮时，将弹出信
息提示框。单击"否"按钮，则保留原先的转
场效果，并在其他素材之间应用随机的转场效
果；单击"是"按钮，将用随机的转场效果替
换原先的转场效果。

9.2.4 应用转场：对素材应用当前效果

在会声会影 2020 中，运用"对视频轨应用当
前效果"功能，可以将当前选择的转场效果应用到
当前项目的所有素材之间。下面介绍对素材应用当

前效果的操作方法。

	素材文件	素材 \ 第 9 章 \ 蜜蜂之行 1.jpg、蜜蜂之行 2.jpg
	效果文件	效果 \ 第 9 章 \ 蜜蜂之行 .VSP
	视频文件	视频 \ 第 9 章 \9.2.4 应用转场：对素材应用当前效果 .mp4

【操练 + 视频】
——应用转场：对素材应用当前效果

STEP 01 进入会声会影编辑器，在故事板中插入两
幅图像素材，如图 9-10 所示。

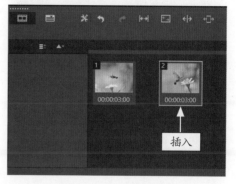

图 9-10 插入图像素材

STEP 02 单击"转场"按钮，在库导航面板中选择"擦
拭"选项，如图 9-11 所示。

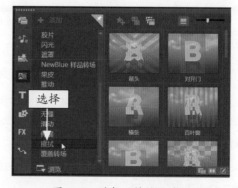

图 9-11 选择"擦拭"选项

STEP 03 打开"擦拭"素材库，在其中选择"条带"
转场效果，单击"对视频轨应用当前效果"按钮，
如图 9-12 所示。

STEP 04 在故事板中的图像素材之间添加"条带"
转场效果，如图 9-13 所示。

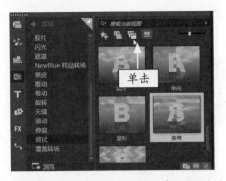

图 9-12　单击"对视频轨应用当前效果"按钮

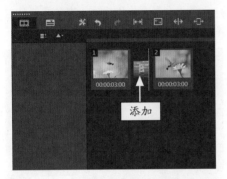

图 9-13　添加"条带"转场效果

STEP 05 将时间线移至素材的开始位置，单击导览面板中的"播放"按钮，预览添加的转场效果，如图 9-14 所示。

图 9-14　预览转场效果

9.3　替换与移动转场效果

在会声会影 2020 中，用户可以对添加的转场进行替换和移动操作，以获得所需的效果。本节主要介绍替换与移动转场效果的操作方法。

9.3.1　替换转场：替换需要的转场效果

在会声会影 2020 中，在图像素材之间添加相应的转场效果后，如果对该转场效果不满意，可以对其进行替换。下面介绍替换转场效果的操作方法。

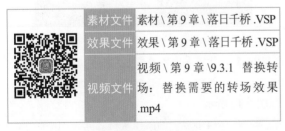	素材文件	素材＼第 9 章＼落日千桥 .VSP
	效果文件	效果＼第 9 章＼落日千桥 .VSP
	视频文件	视频＼第 9 章＼9.3.1　替换转场：替换需要的转场效果 .mp4

【操练＋视频】
——替换转场：替换需要的转场效果

STEP 01 进入会声会影编辑器，打开一个项目文件，

如图 9-15 所示。

图 9-15　打开项目文件

STEP 02 单击导览面板中的"播放"按钮，在预览窗口中预览打开的项目效果，如图 9-16 所示。

STEP 03 切换至"转场"素材库，在"果皮"素材库中，选择"拉链"转场效果，如图 9-17 所示。

图 9-16　预览项目效果

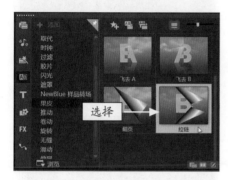

图 9-17　选择"拉链"转场效果

STEP 04) 按住鼠标左键将其拖曳至故事板中的两幅图像素材之间，替换之前添加的转场效果，如图 9-18 所示。

图 9-18　替换转场效果

STEP 05) 单击导览面板中的"播放"按钮，预览已替换的转场效果，如图 9-19 所示。

图 9-19　已替换的转场效果

图 9-19　已替换的转场效果（续）

9.3.2　移动转场：更改转场效果的位置

在会声会影 2020 中，若用户需要调整转场效果的位置，可以先选择需要移动的转场效果，然后将其拖曳至合适位置。下面介绍移动转场效果的操作方法。

素材文件	素材\第 9 章\日式美食 .VSP
效果文件	效果\第 9 章\日式美食 .VSP
视频文件	视频\第 9 章 \9.3.2 移动转场：更改转场效果的位置 .mp4

【操练 + 视频】
——移动转场：更改转场效果的位置

STEP 01) 进入会声会影编辑器，打开一个项目文件，单击导览面板中的"播放"按钮，预览打开的项目效果，如图 9-20 所示。

图 9-20　预览项目效果

STEP 02 在故事板中选择第 1 张图像与第 2 张图像之间的转场效果，按住鼠标左键将其拖曳至第 2 张图像与第 3 张图像之间，如图 9-21 所示。

图 9-21　拖曳转场效果

STEP 03 释放鼠标左键，即可移动转场效果，如图 9-22 所示。

图 9-22　移动转场效果

STEP 04 单击导览面板中的"播放"按钮，即可预览移动转场后的效果，如图 9-23 所示。

图 9-23　预览转场效果

9.3.3　删除转场效果

在会声会影 2020 中，若用户对添加的转场效果不满意，可以将其删除。下面介绍删除转场效果的操作方法。

进入会声会影编辑器，选择需要删除的转场效果并右击，在弹出的快捷菜单中选择"删除"命令，如图 9-24 所示，即可将其删除，如图 9-25 所示。

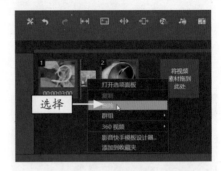

图 9-24　选择"删除"命令

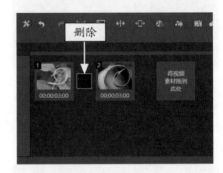

图 9-25　删除转场效果

▶ **专家指点**

在会声会影 2020 中，用户在故事板上选择要删除的转场效果，然后按 Delete 键，也可删除添加的转场效果。

9.3.4　边框效果：为转场添加白色边框

在会声会影 2020 中，可以为转场效果设置相应的边框样式，从而为转场效果锦上添花，加强效果的审美度。下面介绍设置转场边框效果的操作方法。

素材文件	素材＼第 9 章＼嫩芽新生 1.jpg、嫩芽新生 2.jpg
效果文件	效果＼第 9 章＼嫩芽新生 .VSP
视频文件	视频＼第 9 章＼9.3.4 边框效果：为转场添加白色边框 .mp4

【操练 + 视频】
——边框效果:为转场添加白色边框

STEP 01 进入会声会影编辑器,在故事板中插入两幅图像素材,如图 9-26 所示。

图 9-26　插入图像素材

STEP 02 切换至"转场"素材库,单击"擦拭"选项,展开"擦拭"转场组,选择"泥泞"转场,如图 9-27 所示。

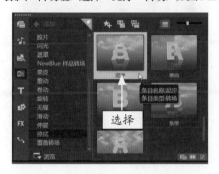

图 9-27　选择"泥泞"转场

STEP 03 按住鼠标左键将其拖曳至故事板中的两幅图像素材之间,添加"泥泞"转场效果,如图 9-28 所示。

图 9-28　添加"泥泞"转场

STEP 04 单击"打开选项面板"按钮,打开"转场"选项面板,在"边框"右侧的数值框中输入 2,然后单击"柔化边缘"右侧的"无柔化边缘"按钮▣,如图 9-29 所示。

图 9-29　单击"无柔化边缘"按钮

STEP 05 单击导览面板中的"播放"按钮,即可在预览窗口中预览设置转场边框后的效果,如图 9-30 所示。

图 9-30　预览设置转场边框后的效果

9.4　制作视频转场画面特效

在会声会影 2020 的"转场"素材库中,提供了多种视频转场特效,如"漩涡""滑动""百叶窗""交叉淡化""立方体翻转""时钟"和"画中画"等。本节主要向读者详细介绍应用视频转场效果的操作方法。

9787302575894

9.4.1

在会声会影 2020 中，"漩涡"转场效果是 3D 转场类型中的一种，是指素材 A 以漩涡碎片的方式进行过渡，显示素材 B。下面介绍应用"漩涡"转场的操作方法。

素材文件	素材＼第 9 章＼绿意盎然 1.jpg、绿意盎然 2.jpg
效果文件	效果＼第 9 章＼绿意盎然 .VSP
视频文件	视频＼第 9 章＼9.4.1 漩涡转场：制作抖音画面碎裂效果 .mp4

【操练＋视频】
——漩涡转场：制作抖音画面碎裂效果

STEP 01 进入会声会影编辑器，在故事板中插入两幅图像素材，如图 9-31 所示。

图 9-31 插入图像素材

STEP 02 在"转场"素材库的 3D 转场组中，选择"漩涡"转场，按住鼠标左键将其拖曳至故事板中的两幅图像素材之间，添加"漩涡"转场效果，如图 9-32 所示。

图 9-32 添加"漩涡"转场效果

STEP 03 单击导览面板中的"播放"按钮，预览"漩涡"转场效果，如图 9-33 所示。

图 9-33 "漩涡"转场效果

9.4.2 滑动转场：制作抖音单向滑动效果

在抖音短视频中，有一种比较简单的短视频制作方法，那就是用多张照片制作的单向滑动的视频。在会声会影 2020 中，应用"滑动"转场组中的"单向"转场，即可制作单向滑动视频效果。大家可以学以致用，将其合理应用于影片文件中。

素材文件	素材＼第 9 章＼金碧辉煌文件夹
效果文件	效果＼第 9 章＼金碧辉煌 .VSP
视频文件	视频＼第 9 章＼9.4.2 滑动转场：制作抖音单向滑动效果 .mp4

【操练＋视频】
——滑动转场：制作抖音单向滑动效果

STEP 01 进入会声会影编辑器，打开一个项目文件，如图 9-34 所示。

STEP 02 单击"转场"按钮，在库导航面板中选择"滑动"选项，展开"滑动"转场组，选择"单向"转场，如图 9-35 所示。

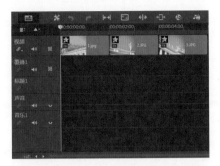

图 9-34 打开项目文件

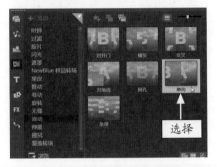

图 9-35 选择"单向"转场

STEP 03 按住鼠标左键将其拖曳至视频轨中最后的两幅图像素材之间，添加"单向"转场效果，如图 9-36 所示。

图 9-36 添加"单向"转场效果

STEP 04 选择添加的转场，展开"转场"选项面板，更改"区间"参数为 0:00:00:010，用与上同样的方法，继续在两幅素材之间添加"单向"转场，并设置转场区间时长，如图 9-37 所示。

图 9-37 再次添加"单向"转场

STEP 05 在导览面板中单击"播放"按钮▶，预览单向滑动视频效果，如图 9-38 所示。

图 9-38 单向滑动视频效果

9.4.3 擦拭转场：制作百叶窗切换转场效果

在会声会影 2020 中，"百叶窗"转场效果是"擦拭"转场类型中最常用的一种，是指素材 A 以百叶窗翻转的方式进行过渡，显示素材 B。下面介绍应用"百叶窗"转场的操作方法。

素材文件	素材＼第 9 章＼油菜绽放 1.jpg、油菜绽放 2.jpg
效果文件	效果＼第 9 章＼油菜绽放 .VSP
视频文件	视频＼第 9 章＼9.4.3 擦拭转场：制作百叶窗切换转场效果 .mp4

【操练＋视频】
——擦拭转场：制作百叶窗切换转场效果

STEP 01 进入会声会影编辑器，在故事板中插入两幅图像素材，如图 9-39 所示。

图 9-39 插入图像素材

STEP 02 单击"转场"按钮，在库导航面板中选择"擦拭"选项，展开"擦拭"转场组，选择"百叶窗"转场，按住鼠标左键将其拖曳至故事板中的两幅图像素材之间，添加"百叶窗"转场效果，如图 9-40 所示。

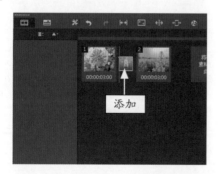

图 9-40 添加"百叶窗"转场效果

STEP 03 单击导览面板中的"播放"按钮，预览"百叶窗"转场效果，如图 9-41 所示。

图 9-41 "百叶窗"转场效果

9.4.4 淡化转场：制作抖音交叉淡化效果

在会声会影 2020 中，"交叉淡化"转场效果是以素材 A 的透明度由 100% 转变到 0%，素材 B 的透明度由 0% 转变到 100% 的一个过程。

素材文件	素材＼第 9 章＼风景如画 1.jpg、风景如画 2.jpg
效果文件	效果＼第 9 章＼风景如画 .VSP
视频文件	视频＼第 9 章＼9.4.4 淡化转场：制作抖音交叉淡化效果 .mp4

【操练＋视频】
——淡化转场：制作抖音交叉淡化效果

STEP 01 进入会声会影编辑器，在故事板中插入两幅图像素材，如图 9-42 所示。

图 9-42 插入图像素材

STEP 02 单击"转场"按钮，展开"过滤"素材库，在其中选择"交叉淡化"转场，如图9-43所示，按住鼠标左键将其拖曳至故事板中的两幅图像素材之间，添加"交叉淡化"转场效果。

图 9-43 选择"交叉淡化"转场

STEP 03 在导览面板中单击"播放"按钮▶，预览"交叉淡化"转场效果，如图9-44所示。

图 9-44 预览"交叉淡化"转场效果

9.4.5 相册转场：制作抖音相册翻页效果

在会声会影2020中，"翻转"转场效果是"相册"转场类型中的一种，用户可以通过自定义参数来制作三维相册翻页效果。下面介绍制作抖音相册翻页效果的操作方法。

素材文件	素材\第9章\幸福美满1.jpg、幸福美满2.jpg
效果文件	效果\第9章\幸福美满.VSP
视频文件	视频\第9章\9.4.5 相册转场：制作抖音相册翻页效果.mp4

【操练 + 视频】
——相册转场：制作抖音相册翻页效果

STEP 01 进入会声会影编辑器，在故事板中插入两幅素材图像，在"转场"素材库的"相册"转场组中选择"翻转"转场，按住鼠标左键将其拖曳至两幅素材图像之间，添加"翻转"转场效果，如图9-45所示。

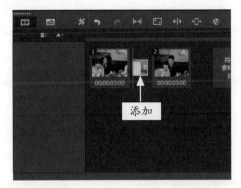

图 9-45 添加"翻转"转场效果

STEP 02 在"转场"选项面板中，设置"区间"为0:00:02:00。单击"自定义"按钮，弹出"翻转 - 相册"对话框，设置"布局"为第1个样式，"相册页面模板"为第4个样式。切换至"背景和阴影"选项卡，设置"背景模板"为第2个样式。切换至"页面A"选项卡，设置"相册页面模板"为第3个样式。切换至"页面B"选项卡，设置"相册页面模板"为第3个样式，然后单击"确定"按钮，如图9-46所示。

STEP 03 单击导览面板中的"播放"按钮，预览制作的转场效果，如图9-47所示。

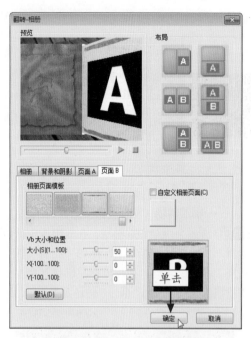

图 9-46　单击"确定"按钮

图 9-47　预览制作的转场效果

9.4.6　立体转场：制作立方体翻转效果

在会声会影 2020 中，"3D 比萨饼盒"转场效果是"NewBlue 样品转场"类型中的一种，用户可以通过自定义参数来制作照片立方体翻转的效果。下面介绍制作立方体翻转效果的操作方法。

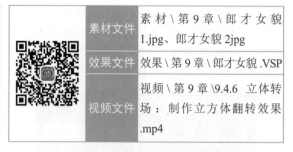

素材文件	素材＼第 9 章＼郎才女貌 1.jpg、郎才女貌 2.jpg
效果文件	效果＼第 9 章＼郎才女貌.VSP
视频文件	视频＼第 9 章＼9.4.6　立体转场：制作立方体翻转效果.mp4

【操练＋视频】
——立体转场：制作立方体翻转效果

STEP 01 进入会声会影编辑器，在故事板中插入两幅图像素材，在"NewBlue 样品转场"素材库中选择"3D 比萨饼盒"转场，按住鼠标左键将其拖曳至故事板中的两幅图像素材之间，添加"3D 比萨饼盒"转场效果，如图 9-48 所示。

图 9-48　添加"3D 比萨饼盒"转场效果

STEP 02 在"转场"选项面板中，单击"自定义"按钮，弹出"NewBlue 3D 比萨饼盒"对话框，在下方选择"立方体上"运动效果，如图 9-49 所示。

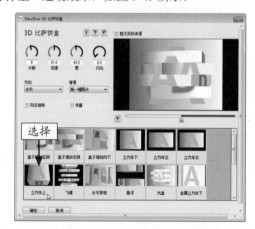

图 9-49　选择"立方体上"运动效果

STEP 03 单击"确定"按钮，返回到会声会影编辑器，单击导览面板中的"播放"按钮，预览立方体翻转效果，如图 9-50 所示。

图 9-50 视频立体感运动效果

9.4.7 时钟转场：制作时钟顺时针转动特效

在会声会影 2020 中，"时钟"转场效果是指素材 A 以时钟旋转的方式进行运动，显示素材 B，形成相应的过渡效果。

素材文件	素材 \ 第 9 章 \ 彩色雕塑 1.jpg、彩色雕塑 2.jpg
效果文件	效果 \ 第 9 章 \ 彩色雕塑 .VSP
视频文件	视频 \ 第 9 章 \9.4.7 时钟转场：制作时钟顺时针转动特效 .mp4

【操练＋视频】
——时钟转场：制作时钟顺时针转动特效

STEP 01 进入会声会影编辑器，在故事板中插入两幅图像素材，如图 9-51 所示。

图 9-51 插入图像素材

STEP 02 单击"转场"按钮，在库导航面板中选择"时钟"选项，如图 9-52 所示。

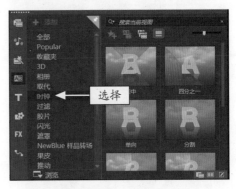

图 9-52 选择"时钟"选项

STEP 03 在"时钟"转场素材库中选择"扭曲"转场，如图 9-53 所示。

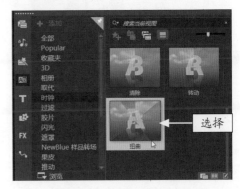

图 9-53 选择"扭曲"转场

STEP 04 按住鼠标左键将其拖曳至故事板中的两幅图像素材之间，添加"扭曲"转场效果，如图 9-54 所示。

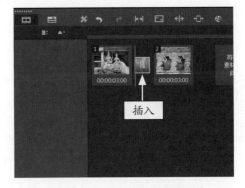

图 9-54 添加"扭曲"转场效果

STEP 05 在导览面板中单击"播放"按钮，预览时钟顺时针转动特效，如图 9-55 所示。

图 9-55　时钟顺时针转动特效

9.4.8　覆叠转场：制作画中画转场特效

　　在会声会影 2020 中，用户不仅可以为视频轨中的素材添加转场效果，还可以为覆叠轨中的素材添加转场效果。下面向读者介绍制作画中画转场切换特效的操作方法。

素材文件	素材\第 9 章\江上焰火 1.jpg、江上焰火 2.jpg、背景.jpg
效果文件	效果\第 9 章\江上焰火.VSP
视频文件	视频\第 9 章\9.4.8 覆叠转场：制作画中画转场特效.mp4

【操练＋视频】
——覆叠转场：制作画中画转场特效

STEP 01 进入会声会影编辑器，在视频轨中插入图像素材。打开"编辑"选项面板，设置"照片区间"为

0:00:05:00，更改素材区间长度。在时间轴面板的视频轨中，可以查看更改区间长度后的图像素材。在覆叠轨中插入两幅图像素材，如图 9-56 所示。

图 9-56　插入图像素材

STEP 02 打开"转场"素材库，在库导航面板中选择"果皮"选项，展开"果皮"转场组，选择"对开门"转场。按住鼠标左键将选择的转场拖曳至时间轴面板的覆叠轨中的两幅素材图像之间，释放鼠标左键，即可为素材添加转场效果，单击导览面板中的"播放"按钮，预览制作的覆叠转场特效，如图 9-57 所示。

图 9-57　覆叠转场特效

9.4.9　菱形转场：制作菱形擦拭切换特效

　　在会声会影 2020 中，"擦拭"转场效果是指素材 A 以抹布擦拭的形式，慢慢地显示素材 B，形成相应的过渡效果。

素材文件	素材\第9章\城市风景 1.jpg、城市风景 2.jpg
效果文件	效果\第9章\城市风景 .VSP
视频文件	视频\第9章\9.4.9 菱形转场：制作菱形擦拭切换特效 .mp4

【操练 + 视频】
——菱形转场：制作菱形擦拭切换特效

STEP 01 进入会声会影编辑器，在故事板中插入两幅图像素材，如图 9-58 所示。

图 9-58　插入图像素材

STEP 02 单击"转场"按钮，在库导航面板中，选择"擦拭"选项，如图 9-59 所示。

图 9-59　选择"擦拭"选项

STEP 03 在"擦拭"转场素材库中，选择"菱形"转场，如图 9-60 所示。

STEP 04 按住鼠标左键将其拖曳至故事板中的两幅图像素材之间，添加"菱形"转场效果，如图 9-61 所示。

STEP 05 在导览面板中单击"播放"按钮，预览菱形擦拭切换特效，如图 9-62 所示。

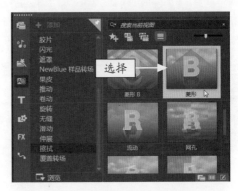

图 9-60　选择"菱形"转场

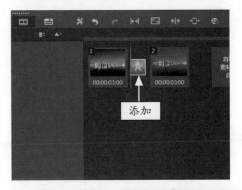

图 9-61　添加"菱形"转场效果

图 9-62　菱形擦拭切换特效

163

第10章

合成：制作覆叠画中画特效

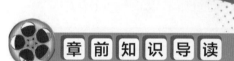

章前知识导读

在电视或电影中，经常会看到在播放一段视频的同时，往往还嵌套播放另一段视频，这就是常说的画中画效果。画中画视频技术的应用，在有限的画面空间中，创造了更加丰富的画面内容。本章主要介绍制作画中画覆叠效果的方法。

新手重点索引

- 了解覆叠基本设置
- 设置动画与对齐方式
- 制作画中画合成特效
- 编辑与设置覆叠图像
- 自定义视频遮罩特效
- 制作抖音分屏特效

效果图片欣赏

10.1　了解覆叠基本设置

所谓覆叠功能，是指会声会影 2020 提供的一种视频编辑方法，它将视频素材添加到时间轴视图中的覆叠轨之后，可以对视频素材进行合成、蒙版以及去背景等设置，从而产生视频叠加的效果，为影片添加更多的精彩特效。本节主要向读者介绍覆叠动画的基础知识，包括覆叠属性的设置技巧。

10.1.1　掌握覆叠素材混合设置

运用会声会影 2020 的覆叠功能，可以使用户在编辑视频的过程中具有更多的表现方式。选择覆叠轨中的素材文件，在"混合"选项面板中可以设置覆叠素材的相关属性与蒙版特效，如图 10-1 所示。

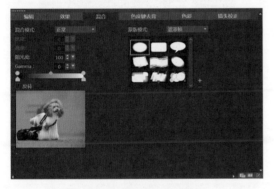

图 10-1　"混合"选项面板

"混合"选项面板主要分为两个板块，具体含义如下。

- 蒙版模式：在"混合"选项面板中，单击"蒙版模式"右侧的下拉按钮，在弹出的下拉列表框中，可以设置"蒙版模式"为"无""遮罩帧""视频遮罩"。在图 10-1 中，"蒙版模式"为"遮罩帧"模式，下方的列表中显示了多个蒙版遮罩样式，用户可以选择相应的蒙版遮罩样式制作遮罩帧效果，如图 10-2 所示。

图 10-2　预览蒙版遮罩效果

图 10-2　预览蒙版遮罩效果（续）

- 混合模式：在"混合"选项面板中，单击"混合模式"右侧的下拉按钮，在弹出的下拉列表框中，给出了蒙版混合模式："正常模式""灰度键模式""相乘模式""滤色模式""添加键模式""叠加模式""插值模式"以及"色调模式"。在"混合模式"下方，可以设置蒙版混合模式的高度、宽度、阻光度以及 Gamma 值。在下方面板中选中"反选"复选框，可以反转制作的蒙版遮罩效果。

10.1.2　掌握遮罩和色度键设置

在"色度键去背"选项面板中，选中"色度键去背"复选框，即可设置覆叠素材的色彩相似度，渲染素材的透明色彩，如图 10-3 所示。

图 10-3　"色度键去背"选项面板

在"色度键去背"选项面板中，各主要选项的含义如下。

● 相似度：指定要渲染为透明的色彩选择范围。单击右侧的色块，可以选择要渲染为透明的颜色。单击█按钮，可以在覆叠素材中选取色彩参数。

● 宽度 / 高度：从覆叠素材中修剪不需要的边框，可设置要修剪素材的高度和宽度。

● 覆叠预览：会声会影为覆叠选项窗口提供了预览功能，使用户能够同时查看素材调整之前的原貌，方便比较调整后的效果。

10.2 编辑与设置覆叠图像

在会声会影 2020 中，当用户为视频添加覆叠素材后，可以对其进行相应的编辑操作，包括删除覆叠素材、设置覆叠对象透明度以及设置覆叠素材边框颜色等属性，使制作的覆叠素材更加美观。本节主要向读者介绍添加与编辑覆叠素材的操作方法。

10.2.1 添加素材：将素材添加至覆叠轨

在会声会影 2020 中，用户可以根据需要在视频轨中添加相应的覆叠素材，从而制作出更具观赏性的视频作品。下面介绍添加覆叠素材的操作方法。

	素材文件	素材 \ 第 10 章 \ 满花丛中 .mpg、满花丛中 .png
	效果文件	效果 \ 第 10 章 \ 满花丛中 .VSP
	视频文件	视频 \ 第 10 章 \10.2.1 添加素材：将素材添加至覆叠轨 .mp4

【操练 + 视频】
——添加素材：将素材添加至覆叠轨

STEP 01 进入会声会影编辑器，在视频轨中插入一幅素材图像，如图 10-4 所示。

图 10-4 插入素材图像

STEP 02 在覆叠轨中的适当位置右击，在弹出的快捷菜单中选择"插入照片"命令，如图 10-5 所示。

图 10-5 选择"插入照片"命令

▶ **专家指点**

用户还可以将计算机中自己喜欢的素材图像直接拖曳至会声会影 2020 软件的覆叠轨中，释放鼠标左键，也可以快速添加覆叠素材。

STEP 03 弹出相应对话框，在其中选择相应的照片素材，如图 10-6 所示。

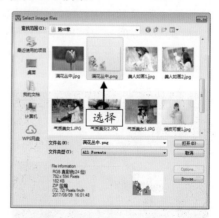

图 10-6 选择相应的照片素材

STEP 04 单击"打开"按钮，即可在覆叠轨中添加相应的覆叠素材，如图 10-7 所示。

图 10-7　添加覆叠素材

STEP 05 在预览窗口中拖曳素材四周的控制柄，调整覆叠素材的位置和大小，如图 10-8 所示。

图 10-8　调整覆叠素材的位置和大小

STEP 06 单击导览面板中的"播放"按钮，预览覆叠效果，如图 10-9 所示。

图 10-9　预览覆叠效果

10.2.2　删除覆叠素材

在会声会影 2020 中，如果用户不需要覆叠轨中的素材，可以将其删除。下面向读者介绍删除覆叠素材的操作方法。

进入会声会影编辑器，在时间轴面板的覆叠轨中，选择需要删除的覆叠素材，右击，在弹出的快捷菜单中选择"删除"命令，如图 10-10 所示，即可删除覆叠轨中的素材，如图 10-11 所示。

图 10-10　选择"删除"命令

图 10-11　删除覆叠轨中的素材

▶ 专家指点

在会声会影 2020 中，用户还可以通过以下两种方法删除覆叠素材。

- 选择覆叠素材，在菜单栏中选择"编辑"|"删除"命令，即可删除覆叠素材。
- 选择需要删除的覆叠素材，按 Delete 键，即可删除覆叠素材。

10.2.3　设置覆叠对象透明度

在"透明度"数值框中，输入相应的数值，即可设置覆叠素材的透明度效果。下面向读者介绍设置覆叠素材透明度的操作方法。

进入会声会影编辑器，在覆叠轨中选择需要设置透明度的覆叠素材，如图 10-12 所示。打开"色度键去背"选项面板，选中"色度键去背"复选框，如图 10-13 所示。

执行操作后，打开"色度键去背"选项面板，设置"相似度"为 50，如图 10-14 所示。使用"覆叠遮罩的色彩"滴管工具在预览窗口中选取颜色，即可设置覆叠素材的透明度效果，然后预览视频效果，如图 10-15 所示。

图 10-12　选择覆叠素材

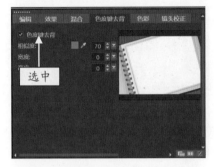

图 10-13　选中"色度键去背"复选框

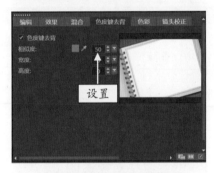

图 10-14　设置相似度

图 10-15　预览视频效果

10.2.4　设置边框：为覆叠对象添加边框

为了更好地突出覆叠素材，可以为所添加的覆

叠素材设置边框。下面介绍在会声会影 2020 中，设置覆叠素材边框的操作方法。

素材文件	素材 \ 第 10 章 \ 此生不渝 .VSP
效果文件	效果 \ 第 10 章 \ 此生不渝 .VSP
视频文件	视频 \ 第 10 章 \10.2.4　设置边框：为覆叠对象添加边框 .mp4

【操练＋视频】
——设置边框：为覆叠对象添加边框

STEP 01 进入会声会影编辑器，选择"文件"|"打开项目"命令，打开一个项目文件，如图 10-16 所示。

图 10-16　打开项目文件

STEP 02 在预览窗口中预览打开的项目效果，如图 10-17 所示。

图 10-17　预览项目效果

STEP 03 在覆叠轨中，选择需要设置边框效果的覆叠素材，如图 10-18 所示。

STEP 04 打开"编辑"选项面板，如图 10-19 所示。

STEP 05 在"边框"数值框中输入 4，即可设置覆叠素材的边框效果，如图 10-20 所示。

图 10-18 选择覆叠素材

图 10-19 "编辑"选项面板

图 10-20 设置边框参数

STEP 06 在预览窗口中可以预览视频边框效果，如图 10-21 所示。

> **▶专家指点**
>
> 在"编辑"选项面板中单击"边框"数值框右侧的下拉按钮，弹出透明度滑块，在滑块上单击鼠标左键的同时向右拖曳滑块，至合适的位置后释放鼠标左键，也可调整覆叠素材的边框效果。

图 10-21 预览视频边框效果

10.2.5 设置覆叠素材边框颜色

为了使覆叠素材的边框效果更加丰富多彩，用户可以手动设置覆叠素材边框的颜色，使制作的视频画面更符合用户的要求。下面向读者介绍设置覆叠素材边框颜色的操作方法。

进入会声会影编辑器，选择需要设置边框颜色的覆叠素材。打开"编辑"选项面板，单击"边框色彩"色块，在弹出的颜色面板中选择需要更改的颜色，如图 10-22 所示，即可更改覆叠素材的边框颜色。在预览窗口中可以预览更改覆叠素材的边框颜色的效果，如图 10-23 所示。

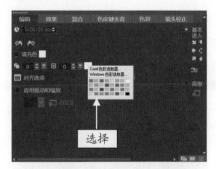

图 10-22 选择需要更改的颜色

图 10-23 预览视频效果

10.3 设置动画与对齐方式

使用"覆叠"功能，可以将视频素材添加到覆叠轨中，然后对视频素材的大小、位置以及透明度等属性进行调整，从而产生视频叠加效果。本节主要介绍设置动画与对齐方式的相关操作。

10.3.1　设置进入动画

在"进入"选项组中包括"从左上方进入""从上方进入""从右上方进入"等 8 个不同的进入方向和一个"静止"选项，用户可以设置覆叠素材的进入动画效果。

进入会声会影编辑器，选择需要设置进入动画的覆叠素材，如图 10-24 所示。在"编辑"面板的"进入"选项组中，单击"从左边进入"按钮，如图 10-25 所示，即可设置覆叠素材的进入动画效果。

图 10-24　选择覆叠素材

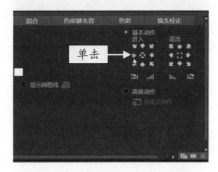

图 10-25　单击"从左边进入"按钮

10.3.2　设置退出动画

在"退出"选项组中包括"从左上方退出""从上方退出""从右上方退出"等 8 个不同的退出方向和一个"静止"选项，用户可以设置覆叠素材的退出动画效果。

进入会声会影编辑器，选择需要设置退出动画的覆叠素材，如图 10-26 所示。在"编辑"面板的"退出"选项组中，单击"从右上方退出"按钮，即

可设置覆叠素材的退出动画效果，如图 10-27 所示。

图 10-26　选择覆叠素材

图 10-27　单击"从右上方退出"按钮

10.3.3　设置淡入淡出动画效果

在会声会影 2020 中，用户可以制作画中画视频的淡入淡出效果，使视频画面播放起来更加协调、流畅。下面向读者介绍制作视频淡入淡出特效的操作方法。

进入会声会影编辑器，选择需要设置淡入与淡出动画的覆叠素材，如图 10-28 所示。在"属性"选项面板中，分别单击"淡入动画效果"按钮和"淡出动画效果"按钮，即可设置覆叠素材的淡入淡出动画效果，如图 10-29 所示。

图 10-28　选择覆叠素材

图 10-29 单击相应的按钮

图 10-30 选择覆叠素材

10.3.4 设置覆叠对齐方式

在"属性"选项面板中，单击"对齐选项"按钮，在弹出的列表框中包含 3 种不同类型的对齐方式，用户可根据需要进行设置。下面向读者介绍设置覆叠对齐方式的操作方法。

进入会声会影编辑器，在覆叠轨中选择需要设置对齐方式的覆叠素材，如图 10-30 所示。打开"编辑"选项面板，单击"对齐选项"按钮，在弹出的列表框中选择"停靠在中央"|"居中"选项，即可设置覆叠素材的对齐方式。在预览窗口中可以预览视频效果，如图 10-31 所示。

图 10-31 预览视频效果

10.4 自定义视频遮罩特效

在会声会影 2020 中，用户不仅可以通过"遮罩和色度键"选项面板来创建视频的遮罩特效，还可以通过"遮罩创建器"来创建视频的遮罩效果，这个功能在操作上更加方便，也是会声会影 2020 的新增功能。本节主要介绍自定义视频遮罩特效的操作方法。

10.4.1 圆形遮罩：制作抖音圆形遮罩特效

在"遮罩创建器"对话框中，通过椭圆工具可以在视频画面中创建圆形的遮罩效果。下面介绍制作圆形遮罩特效的操作方法。

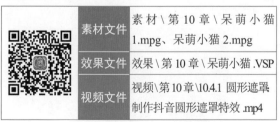

素材文件	素材 \ 第 10 章 \ 呆萌小猫 1.mpg、呆萌小猫 2.mpg
效果文件	效果 \ 第 10 章 \ 呆萌小猫 .VSP
视频文件	视频 \ 第 10 章 \10.4.1 圆形遮罩：制作抖音圆形遮罩特效 .mp4

【操练 + 视频】

——圆形遮罩：制作抖音圆形遮罩特效

STEP 01 在视频轨和覆叠轨中分别插入一段视频素材，选择覆叠素材，如图 10-32 所示。

图 10-32 选择覆叠素材

STEP 02 在菜单栏中选择"工具"|"遮罩创建器"
命令，如图 10-33 所示。

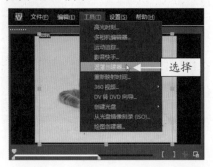

图 10-33　选择"遮罩创建器"命令

STEP 03 弹出"遮罩创建器"对话框，在"遮罩工具"
下方选取"椭圆"工具 ，如图 10-34 所示。

图 10-34　选取"椭圆"工具

STEP 04 在预览窗口中单击鼠标左键并拖曳，在视
频上绘制一个圆，如图 10-35 所示。

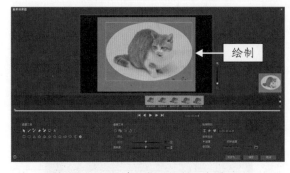

图 10-35　在视频上绘制一个圆

▶ 专家指点

在"遮罩创建器"对话框中，可以由用户
在视频中的任何位置创建遮罩效果，这个位置
可以自由指定。

STEP 05 单击"确定"按钮，返回到会声会影编辑器，
此时覆叠轨中的素材缩略图显示已绘制好的遮罩样
式，如图 10-36 所示。

图 10-36　显示已绘制好的遮罩样式

STEP 06 在预览窗口中，可以预览制作的视频圆形
遮罩效果，如图 10-37 所示。

图 10-37　预览圆形遮罩效果

STEP 07 拖曳覆叠素材四周的黄色控制柄，调整素
材的大小和位置，如图 10-38 所示。

图 10-38　调整覆叠素材的大小和位置

STEP 08 在导览面板中单击"播放"按钮，即可预
览制作的圆形遮罩效果，如图 10-39 所示。

图 10-39　预览圆形遮罩效果

10.4.2 矩形遮罩：制作视频矩形遮罩特效

在"遮罩创建器"对话框中，通过矩形工具可以在视频画面中创建矩形遮罩效果。下面介绍制作矩形遮罩效果的操作方法。

素材文件	素材 \ 第 9 章 \ 荷花藤蔓 1.mpg、荷花藤蔓 2.mpg
效果文件	效果 \ 第 9 章 \ 荷花藤蔓 .VSP
视频文件	视频 \ 第 9 章 \9.3.2 矩形遮罩：制作视频矩形遮罩特效 .mp4

【操练 + 视频】
——矩形遮罩：制作视频矩形遮罩特效

STEP 01 在视频轨和覆叠轨中分别插入一段视频素材，选择覆叠素材，如图 10-40 所示。

图 10-40 选择覆叠素材

STEP 02 在时间轴面板上方单击"遮罩创建器"按钮 ，如图 10-41 所示。

图 10-41 单击"遮罩创建器"按钮

STEP 03 弹出"遮罩创建器"对话框，在"遮罩工具"选项组中选取"矩形"工具，如图 10-42 所示。

图 10-42 选取"矩形"工具

STEP 04 在预览窗口中按住鼠标左键并拖曳，在视频上绘制一个矩形，然后单击"确定"按钮，如图 10-43 所示。

图 10-43 在视频上绘制一个矩形

STEP 05 返回到会声会影编辑器，此时覆叠轨中的素材缩略图显示已绘制好的遮罩样式，如图 10-44 所示。

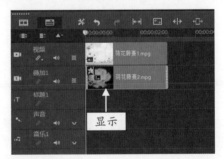

图 10-44 显示已绘制好的遮罩样式

STEP 06 在预览窗口中可以预览创建的遮罩效果，如图 10-45 所示。

图 10-45 预览创建的遮罩效果

STEP 07 在预览窗口中，调整覆叠素材的大小和位置，如图 10-46 所示。

图 10-46　调整覆叠素材的大小和位置

STEP 08 在导览面板中单击"播放"按钮，预览制作的矩形遮罩效果，如图 10-47 所示。

图 10-47　预览矩形遮罩效果

10.4.3　特定遮罩：制作视频特定遮罩特效

在"遮罩创建器"对话框中，通过遮罩刷工具可以制作出特定画面或对象的遮罩效果，相当于Photoshop 中的抠图功能。下面介绍制作特定遮罩效果的操作方法。

素材文件	素材\第 10 章\昆虫与花 1.mpg、昆虫与花 2.mpg
效果文件	效果\第 10 章\昆虫与花 .VSP
视频文件	视频\第 10 章\10.4.3　特定遮罩：制作视频特定遮罩特效 .mp4

【操练＋视频】
——特定遮罩：制作视频特定遮罩特效

STEP 01 在视频轨和覆叠轨中分别插入一段视频素材，如图 10-48 所示。

图 10-48　插入视频素材

STEP 02 在时间轴面板上方单击"遮罩创建器"按钮，如图 10-49 所示。

图 10-49　单击"遮罩创建器"按钮

STEP 03 弹出"遮罩创建器"对话框，在"遮罩工具"选项组中，选取"遮罩刷"工具，如图 10-50 所示。

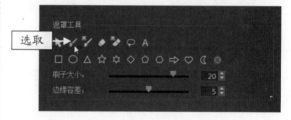

图 10-50　选取"遮罩刷"工具

STEP 04 将鼠标指针移至上方的预览窗口中，在需要抠取的视频画面上按住鼠标左键并拖曳，创建遮罩区域，如图 10-51 所示。释放鼠标左键，抠取的视频画面将被选中。

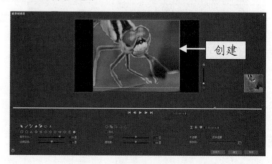

图 10-51　创建遮罩区域

STEP 05 单击"确定"按钮，返回到会声会影编辑器，在预览窗口中可以调整素材的大小和位置，如图 10-52 所示。

图 10-52　调整素材的大小和位置

STEP 06 在导览面板中单击"播放"按钮▶，预览制作的特定遮罩效果，如图 10-53 所示。

图 10-53　预览特定遮罩效果

10.5　制作画中画合成特效

在会声会影 2020 中，覆叠有多种编辑方式，如制作若隐若现效果、精美相册特效、覆叠转场特效、带边框画中画效果、装饰图案效果、覆叠遮罩特效以及覆叠滤镜特效等。本节主要向读者介绍通过覆叠功能制作视频合成特效的操作方法。

10.5.1　闪频效果：制作抖音画面闪频特效

在会声会影 2020 中，通过在覆叠轨中制作出断断续续的素材画面，可以制作闪频特效。下面介绍制作画面闪频效果的操作方法。

素材文件	素材 \ 第 10 章 \ 美好时光 .VSP
效果文件	效果 \ 第 10 章 \ 美好时光 .VSP
视频文件	视频 \ 第 10 章 \10.5.1 闪频效果：制作抖音画面闪频特效 .mp4

【操练 + 视频】
——闪频效果：制作抖音画面闪频特效

STEP 01 进入会声会影编辑器，打开一个项目文件，并预览项目效果，如图 10-54 所示。

STEP 02 选择覆叠素材，右击，在弹出的快捷菜单中选择"复制"命令，在右侧合适位置粘贴视频素材，并调整素材区间，如图 10-55 所示。

图 10-54　项目效果

图 10-55　调整素材区间

STEP 03 用与上同样的方法在覆叠轨右侧继续复制第三个视频素材并调整区间。单击导览面板中的

"播放"按钮，即可预览制作的画面闪频效果，如图 10-56 所示。

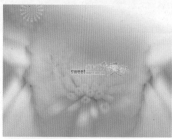

图 10-56　预览画面闪频效果

10.5.2　水面效果：制作画中画水面效果

在一些影视作品中，常看到视频画面有倒影的效果，在会声会影中，应用画中画滤镜可以制作水面倒影的效果。下面介绍制作水面倒影效果的操作方法。

素材文件	素材 \ 第 10 章 \ 可爱小猫 .jpg
效果文件	效果 \ 第 10 章 \ 可爱小猫 .VSP
视频文件	视频 \ 第 10 章 \10.5.2　水面效果：制作画中画水面效果 .mp4

【操练＋视频】
——水面效果：制作画中画水面效果

STEP 01　进入会声会影编辑器，在故事板中插入一

幅图像素材，如图 10-57 所示。

图 10-57　插入图像素材

STEP 02　单击"滤镜"按钮，打开"NewBlue 精选 II"素材库，选择并添加"画中画"滤镜。在"效果"选项面板中，单击"自定义滤镜"按钮，如图 10-58 所示。

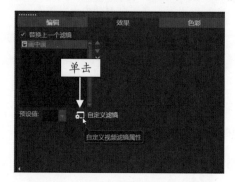

图 10-58　单击"自定义滤镜"按钮

STEP 03　弹出"NewBlue 画中画"对话框，在下方预设样式中，选择"缓慢反射"预设样式，如图 10-59 所示。

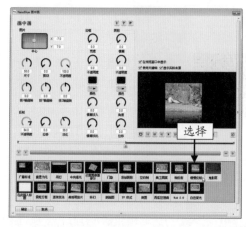

图 10-59　选择"缓慢反射"预设样式

STEP 04　单击"确定"按钮，返回到会声会影操作界面，在预览窗口中可以预览制作的水面倒影视频画面，如图 10-60 所示。

图 10-60 预览水面倒影视频画面

10.5.3 旋转效果：制作画中画转动特效

在会声会影中，可以在相同背景下，制作多画面同时转动的效果。下面介绍制作画中画转动效果的操作方法。

素材文件	素材\第 10 章\可爱动人 .VSP
效果文件	效果\第 10 章\可爱动人 .VSP
视频文件	视频\第 10 章\10.5.3 旋转效果：制作画中画转动特效 .mp4

【操练 + 视频】
——旋转效果：制作画中画转动特效

STEP 01 进入会声会影编辑器，打开一个项目文件，如图 10-61 所示。

图 10-61 打开项目文件

STEP 02 选择覆叠轨 1 中的素材，添加"画中画"滤镜，如图 10-62 所示。

STEP 03 在"效果"选项面板中，单击"自定义滤镜"按钮，如图 10-63 所示。

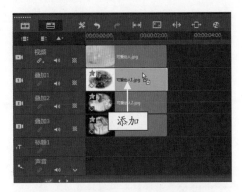

图 10-62 添加"画中画"滤镜

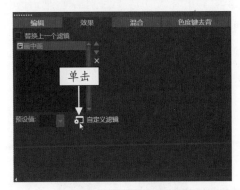

图 10-63 单击"自定义滤镜"按钮

STEP 04 弹出"NewBlue 画中画"对话框，选择开始位置的关键帧，并设置相应参数，然后拖动滑块到结尾关键帧位置，设置"按 Y 轴旋转"为 180，单击"确定"按钮，如图 10-64 所示。

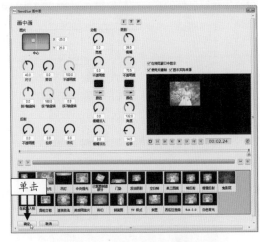

图 10-64 "NewBlue 画中画"对话框

STEP 05 复制覆叠轨 1 中的素材文件属性，选择覆叠轨 2 和覆叠轨 3 中的素材文件，右击，在弹出的快捷菜单中选择"粘贴可选属性"命令，如图 10-65 所示。

图 10-65　选择"粘贴可选属性"命令

STEP 06 弹出"粘贴可选属性"对话框，取消选中"大小和变形"与"方向/样式/动作"复选框，单击"确定"按钮，如图 10-66 所示。

图 10-66　单击"确定"按钮

STEP 07 单击导览面板中的"播放"按钮，即可在预览窗口中预览制作的视频画面效果，如图 10-67 所示。

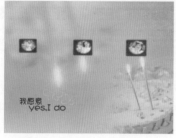

图 10-67　预览视频画面效果

10.5.4　移动效果：制作照片滚屏画面特效

在会声会影 2020 中，滚屏画面是指覆叠素材从屏幕的一端滚动到屏幕另一端的效果。下面向读者介绍通过"自定义动作"命令制作照片展示滚屏画中画特效的操作方法。

素材文件	素材 \ 第 10 章 \ 俏皮可爱 1.jpg、俏皮可爱 2.jpg、背景 4.jpg
效果文件	效果 \ 第 10 章 \ 俏皮可爱 .VSP
视频文件	视频 \ 第 10 章 \10.5.4 移动效果：制作照片滚屏画面特效 .mp4

【操练＋视频】
——移动效果：制作照片滚屏画面特效

STEP 01 进入会声会影编辑器，在视频轨中插入一幅素材图像，如图 10-68 所示。

图 10-68　插入素材图像

STEP 02 在"编辑"选项面板中，设置素材的区间为 0:00:08:024，如图 10-69 所示，即可更改素材的区间长度。

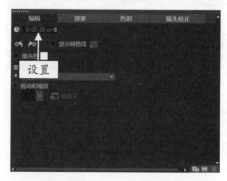

图 10-69　设置素材的区间

STEP 03 在覆叠轨 1 中插入一幅素材图像，在"编辑"选项面板中设置素材的区间为 0:00:06:000，更改素材区间长度。在菜单栏中选择"编辑"|"自定义动作"命令，如图 10-70 所示。

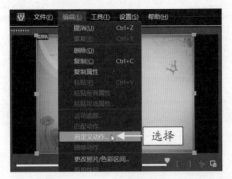

图 10-70　选择"自定义动作"命令

STEP 04 弹出"自定义动作"对话框，选择第 1 个关键帧，在"位置"选项组中设置 X 为 35、Y 为 –140，在"大小"选项组中设置 X 和 Y 均为 50；选择第 2 个关键帧，在"位置"选项组中设置 X 为 35、Y 为 140，如图 10-71 所示，单击"确定"按钮，返回会声会影编辑器。

图 10-71　设置第 2 个关键帧参数

STEP 05 在时间轴面板中插入一条覆叠轨道，选择第一条覆叠轨道上的素材，右击，在弹出的快捷菜单中选择"复制"命令，如图 10-72 所示。

STEP 06 将复制的素材粘贴到第 2 条覆叠轨道中的适当位置，在粘贴后的素材文件上右击，在弹出的快捷菜单中选择"替换素材"|"照片"命令。弹出"替换 / 重新链接素材"对话框，选择需要替换的素材后，单击"打开"按钮，即可替换覆叠轨 2 中的素材文件，如图 10-73 所示。

图 10-72　选择"复制"命令

图 10-73　替换覆叠轨 2 中的素材文件

STEP 07 在导览面板中单击"播放"按钮，预览制作的照片滚屏画中画视频效果，如图 10-74 所示。

图 10-74　预览照片滚屏画中画视频效果

▶ 专家指点

在会声会影 2020 中，用户不仅可以使用这种方法制作滚屏效果，也可以在"滤镜"选项卡中，打开"NewBlue 视频精选Ⅱ"素材库，添加"画中画"滤镜，通过这种方法来自定义覆叠素材的运动效果。

10.5.5 镜头效果：制作仿望远镜推拉特效

在会声会影 2020 中，利用"自定义动作"命令可以制作出望远镜推拉的效果。下面介绍制作望远镜推拉效果的操作方法。

素材文件	素材\第 10 章\两只蝴蝶.VSP
效果文件	效果\第 10 章\两只蝴蝶.VSP
视频文件	视频\第 10 章\10.5.5 镜头效果：制作仿望远镜推拉特效.mp4

【操练＋视频】
——镜头效果：制作仿望远镜推拉特效

STEP 01 进入会声会影编辑器，打开一个项目文件，如图 10-75 所示。

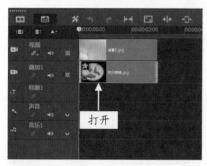

图 10-75　打开项目文件

STEP 02 选择覆叠轨中的覆叠素材，在菜单栏中选择"编辑"|"自定义动作"命令，如图 10-76 所示。

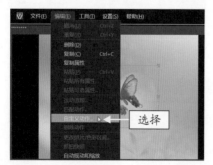

图 10-76　选择"自定义动作"命令

STEP 03 弹出"自定义动作"对话框，在 00:00:01:12 和 00:00:01:24 的位置处添加两个关键帧，如图 10-77 所示。

图 10-77　添加关键帧

STEP 04 选择开始处的关键帧，在"位置"选项组中设置 X 为 20，Y 为 20；选择 00:00:01:12 位置处的关键帧，在"大小"选项组中设置 X 为 60，Y 为 60；选择 00:00:01:24 位置的关键帧，在"位置"选项组中设置 X 为 60，Y 为 60；选择结尾处的关键帧，在"大小"选项组中设置 X 为 20，Y 为 20，单击"确定"按钮，如图 10-78 所示。

图 10-78　单击"确定"按钮

STEP 05 单击导览面板中的"播放"按钮，即可预览制作的镜头推拉效果，如图 10-79 所示。

图 10-79　预览镜头推拉效果

10.5.6　分身效果：制作"分身术"视频特效

在会声会影 2020 中，"分身术"特效是指在视频画面中同时出现两个相同的人的画面。下面介绍制作视频"分身术"特效的操作方法。

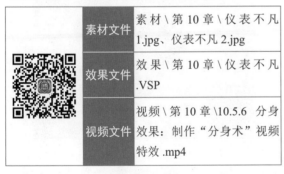

素材文件	素材\第 10 章\仪表不凡 1.jpg、仪表不凡 2.jpg
效果文件	效果\第 10 章\仪表不凡 .VSP
视频文件	视频\第 10 章\10.5.6　分身效果：制作"分身术"视频特效 .mp4

【操练 + 视频】
——分身效果：制作"分身术"视频特效

STEP 01　进入会声会影编辑器，在视频轨和覆叠轨中分别插入相应的素材，如图 10-80 所示。

STEP 02　在预览窗口中选中覆叠素材，右击，弹出快捷菜单，选择"调整到屏幕大小"命令，如图 10-81 所示。

STEP 03　打开"色度键去背"选项面板，选中"色度键去背"复选框，选择"覆叠遮罩的色彩"为白色，

设置"相似度"为 20，如图 10-82 所示。

图 10-80　插入素材

图 10-81　选择"调整到屏幕大小"命令

图 10-82　设置相应参数

STEP 04　设置完成后，在预览窗口中调整覆叠素材的位置和大小，然后单击"播放"按钮，即可在预览窗口中预览制作的项目效果，如图 10-83 所示。

图 10-83　预览制作的项目效果

10.5.7 漩涡遮罩：制作照片漩涡旋转效果

在会声会影 2020 中，用户可以运用覆叠轨与"画中画"滤镜制作照片漩涡旋转效果，下面介绍具体操作方法。

素材文件	素材\第 10 章\气质美女.VSP
效果文件	效果\第 10 章\气质美女.VSP
视频文件	视频\第 10 章\10.5.7 漩涡遮罩：制作照片漩涡旋转效果.mp4

【操练＋视频】
——漩涡遮罩：制作照片漩涡旋转效果

STEP 01 进入会声会影编辑器，打开一个项目文件，并预览项目效果，如图 10-84 所示。

图 10-84　预览项目效果

STEP 02 选择第一个覆叠素材，在"混合"选项面板中单击"蒙版模式"右侧的下拉按钮，在弹出的下拉列表框中选择"遮罩帧"选项，在右侧选择"漩涡"预设样式，如图 10-85 所示。

图 10-85　选择"漩涡"预设样式

STEP 03 单击"滤镜"按钮，打开"NewBlue 视频精选Ⅱ"素材库，选择"画中画"滤镜，按住鼠标左键将其拖曳至覆叠轨 1 中的覆叠素材上，添加"画中画"滤镜效果。在"效果"选项面板中单击"自定义滤镜"按钮，如图 10-86 所示。

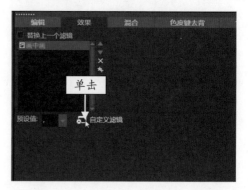

图 10-86　单击"自定义滤镜"按钮

STEP 04 弹出"NewBlue 画中画"对话框，拖曳滑块到开始位置，设置 X 为 0，Y 为 -100；拖曳滑块到中间位置，选择"霓虹灯框"选项；拖曳滑块到结束位置，选择"侧面图"选项，设置 X 为 100，Y 为 0。设置完成后，单击"确定"按钮，在预览窗口中预览覆叠效果，如图 10-87 所示。

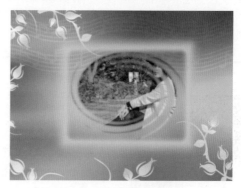

图 10-87　预览覆叠效果

STEP 05 选择第一个覆叠素材，右击，在弹出的快捷菜单中选择"复制属性"命令。选择其他素材，右击，在弹出的快捷菜单中选择"粘贴所有属性"命令。单击导览面板中的"播放"按钮，预览制作的视频画面效果，如图 10-88 所示。

图 10-88　预览制作的视频画面效果

10.6 制作抖音分屏特效

会声会影 2020 支持同框分屏特效功能，在预览窗口中，可以同时容纳多个视频或多张照片，同时预览多个素材动态或静态效果，即多屏同框兼容。用户可以通过两种方式制作分屏特效：一种是使用"模板"素材库中的分屏模板；另一种是通过单击时间轴工具栏中的"分屏模板创建器"按钮，打开"模板编辑器"窗口，在其中创建自定义分屏模板。本节主要向读者介绍制作多个画面同框分屏特效的操作方法。

10.6.1 应用模板：制作分屏同框视频特效

在会声会影 2020 编辑器中，打开"即时项目"素材库，在"分割画面"模板素材库中任意选择一个模板，替换素材，并为覆叠轨中的素材添加摇动和缩放效果，即可制作出分屏特效。下面向读者介绍使用模板制作分屏特效的操作方法。

素材文件	素材 \ 第 10 章 \ 娇俏可爱 1.jpg、娇俏可爱 2.jpg、娇俏可爱 3.jpg	
效果文件	效果 \ 第 10 章 \ 娇俏可爱 .VSP	
视频文件	视频 \ 第 10 章 \10.6.1 应用模板：制作分屏同框视频特效 .mp4	

【操练 + 视频】
——应用模板：制作分屏同框视频特效

STEP 01 单击"模板"按钮，在"分割画面"素材库中选择 IP-05 模板，如图 10-89 所示。

STEP 02 按住鼠标左键将其拖曳至时间轴面板的合适位置，添加模板，如图 10-90 所示。

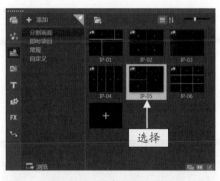

图 10-89　选择 IP-05 模板

图 10-90　添加模板

STEP 03 选择"叠加 1"中的素材文件，右击，在弹出的快捷菜单中选择"替换素材"|"照片"命令，如图 10-91 所示。

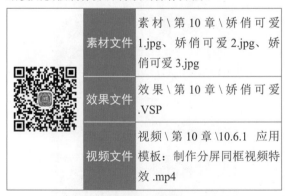

图 10-91　选择"照片"命令

STEP 04 弹出"替换 / 重新链接素材"对话框，选择相应的照片素材，单击"打开"按钮，如图 10-92 所示。

图 10-92　单击"打开"按钮

STEP 05 替换"叠加 1"轨道中的素材，如图 10-93 所示。

图 10-93　替换"叠加 1"轨道中的素材

STEP 06 用同样的方法，继续替换另外两条覆叠轨中的素材，如图 10-94 所示。

STEP 07 单击"播放"按钮▷，即可预览制作的动态分屏效果，如图 10-95 所示。

图 10-94　替换另外两条覆叠轨中的素材

图 10-95　预览动态分屏效果

10.6.2　三屏同框：制作手机竖屏分屏特效

在抖音短视频中，分屏同框短视频是一种比较热门的视频形式，可以将多个不同的素材文件同框分屏显示，也可以将同一个素材文件分成多个画面同框显示。在会声会影 2020 中，制作手机竖屏三屏特效，可以通过时间轴工具栏中的快捷按钮打开"分屏模板创建器"进行操作。下面向读者介绍制作手机竖屏三屏特效的操作方法。

素材文件	素材 \ 第 10 章 \ 帅哥美女 .mpg
效果文件	效果 \ 第 10 章 \ 帅哥美女 .VSP
视频文件	视频 \ 第 10 章 \10.6.2　三屏同框：制作手机竖屏分屏特效 .mp4

【操练 + 视频】
——三屏同框：制作手机竖屏分屏特效

STEP 01 进入会声会影编辑器，在"媒体"素材库右侧的空白位置右击，弹出快捷菜单，选择"插入媒体文件"命令，如图 10-96 所示。

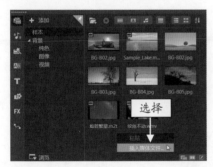

图 10-96　选择"插入媒体文件"命令

STEP 02 弹出"选择媒体文件"对话框，选择需要导入的媒体素材，单击"打开"按钮，即可将素材导入素材库中，如图 10-97 所示。

STEP 03 在导览面板中，设置"更改项目宽高比"为手机竖屏模式▯，如图 10-98 所示。

STEP 04 在时间轴工具栏中单击"分屏模板创建器"按钮▨，如图 10-99 所示。

图 10-97　导入素材

图 10-98　设置为手机竖屏模式

图 10-99　单击"分屏模板创建器"按钮

STEP 05 执行操作后，弹出"模板编辑器"窗口，选择相应的分割工具，如图 10-100 所示。

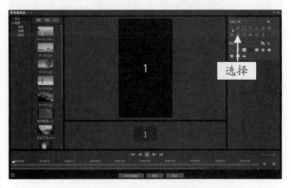

图 10-100　选择相应的分割工具

STEP 06 在编辑窗口中，使用选择的分割工具自定义分屏操作，如图 10-101 所示。

图 10-101　自定义分屏操作

STEP 07 在左侧的素材库中选择相应的素材图像，按住鼠标左键将其拖曳至相应的选项卡中，即可置入素材，如图 10-102 所示。

图 10-102　置入素材

STEP 08 用与上同样的方法，将素材置入其余的选项卡，如图 10-103 所示。

图 10-103　置入其余选项卡

STEP 09 选择选项卡中的素材，在预览窗口中调整素材的大小和位置，如图 10-104 所示。

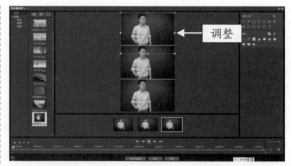

图 10-104　调整素材的大小和位置

STEP 10 单击"确定"按钮，返回到会声会影编辑面板，单击"播放"按钮▶，即可预览制作的手机竖屏三屏特效，如图 10-105 所示。

图 10-105　预览手机竖屏三屏特效

第 11 章
字幕：制作字幕动画特效

章 前 知 识 导 读

在视频编辑中，标题字幕是不可缺少的，它是影片的重要组成部分。标题字幕不仅可以传达画面以外的文字信息，还可以有效地帮助观众理解影片。本章主要向读者介绍添加与编辑字幕效果的各种方法，希望读者熟练掌握。

新 手 重 点 索 引

- 了解字幕简介与面板
- 制作静态标题字幕
- 添加标题字幕
- 制作动态标题字幕特效

效 果 图 片 欣 赏

在现代影片中，字幕的应用越来越频繁，这些精美的标题字幕可不仅以起到为影片增色的目的，还能很好地向观众传递影片信息或制作理念。会声会影 2020 提供了便捷的字幕编辑功能，可以使用户在短时间内制作出专业的标题字幕。本节主要向读者介绍标题字幕的基础知识。

11.1.1 标题字幕简介

字幕是以各种字体、样式以及动画等形式出现在画面中的文字总称，如电视或电影的片头、演员表、对白以及片尾字幕等。字幕制作在视频编辑中是一种重要的艺术手段，好的标题字幕不仅可以传达画面以外的信息，还可以增强影片的艺术效果，如图 11-1 所示为使用会声会影 2020 制作的标题字幕效果。

图 11-1 制作的标题字幕效果（续）

> ▶ **专家指点**
>
> 在会声会影 2020 的"标题"素材库中，提供了 40 多种标题模板字幕动画特效，每一种字幕特效的动画样式都不同，用户可根据需要进行选择与应用。

11.1.2 标题字幕选项面板

在"标题选项"|"字体"选项面板中，可以设置标题字幕的属性，如设置标题字幕的大小、颜色以及行间距等，如图 11-2 所示。

图 11-1 制作的标题字幕效果

图 11-2 "字体"选项面板

在"字体"选项面板中，各主要选项的具体含义如下。

● "区间"数值框：该数值框用于调整标题字幕播放时间的长度，框中显示了当前播放所选标题字幕所需的时间，时间码上的数字代表"小时：分钟：秒：帧"。单击其右侧的微调按钮，可以调整数值的大小。也可以单击时间码上的数字，待数字处于闪烁状态时，输入新的数字后按 Enter 键确认，即可改变原来标题字幕的播放时间长度。图 11-3 所示为更改区间前后的效果对比。

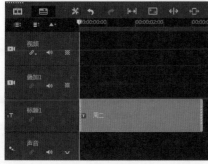

图 11-3　更改字幕区间前后的效果对比

▶ **专家指点**

在会声会影 2020 中，用户除了可以通过"区间"数值框来更改字幕的时间长度，还可以将鼠标指针移至标题轨字幕右侧的黄色标记上，待指针呈双向箭头时，单击鼠标左键并向左或向右拖曳，即可手动调整标题字幕的时间长度。

- "粗体"按钮 B：单击该按钮，即可加粗字幕文本。
- "斜体"按钮 I：单击该按钮，即可将字幕文本设置为倾斜的字体。
- "下划线"按钮 U：单击该按钮，即可为字幕文本添加下划线。
- "将方向更改为垂直"按钮 T：单击该按钮，即可将文本进行垂直对齐操作，若再次单击该按钮，即可将文本进行水平对齐操作。
- "将文本设置从右向左"按钮 T：单击该按钮，即可将文本进行从右向左对齐操作，若再次单

击该按钮，即可将文本进行水平对齐操作。
- "对齐"按钮组：该组中提供了 3 个对齐按钮，分别为"左对齐"按钮 E、"居中"按钮 E 以及"右对齐"按钮 E。单击相应的按钮，即可将文本进行相应的对齐操作。
- "字体"下拉列表框：单击"字体"右侧的下拉按钮，在弹出的下拉列表框中列示了所有的字体类型，用户可以根据需要选择相应的字体选项。
- "字体大小"下拉列表框：单击"字体大小"右侧的下拉按钮，在弹出的下拉列表框中选择相应的大小选项，即可调整字体的大小。
- "色彩"色块：单击该色块，在弹出的颜色面板中，可以设置字体的颜色。
- "行间距"下拉列表框：单击"行间距"右侧的下拉按钮，在弹出的下拉列表框中选择相应的选项，可以设置文本的行间距。
- "按角度旋转"数值框：该数值框用于设置文本的旋转角度。
- "显示网格线"复选框：选中该复选框，在预览窗口中即可显示字幕网格线。
- "对齐"选项：单击"对齐"选项组中的按钮，即可将字幕文件对齐到左上方、对齐到上方中央、对齐到右上方、对齐到左边中央、居中、对齐到右边中央、对齐到左下方、对齐到下方中央以及对齐到右下方。
- "打开字幕文件"按钮：单击该按钮，即可打开已有的字幕文件。
- "保存字幕文件"按钮：单击该按钮，即可将字幕文件保存为文本文件。

在"标题选项"面板中，单击相应标签，可以设置字幕文件的边框、阴影、背景等属性，具体含义如下。
- "样式"选项面板：单击"样式"标签，即可展开"样式"选项面板，其中展示了 24 种字体预设样式，如图 11-4 所示。

图 11-4　"样式"选项面板

● "边框"选项面板：单击"边框"标签，即可展开"边框"选项面板，在其中可以设置字幕的透明度、描边效果、描边线条样式以及线条颜色等属性，如图 11-5 所示。

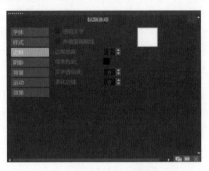

图 11-5　"边框"选项面板

● "阴影"选项面板：单击"阴影"标签，即可展开"阴影"选项面板，在其中可以根据需要制作字幕的光晕效果、突起效果以及下垂阴影效果等，如图 11-6 所示。

● "背景"选项面板：单击"背影"标签，即可展开"背景"选项面板，在其中可以为文字添

加背景效果，如图 11-7 所示。

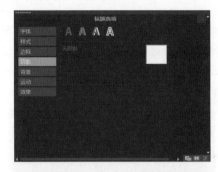

图 11-6　"阴影"选项面板

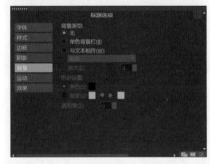

图 11-7　"背景"选项面板

11.2　添加标题字幕

标题字幕的设计与书写是视频编辑的重要手段之一，会声会影 2020 提供了完善的标题字幕编辑功能，用户可以对文本或其他字幕对象进行编辑和美化。本节主要向读者介绍添加标题字幕的操作方法。

11.2.1　添加标题字幕文件

标题字幕设计与书写是视频编辑的艺术手段之一，好的标题字幕可以起到美化视频的作用。下面将向读者介绍创建标题字幕的方法。

	素材文件　素材 \ 第 11 章 \ 唯美建筑 .jpg
	效果文件　效果 \ 第 11 章 \ 唯美建筑 .VSP
	视频文件　视频 \ 第 11 章 \11.2.1　添加标题字幕文件 .mp4

【操练＋视频】
——添加标题字幕文件

STEP 01 进入会声会影编辑器，在故事板中插入一幅图像素材，如图 11-8 所示。

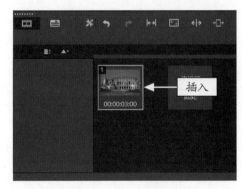

图 11-8　插入图像素材

STEP 02 在预览窗口中可以预览素材图像画面效果，如图 11-9 所示。

STEP 03 切换至时间轴视图，单击"标题"按钮，切换至"标题"选项卡，如图 11-10 所示。

图 11-9 预览素材图像画面效果

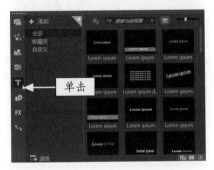

图 11-10 单击"标题"按钮

STEP 04 在预览窗口的适当位置双击，出现一个文本输入框，在其中输入相应的文本内容，如图 11-11 所示，按 Enter 键即可进行换行操作。

图 11-11 输入文本内容

▶ 专家指点

进入"标题"素材库，输入文字时，在预览窗口中有一个矩形框标出的区域，它表示标题的安全区域，即程序允许输入标题的范围，在该范围内输入的文字才能在播放时正确显示，超出该范围的标题字幕将无法显示出来。

在默认情况下，用户创建的字幕会自动添加到标题轨中，如果用户需要添加多个字幕文件，可以在时间轴面板中新增多条标题轨道。除此之外，用户还可以将字幕添加至覆叠轨中，并对覆叠轨中的标题字幕进行编辑操作。

STEP 05 用与上同样的方法，再次在预览窗口中输入相应的文本内容，如图 11-12 所示。

图 11-12 再次输入文本内容

STEP 06 在预览窗口中调整字幕的位置并预览创建的标题字幕效果，如图 11-13 所示。

图 11-13 预览标题字幕效果

▶ 专家指点

当用户在标题轨中创建好标题字幕文件之后，系统会为创建的标题字幕设置一个默认的播放时间长度，用户可以通过对标题字幕的调节来改变这一默认的播放时间长度。在会声会影 2020 中输入标题时，当输入的文字超出安全区域时，可以拖动矩形框上的控制柄进行调整。

11.2.2 设置标题区间

在会声会影 2020 中，为了使标题字幕与视频同步播放，用户可根据需要调整标题字幕的区间长度。

进入会声会影编辑器，在标题轨中双击需要设置区间的标题字幕，在"编辑"选项面板中设置字幕的区间，如图 11-14 所示，按 Enter 键确认，即可设置标题字幕的区间长度，如图 11-15 所示。

图 11-14　设置标题字幕区间

图 11-15　设置标题字幕的区间长度

11.2.3　设置字体：更改标题字幕的字体

在会声会影 2020 中，用户可根据需要对标题轨中的标题字体类型进行更改操作，使其在视频中显示效果更佳。下面向读者介绍设置标题字体类型的操作方法。

	素材文件	素材\第 11 章\呆萌小狗.VSP
	效果文件	效果\第 11 章\呆萌小狗.VSP
	视频文件	视频\第 11 章\11.2.3　设置字体：更改标题字幕的字体.mp4

【操练＋视频】
——设置字体：更改标题字幕的字体

STEP 01 进入会声会影编辑器，选择"文件"|"打开项目"命令，打开一个项目文件，并预览项目效果，如图 11-16 所示。

STEP 02 在标题轨中双击需要设置字体的标题字幕，如图 11-17 所示。

图 11-16　预览项目效果

图 11-17　双击需要设置字体的标题

STEP 03 在"编辑"选项面板中，单击"字体"右侧的下拉按钮，在弹出的下拉列表框中选择"文鼎中特广告体"选项，如图 11-18 所示。

图 11-18　选择相应的字体选项

STEP 04 执行操作后，即可更改标题字体。在预览窗口中单击"播放"按钮，预览字幕效果，如图 11-19 所示。

图 11-19　预览字幕效果

11.2.4　设置大小：更改标题字体大小

在会声会影 2020 中，如果用户对标题轨中的字体大小不满意，可以对其进行更改操作。下面向读者介绍设置标题字体大小的方法。

素材文件	素材\第 11 章\花开并蒂.VSP
效果文件	效果\第 11 章\花开并蒂.VSP
视频文件	视频\第 11 章\11.2.4 设置大小：更改标题字体大小.mp4

【操练 + 视频】
——设置大小：更改标题字体大小

STEP 01 进入会声会影编辑器，打开一个项目文件，并预览项目效果，如图 11-20 所示。

图 11-20　预览项目效果

STEP 02 在标题轨中双击需要设置字体大小的标题字幕，如图 11-21 所示。

图 11-21　双击需要设置的标题

STEP 03 此时，预览窗口中的标题字幕为选中状态，如图 11-22 所示。

STEP 04 在"标题选项"面板的"字体大小"数值框中输入 70，按 Enter 键确认，如图 11-23 所示，即可更改标题字体大小。

STEP 05 在预览窗口中单击"播放"按钮，预览字幕效果，如图 11-24 所示。

图 11-22　标题字幕为选中状态

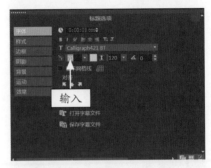

图 11-23　在数值框中输入 70

图 11-24　预览字幕效果

11.2.5　设置颜色：更改标题字幕的颜色

在会声会影 2020 中，用户可根据素材与标题字幕的匹配程度，更改标题字体的颜色。除了可以运用色彩选项中的颜色外，还可以运用 Corel 色彩选取器和 Windows 色彩选取器中的颜色。下面向读者介绍设置标题字体颜色的方法。

素材文件	素材\第 11 章\自由飞翔.VSP
效果文件	效果\第 11 章\自由飞翔.VSP
视频文件	视频\第 11 章\11.2.5 设置颜色：更改标题字幕的颜色.mp4

【操练＋视频】
——设置颜色：更改标题字幕的颜色

STEP 01 进入会声会影编辑器，选择"文件"|"打开项目"命令，打开一个项目文件，并预览项目效果，如图 11-25 所示。

图 11-25　预览项目效果

STEP 02 在标题轨中双击需要设置字体颜色的标题字幕，如图 11-26 所示。

图 11-26　双击需要设置字体颜色的标题字幕

STEP 03 此时，预览窗口中的标题字幕为选中状态，在"标题选项"选项面板中单击"颜色"色块，在弹出的颜色面板中选择最后 1 排倒数第 3 个，如图 11-27 所示，即可更改标题字体颜色。

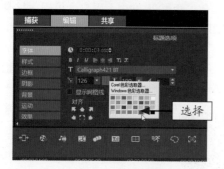

图 11-27　选择相应颜色

STEP 04 在预览窗口中单击"播放"按钮，预览字幕效果，如图 11-28 所示。

图 11-28　预览字幕效果

11.2.6　显示方向：更改标题字幕的显示方向

在会声会影 2020 中，用户可以根据需要更改标题字幕的显示方向。下面介绍更改文本显示方向的操作方法。

素材文件	素材\第 11 章\风景如画 .VSP
效果文件	效果\第 11 章\风景如画 .VSP
视频文件	视频\第 11 章\11.2.6　显示方向：更改标题字幕的显示方向 .mp4

【操练＋视频】
——显示方向：更改标题字幕的显示方向

STEP 01 进入会声会影编辑器，打开一个项目文件，如图 11-29 所示。

图 11-29　打开项目文件

STEP 02 在标题轨中双击需要设置文本显示方向的标题字幕，如图 11-30 所示。

STEP 03 此时，预览窗口中的标题字幕为选中状态，在"标题选项"面板中单击"将方向更改为垂直"按钮，如图 11-31 所示，即可更改文本的显示方向。

图 11-30　双击标题字幕

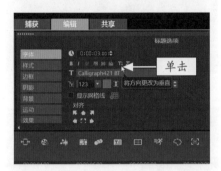

图 11-31　单击"将方向更改为垂直"按钮

STEP 04 在预览窗口中调整字幕的位置，单击"播放"按钮，预览标题字幕效果，如图 11-32 所示。

图 11-32　预览字幕效果

11.2.7　背景颜色：设置文本背景色

在会声会影 2020 中，用户可以根据需要设置标题字幕的背景颜色，使字幕更加显眼。下面向读者介绍设置文本背景色的操作方法。

素材文件	素材 \ 第 11 章 \ 杨柳依依 .VSP
效果文件	效果 \ 第 11 章 \ 杨柳依依 .VSP
视频文件	视频 \ 第 11 章 \11.2.7 背景颜色：设置文本背景色 .mp4

【操练 + 视频】
——背景颜色：设置文本背景色

STEP 01 进入会声会影编辑器，打开一个项目文件，并预览项目效果，如图 11-33 所示。

图 11-33　预览项目效果

STEP 02 在标题轨中双击需要设置文本背景色的标题字幕，如图 11-34 所示。

图 11-34　双击标题字幕

STEP 03 此时，预览窗口中的标题字幕为选中状态，如图 11-35 所示。

图 11-35　标题字幕为选中状态

STEP 04 展开"标题选项"面板，如图 11-36 所示。

图 11-36　"标题选项"面板

STEP 05 在"标题选项"面板中，单击"背景"标签，如图 11-37 所示。

图 11-37　单击"背景"标签

STEP 06 选中"与文本相符"单选按钮，单击"与文本相符"下面的下拉按钮，在弹出的下拉列表框中选择"矩形"选项，如图 11-38 所示。

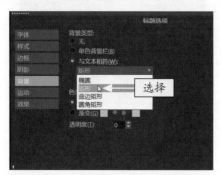

图 11-38　选择"矩形"选项

STEP 07 在"放大"右侧的数值框中输入 10，如图 11-39 所示。

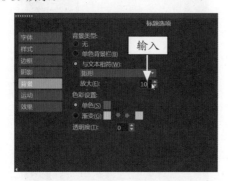

图 11-39　设置"放大"为 10

STEP 08 在"色彩设置"选项组中选中"渐变"单选按钮，如图 11-40 所示。

STEP 09 在右侧设置第 1 个色块的颜色为蓝色，然后设置"透明度"为 30，如图 11-41 所示。

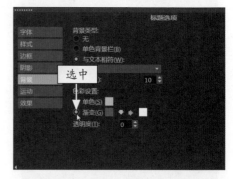

图 11-40　选中"渐变"单选按钮

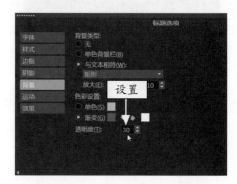

图 11-41　设置"透明度"为 30

STEP 10 执行操作后，即可设置文本背景色，在预览窗口中单击"播放"按钮，预览标题字幕效果，如图 11-42 所示。

图 11-42　预览字幕效果

11.3　制作静态标题字幕

在会声会影 2020 中，除了改变文字的字体、大小和颜色等属性外，还可以为文字添加一些装饰元素，从而使其更加出彩。本节主要向读者介绍制作视频中特殊字幕效果的操作方法，包括制作镂空字幕、描边字幕、突起字幕以及动态标题字幕特效等。

11.3.1　透明文字：制作镂空字幕特效

镂空字体是指字体呈空心状态，只显示字体的外部边界。在会声会影 2020 中，运用"透明文字"复选框可以制作出镂空字体。

素材文件	素材 \ 第 11 章 \ 赛车跑道 .VSP
效果文件	效果 \ 第 11 章 \ 赛车跑道 .VSP
视频文件	视频 \ 第 11 章 \11.3.1　透明文字：制作镂空字幕特效 .mp4

【操练 + 视频】
——透明文字：制作镂空字幕特效

STEP 01 进入会声会影编辑器，打开一个项目文件，如图 11-43 所示。

图 11-43　打开项目文件

STEP 02 在预览窗口中预览打开的项目效果，如图 11-44 所示。

图 11-44　预览项目效果

STEP 03 在标题轨中双击需要制作镂空特效的标题字幕，此时预览窗口中的标题字幕为选中状态，如图 11-45 所示。

STEP 04 在"标题选项"面板中单击"边框"标签，如图 11-46 所示。

STEP 05 展开"边框"选项面板，选中"透明文字"复选框，在下方设置"边框宽度"为4，"线条色彩"

为黄色，如图 11-47 所示。

图 11-45　标题字幕为选中状态

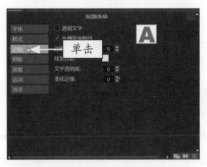

图 11-46　单击"边框"标签

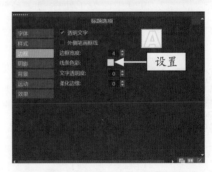

图 11-47　设置"线条色彩"为黄色

STEP 06 执行上述操作后，即可设置镂空字体，在预览窗口中可以预览镂空字幕效果，如图 11-48 所示。

图 11-48　预览字幕效果

▶ 专家指点

在"标题选项"对话框的"边框"选项面板中，各主要选项的含义如下。

● "透明文字"复选框：选中该复选框，此时创建的标题文字将呈透明状态，只有标题字幕的边框可见。

● "边框宽度"数值框：在该选项右侧的数值框中输入相应数值后，可以设置标题文字边框线条的宽度。

● "文字透明度"数值框：在该选项右侧的数值框中输入所需的数值后，可以设置标题文字的可见度属性。

● "线条色彩"选项：单击该选项右侧的色块，在弹出的颜色面板中，可以设置字体边框线条的颜色。

● "柔化边缘"数值框：在该选项右侧的数值框中输入所需的数值后，可以设置标题文字的边缘混合程度。

11.3.2　设置边框：制作描边字幕特效

在会声会影 2020 中，为了使标题字幕样式丰富多彩，用户可以为标题字幕设置描边效果。下面向读者介绍制作描边字幕的操作方法。

素材文件	素材 \ 第 11 章 \ 人文古城 .VSP
效果文件	效果 \ 第 11 章 \ 人文古城 .VSP
视频文件	视频 \ 第 11 章 \11.3.2　设置边框：制作描边字幕特效 .mp4

【操练＋视频】
——设置边框：制作描边字幕特效

STEP 01 进入会声会影编辑器，打开一个项目文件，如图 11-49 所示。

图 11-49　打开项目文件

STEP 02 在预览窗口中预览打开的项目效果，如图 11-50 所示。

图 11-50　预览项目效果

STEP 03 在标题轨中双击需要制作描边特效的标题字幕，此时预览窗口中的标题字幕为选中状态，如图 11-51 所示。

图 11-51　标题字幕为选中状态

STEP 04 在"标题选项"面板中，单击"边框"标签，如图 11-52 所示。

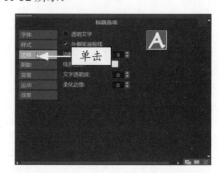

图 11-52　单击"边框"标签

STEP 05 展开"边框"选项面板，在其中选中"外侧笔画框线"复选框，然后设置"边框宽度"为 4，设置"线条色彩"为黑色，如图 11-53 所示。

STEP 06 执行上述操作后，即可设置描边字体，在预览窗口中可以预览描边字幕效果，如图 11-54 所示。

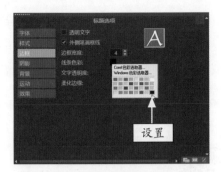

图 11-53　设置"线条色彩"为黑色

图 11-54　预览描边字幕效果

11.3.3　突起阴影：制作突起字幕特效

在会声会影 2020 中，为标题字幕设置突起特效，可以使标题字幕在视频中更加突出、明显。下面向读者介绍制作突起字幕的操作方法。

素材文件	素材 \ 第 11 章 \ 蓝天白云 .VSP
效果文件	效果 \ 第 11 章 \ 蓝天白云 .VSP
视频文件	视频 \ 第 11 章 \11.3.3　突起阴影：制作突起字幕特效 .mp4

【操练 + 视频】
——突起阴影：制作突起字幕特效

STEP 01 进入会声会影编辑器，打开一个项目文件，如图 11-55 所示。

图 11-55　打开项目文件

STEP 02 在预览窗口中预览打开的项目效果，如图 11-56 所示。

图 11-56　预览项目效果

STEP 03 在标题轨中双击需要制作突起特效的标题字幕，此时预览窗口中的标题字幕为选中状态，如图 11-57 所示。

图 11-57　标题字幕为选中状态

STEP 04 在"标题选项"面板中，单击"阴影"标签，如图 11-58 所示。

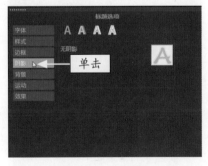

图 11-58　单击"阴影"标签

STEP 05 展开"阴影"选项面板，在其中单击"突起阴影"按钮，如图 11-59 所示。

STEP 06 在下方设置 X 为 10，Y 为 10，"颜色"为黑色，如图 11-60 所示。

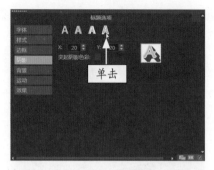

图 11-59 单击"突起阴影"按钮

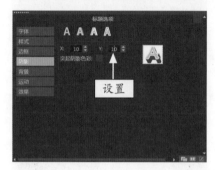

图 11-60 设置各参数

STEP 07 单击"确定"按钮，即可制作突起字幕，在预览窗口中可以预览突起字幕效果，如图 11-61 所示。

图 11-61 预览突起字幕效果

▶ 专家指点

在"标题选项"对话框的"阴影"选项面板中，主要选项的含义如下。

⦿ "无阴影"按钮：单击该按钮，可以取消文字的阴影效果。

⦿ "下垂阴影"按钮：单击该按钮，可以为文字设置下垂阴影效果

⦿ "光晕阴影"按钮：单击该按钮，可以为文字设置光晕阴影效果。

11.3.4 光晕阴影：制作光晕字幕特效

在会声会影 2020 中，用户可以为标题字幕添加光晕特效，使其更加精彩夺目。下面向读者介绍制作光晕字幕的操作方法。

素材文件	素材\第 11 章\水上凉亭 .VSP
效果文件	效果\第 11 章\水上凉亭 .VSP
视频文件	视频\第 11 章\11.3.4 光晕阴影：制作光晕字幕特效 .mp4

【操练 + 视频】
——光晕阴影：制作光晕字幕特效

STEP 01 进入会声会影编辑器，打开一个项目文件，如图 11-62 所示。

图 11-62 打开项目文件

STEP 02 在预览窗口中，预览打开的项目效果，如图 11-63 所示。

图 11-63 预览项目效果

STEP 03 在标题轨中双击需要制作光晕特效的标题字幕，此时预览窗口中的标题字幕为选中状态，如图 11-64 所示。

STEP 04 在"标题选项"面板中，单击"阴影"标签，如图 11-65 所示。

图 11-64　标题字幕为选中状态

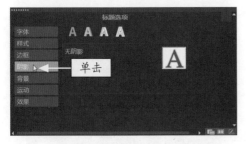

图 11-65　单击"阴影"标签

STEP 05 在"阴影"选项面板中，单击"光晕阴影"按钮，如图 11-66 所示。

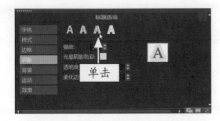

图 11-66　单击"光晕阴影"按钮

STEP 06 设置"强度"为 10，"光晕阴影色彩"为白色，"柔化边缘"为 60，如图 11-67 所示。

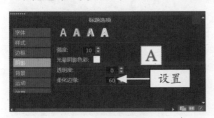

图 11-67　设置各参数

▶**专家指点**

进入"标题选项"对话框的"阴影"选项面板中，在"柔化边缘"数值框中只能输入 0 ～ 100 的整数。

STEP 07 执行上述操作后，即可制作光晕字幕，在

预览窗口中可以预览光晕字幕效果，如图 11-68 所示。

图 11-68　预览光晕字幕效果

11.3.5　下垂阴影：制作下垂字幕特效

在会声会影 2020 中，为了让标题字幕更加美观，可以为标题字幕添加下垂阴影效果。下面介绍制作下垂字幕的操作方法。

素材文件	素材 \ 第 11 章 \ 最美梯田 .VSP
效果文件	效果 \ 第 11 章 \ 最美梯田 .VSP
视频文件	视频 \ 第 11 章 \11.3.5　下垂阴影：制作下垂字幕特效 .mp4

【操练 + 视频】
——下垂阴影：制作下垂字幕特效

STEP 01 进入会声会影编辑器，打开一个项目文件，在预览窗口中，预览打开的项目效果，如图 11-69 所示。

图 11-69　预览项目效果

STEP 02 在标题轨中，双击需要制作下垂特效的标题字幕，此时预览窗口中的标题字幕为选中状态，如图 11-70 所示。

STEP 03 在"标题选项"面板中，单击"阴影"标签，切换至"阴影"选项面板，单击"下垂阴影"按钮，

设置 X 为 10，Y 为 10，"下垂阴影色彩"为黑色，"透明度"为 0，"柔化边缘"为 10，如图 11-71 所示。

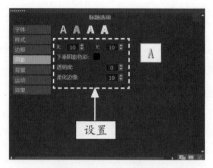

图 11-71　设置各参数

图 11-70　标题字幕为选中状态

STEP 04 执行上述操作后，即可制作下垂字幕，在预览窗口中可以预览下垂字幕效果，如图 11-72 所示。

图 11-72　预览下垂字幕效果

11.4　制作动态标题字幕特效

在影片中创建标题后，会声会影 2020 还可以为标题添加动画效果。用户可套用 83 种生动活泼、动感十足的标题动画。本节主要向读者介绍字幕动画特效的制作方法，主要包括淡化动画、弹出动画、翻转动画、飞行动画、缩放动画以及下降动画等。

11.4.1　淡入淡出：制作抖音字幕淡入淡出特效

在会声会影 2020 中，淡入淡出的字幕效果在当前的各种影视节目中是最常见的。下面介绍制作字幕淡入淡出特效的操作方法。

素材文件	素材＼第 11 章＼最美鹦鹉 .VSP
效果文件	效果＼第 11 章＼最美鹦鹉 .VSP
视频文件	视频＼第 11 章＼11.4.1　淡入淡出：制作抖音字幕淡入淡出特效 .mp4

【操练＋视频】
——淡入淡出：制作抖音字幕淡入淡出特效

STEP 01 进入会声会影编辑器，打开一个项目文件，如图 11-73 所示。

图 11-73　打开项目文件

STEP 02 在标题轨中双击需要编辑的字幕，在"标题选项"面板中单击"运动"标签，展开"运动"选项面板，单击"应用"右侧的下拉按钮，在弹出的下拉列表框中选择"淡化"选项，在下方选择相应的淡化样式，如图 11-74 所示。

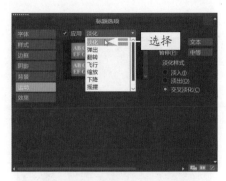

图 11-74 选择"淡化"选项

STEP 03 在导览面板中单击"播放"按钮，预览字幕淡入淡出特效，如图 11-75 所示。

图 11-75 预览字幕淡入淡出特效

11.4.2 翻转动画：制作抖音字幕屏幕翻转特效

在会声会影 2020 中，翻转动画可以使文字产生翻转回旋的动画效果。下面向读者介绍制作翻转动画的操作方法。

素材文件	素材\第 11 章\清新文艺 .VSP
效果文件	效果\第 11 章\清新文艺 .VSP
视频文件	视频\第 11 章\11.4.2 翻转动画：制作抖音字幕屏幕翻转特效 .mp4

【操练 + 视频】
——翻转动画：制作抖音字幕屏幕翻转特效

STEP 01 进入会声会影编辑器，打开一个项目文件，如图 11-76 所示。

图 11-76 打开项目文件

STEP 02 在标题轨中双击需要编辑的字幕，在"标题选项"面板中单击"运动"标签，展开"运动"选项面板，单击"应用"右侧的下拉按钮，在弹出的下拉列表框中选择"翻转"选项，在下方选择相应的翻转样式，如图 11-77 所示。

图 11-77 选择翻转样式

STEP 03 在导览面板中单击"播放"按钮，预览字幕翻转动画特效，如图 11-78 所示。

图 11-78 预览字幕翻转动画特效

11.4.3 飞行动画：制作抖音字幕画面飞行特效

在会声会影 2020 中，飞行动画可以使视频中的标题字幕或者单词沿着一定的路径飞行。下面向读者介绍制作飞行动画的操作方法。

素材文件	素材\第 11 章\繁华夜景.VSP
效果文件	效果\第 11 章\繁华夜景.VSP
视频文件	视频\第 11 章\11.4.3 飞行动画：制作抖音字幕画面飞行特效.mp4

【操练＋视频】
——飞行动画：制作抖音字幕画面飞行特效

STEP 01 进入会声会影编辑器，打开一个项目文件，如图 11-79 所示。

图 11-79　打开项目文件

STEP 02 在标题轨中双击需要编辑的字幕，在"标题选项"面板中单击"运动"标签，展开"运动"选项面板，单击"应用"右侧的下拉按钮，在弹出的下拉列表框中选择"飞行"选项，在下方选择相应的飞行样式，如图 11-80 所示。

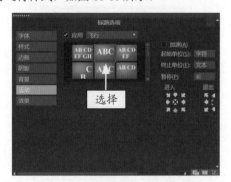

图 11-80　选择飞行样式

STEP 03 在导览面板中单击"播放"按钮，预览字幕飞行动画特效，如图 11-81 所示。

图 11-81　预览字幕飞行动画特效

▶ **专家指点**

在标题轨中双击需要编辑的标题字幕，在"运动"选项面板中单击"自定义动画属性"按钮，在弹出的对话框中，用户可根据需要编辑飞行标题字幕。

11.4.4 缩放效果：制作字幕放大突出运动特效

在会声会影 2020 中，缩放动画可以使文字在运动的过程中产生放大或缩小的变化。下面向读者介绍制作缩放动画的操作方法。

素材文件	素材\第 11 章\烟柳画桥.VSP
效果文件	效果\第 11 章\烟柳画桥.VSP
视频文件	视频\第 11 章\11.4.4 缩放效果：制作字幕放大突出运动特效.mp4

【操练＋视频】
——缩放效果：制作字幕放大突出运动特效

STEP 01 进入会声会影编辑器，打开一个项目文件，如图 11-82 所示。

图 11-82 打开项目文件

STEP 02 在标题轨中双击需要编辑的字幕，在"标题选项"面板中单击"运动"标签，展开"运动"选项面板，单击"应用"右侧的下拉按钮，在弹出的下拉列表框中选择"缩放"选项，在下方选择相应的缩放样式，如图 11-83 所示。

图 11-83 选择缩放样式

STEP 03 在导览面板中单击"播放"按钮，预览字幕放大突出运动特效，如图 11-84 所示。

图 11-84 预览字幕放大突出运动特效

11.4.5 下降效果：制作字幕渐变下降运动特效

在会声会影 2020 中，下降动画可以使文字在运动过程中由大到小逐渐变化。下面向读者介绍制作渐变下降动画的操作方法。

素材文件	素材\第 11 章\洁白无瑕 .VSP
效果文件	效果\第 11 章\洁白无瑕 .VSP
视频文件	视频\第 11 章\11.4.5 下降效果：制作字幕渐变下降运动特效 .mp4

【操练 + 视频】
——下降效果：制作字幕渐变下降运动特效

STEP 01 进入会声会影编辑器，打开一个项目文件，如图 11-85 所示。

图 11-85 打开项目文件

STEP 02 在标题轨中双击需要编辑的字幕，在"标题选项"面板中单击"运动"标签，展开"运动"选项面板，单击"应用"右侧的下拉按钮，在弹出的下拉列表框中选择"下降"选项，在下方选择相应的下降样式，如图 11-86 所示。

图 11-86 选择下降样式

STEP 03 在导览面板中单击"播放"按钮，预览字幕下降运动特效，如图 11-87 所示。

图 11-87　预览字幕下降运动特效

11.4.6　弹出动画：制作字幕弹跳方式运动特效

在会声会影 2020 中，可以使文字产生由画面上的某个分界线弹出显示的动画效果。下面介绍制作弹跳动画的操作方法。

素材文件	素材\第 11 章\炫酷自拍.VSP
效果文件	效果\第 11 章\炫酷自拍.VSP
视频文件	视频\第 11 章\11.4.6　弹出动画：制作字幕弹跳方式运动特效.mp4

【操练＋视频】
——弹出动画：制作字幕弹跳方式运动特效

STEP 01 进入会声会影编辑器，打开一个项目文件，如图 11-88 所示。

图 11-88　打开项目文件

STEP 02 在标题轨中双击需要编辑的字幕，在"标题选项"面板中单击"运动"标签，展开"运动"选项面板，单击"应用"右侧的下拉按钮，在弹出的下拉列表框中选择"弹出"选项，在下方选择相应的弹出样式，如图 11-89 所示。

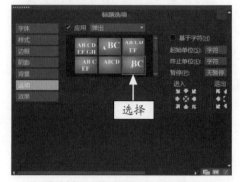

图 11-89　选择弹出样式

STEP 03 在导览面板中单击"播放"按钮，预览字幕弹跳运动特效，如图 11-90 所示。

图 11-90　预览字幕弹跳运动特效

11.4.7　涟漪效果：制作字幕水波荡漾运动特效

在会声会影 2020 中，用户在字幕文件上添加"涟漪"滤镜，可以制作出字幕水波荡漾特效，下面介绍具体操作方法。

素材文件	素材 \ 第 11 章 \ 海上游轮 .VSP
效果文件	效果 \ 第 11 章 \ 海上游轮 .VSP
视频文件	视频 \ 第 11 章 \11.4.7　涟漪效果：制作字幕水波荡漾运动特效 .mp4

【操练 + 视频】
——涟漪效果：制作字幕水波荡漾运动特效

STEP 01 进入会声会影编辑器，打开一个项目文件，在预览窗口中预览项目效果，如图 11-91 所示。

图 11-91　预览项目效果

STEP 02 在时间轴面板的标题轨中，选择需要添加滤镜的标题字幕，如图 11-92 所示。

图 11-92　选择标题字幕

STEP 03 单击"滤镜"按钮，在库导航面板中选择"二维映射"选项，打开"二维映射"素材库，选择"涟漪"滤镜，如图 11-93 所示。

STEP 04 将选择的滤镜拖曳至标题轨中的字幕文件上，在"效果"选项面板中可以查看添加的字幕滤镜，如图 11-94 所示。

STEP 05 在导览面板中单击"播放"按钮，预览字幕的水波荡漾效果，如图 11-95 所示。

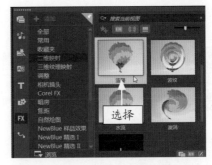

图 11-93　选择"涟漪"滤镜

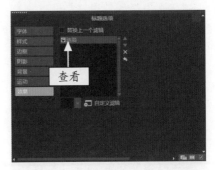

图 11-94　查看添加的字幕滤镜

图 11-95　预览字幕的水波荡漾效果

11.4.8　抖音字幕：制作抖音 LOGO 字幕特效

相信大家对于抖音的 LOGO 都非常熟悉了，应用"微风"滤镜，可以制作画面雪花闪烁的效果。下面向大家介绍制作抖音 LOGO 字幕的操作方法。

素材文件	无
效果文件	效果 \ 第 11 章 \ 抖音字幕 .VSP
视频文件	视频 \ 第 11 章 \11.4.8 抖音字幕：制作抖音 LOGO 字幕特效 .mp4

【操练 + 视频】
——抖音字幕：制作抖音 LOGO 字幕特效

STEP 01 进入会声会影编辑器，设置屏幕尺寸为手机竖屏模式，然后切换至"标题"素材库，如图 11-96 所示。

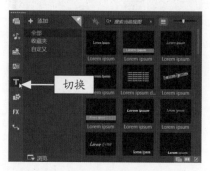

图 11-96 切换至"标题"素材库

STEP 02 在预览窗口中输入文字"抖音"，并调整字幕位置，如图 11-97 所示。

图 11-97 输入文字

STEP 03 复制标题轨中的字幕文件，分别粘贴至视频轨和覆叠轨中，如图 11-98 所示。

STEP 04 选择视频轨中的字幕文件，在"标题选项"|"字体"选项面板中，单击"颜色"色块，在弹出的色彩面板中，选择第 2 排第 1 个色彩样式，如图 11-99 所示。

STEP 05 在预览窗口中调整字幕位置，如图 11-100 所示。

图 11-98 粘贴字幕文件

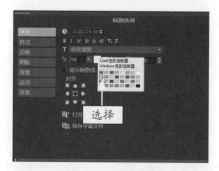

图 11-99 选择色彩样式

图 11-100 调整字幕位置

STEP 06 选择覆叠轨中的字幕文件，在"字体"选项面板中，单击"颜色"色块，弹出色彩面板，选择第 3 排倒数第 2 个色彩样式，如图 11-101 所示。

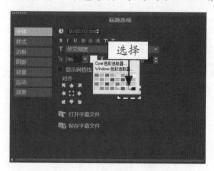

图 11-101 选择色彩样式

STEP 07 在预览窗口中调整覆叠轨中的字幕位置，如图 11-102 所示。

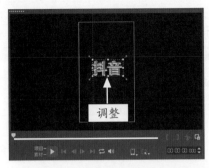

图 11-102 调整字幕位置

STEP 08 选择标题轨中的字幕文件，用与上同样的方法，在预览窗口中调整标题轨中的字幕位置，如图 11-103 所示。

图 11-103 调整标题轨字幕位置

STEP 09 切换至"滤镜"|"特殊效果"素材库，在其中选择"微风"滤镜，如图 11-104 所示。

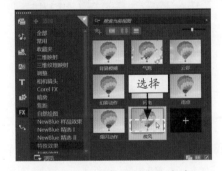

图 11-104 选择"微风"滤镜

STEP 10 按住鼠标左键，将其拖曳至视频轨中的字幕文件上，添加"微风"滤镜，如图 11-105 所示。

STEP 11 在导览面板中单击"播放"按钮，预览制作的抖音 LOGO 字幕效果，如图 11-106 所示。

图 11-105 添加"微风"滤镜

图 11-106 预览抖音 LOGO 字幕效果

11.4.9 自动变色：制作颜色无痕切换特效

在会声会影 2020 中，应用"色彩替换"滤镜可以制作无痕迹自动变色字幕效果，下面介绍具体的操作方法。

素材文件	素材\第 11 章\花间风车 .VSP
效果文件	效果\第 11 章\花间风车 .VSP
视频文件	视频\第 11 章 \11.4.9 自动变色：制作颜色无痕切换特效 .mp4

【操练 + 视频】
——自动变色：制作颜色无痕切换特效

STEP 01 进入会声会影编辑器，打开一个项目文件，并预览项目效果，如图 11-107 所示。

图 11-107 预览项目效果

STEP 02 单击"滤镜"按钮，进入"NewBlue 视频精选Ⅱ"素材库，选择"色彩替换"滤镜，按住鼠标左键将其拖曳至标题轨中的字幕文件上，释放鼠标左键即可添加"色彩替换"滤镜，如图 11-108 所示。

图 11-108　添加"色彩替换"滤镜

STEP 03 选择字幕文件，进入"效果"选项面板，单击"自定义滤镜"按钮，弹出"NewBlue 颜色替换"对话框，选择"蓝到红"选项，单击"确定"按钮。返回到会声会影操作界面，单击导览面板中的"播放"按钮，预览制作的无痕迹自动变色字幕效果，如图 11-109 所示。

图 11-109　预览无痕迹自动变化字幕效果

11.4.10　滚屏字幕：制作滚屏职员表字幕特效

在影视画面中，当一部影片播放完毕后，通常在结尾的时候会播放这部影片的演员、制片人、导演等信息。下面向读者介绍制作职员表字幕滚屏运动特效的方法。

素材文件	素材\第 11 章\职员名单 .jpg
效果文件	效果\第 11 章\职员名单 .VSP
视频文件	视频\第 11 章\11.4.10 滚屏字幕：制作滚屏职员表字幕特效 .mp4

【操练＋视频】
——滚屏字幕：制作滚屏职员表字幕特效

STEP 01 进入会声会影编辑器，在视频轨中插入一幅图像素材，如图 11-110 所示。

图 11-110　插入图像素材

STEP 02 打开"标题"素材库，选择需要的字幕预设模板，如图 11-111 所示。

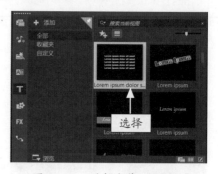

图 11-111　选择字幕预设模板

STEP 03 将选择的模板拖曳至标题轨中的开始位置，如图 11-112 所示，然后调整字幕的区间长度。

STEP 04 在预览窗口中更改字幕模板的内容为职员表等信息，如图 11-113 所示。

STEP 05 在导览面板中单击"播放"按钮，即可预览职员表字幕滚屏效果，如图 11-114 所示。

图 11-112　拖曳模板

图 11-113　更改字幕模板的内容

图 11-114　预览职员表字幕滚屏效果

11.4.11　双重字幕：制作 MV 字幕特效

　　在会声会影 2020 中，用户可以为视频添加 MV 字幕特效。下面介绍制作 MV 字幕特效的操作方法。

素材文件	素材\第 11 章\黑白相拥 .VSP
效果文件	效果\第 11 章\黑白相拥 .VSP
视频文件	视频\第 11 章\11.4.11　双重字幕：制作 MV 字幕特效 .mp4

【操练 + 视频】
——双重字幕：制作 MV 字幕特效

STEP 01）进入会声会影编辑器，打开一个项目文件，如图 11-115 所示。

图 11-115　打开项目文件

STEP 02）打开"轨道管理器"对话框，设置"标题轨"为 2，然后单击"确定"按钮，如图 11-116 所示。

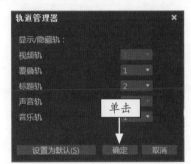

图 11-116　"轨道管理器"对话框

STEP 03）在标题轨 1 中，添加歌词字幕文件，复制添加的字幕文件到标题轨 2 中，如图 11-117 所示。

图 11-117　复制添加的字幕文件

STEP 04 选择标题轨 2 中的字幕文件，在"标题选项"|"字体"选项面板中，设置颜色为红色。在"运动"选项面板中，选中"应用"复选框，设置"选取动画类型"为"淡化"，在下方选择相应的预设样式，如图 11-118 所示。

图 11-118　选择预设样式

STEP 05 单击导览面板中的"播放"按钮，即可预览制作的 MV 特效，如图 11-119 所示。

图 11-119　预览制作的 MV 特效

11.4.12　3D 字幕：制作 3D 标题动态特效

在会声会影 2020 中，打开"3D 标题编辑器"

窗口后，通过添加关键帧，可以制作 3D 标题动态特效。下面介绍制作 3D 标题动态特效的操作方法。

素材文件	素材＼第 11 章＼郎情妾意 .VSP
效果文件	效果＼第 11 章＼郎情妾意 .VSP
视频文件	视 频＼第 11 章＼11.4.12　3D 字幕：制作 3D 标题动态特效 .mp4

【操练＋视频】
——3D 字幕：制作 3D 标题动态特效

STEP 01 进入会声会影编辑器，打开一个项目文件，如图 11-120 所示。

图 11-120　打开项目文件

STEP 02 在工具栏中单击"3D 标题编辑器"按钮，如图 11-121 所示。

图 11-121　单击"3D 标题编辑器"按钮

STEP 03 弹出"3D 标题编辑器"窗口，如图 11-122 所示。

图 11-122　"3D 标题编辑器"窗口

STEP 04 在"文本设置"下方的文本框中，更改文本内容为"郎情妾意"，如图 11-123 所示。

图 11-123　更改文本内容

STEP 05 在下方单击"所选字体斜体化"按钮，如图 11-124 所示。

图 11-124　单击"所选字体斜体化"按钮

STEP 06 在导览面板下方，设置"位置"X 的参数值为 -6000，Y 的参数值为 3000，Z 的参数值为 8000，如图 11-125 所示。

图 11-125　设置"位置"参数

STEP 07 在关键帧面板中，选择"方向"选项行，设置 X 的参数值为 180，Y 的参数值为 180，Z 的参数值为 0，如图 11-126 所示。

STEP 08 调整时间线至合适位置处，如图 11-127 所示。

图 11-126　设置"方向"参数

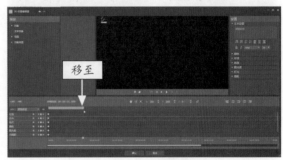

图 11-127　调整时间线

STEP 09 单击"位置"和"方向"右侧的"添加关键帧"按钮，添加两个关键帧，如图 11-128 所示。

图 11-128　添加 s 两个关键帧

STEP 10 选中添加的关键帧，分别设置"位置"和"方向"X 的参数值为 0，Y 的参数值为 0，Z 的参数值为 0，如图 11-129 所示。

图 11-129　设置"位置"和"方向"参数

STEP 11 执行上述操作后，单击"确认"按钮，如图 11-130 所示。

图 11-130　单击"确认"按钮

STEP 12 返回到会声会影 2020 编辑器面板，在预览窗口中单击"播放"按钮，即可预览制作的 3D 标题动态特效，如图 11-131 所示。

图 11-131　预览 3D 标题动态特效

11.4.13　波纹效果：制作水纹波动文字特效

在会声会影 2020 中，可以为字幕文件添加"波纹"滤镜，制作水面波纹文字效果。下面介绍具体的操作方法。

素材文件	素材＼第 11 章＼平分镜像 .VSP
效果文件	效果＼第 11 章＼平分镜像 .VSP
视频文件	视频＼第 11 章＼11.4.13 波纹效果：制作水纹波动文字特效 .mp4

【操练＋视频】
——波纹效果：制作水纹波动文字特效

STEP 01 进入会声会影编辑器，打开一个项目文件，如图 11-132 所示。

图 11-132　打开项目文件

STEP 02 单击"滤镜"按钮，展开"滤镜"素材库，如图 11-133 所示。

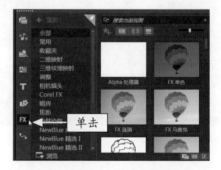

图 11-133　单击"滤镜"按钮

STEP 03 在库导航面板中选择"二维映射"选项，如图 11-134 所示。

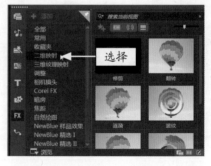

图 11-134　选择"二维映射"选项

STEP 04 打开"二维映射"素材库，选择"波纹"滤镜，如图 11-135 所示。

STEP 05 按住鼠标左键将其拖曳至标题轨中的字幕文件上，如图 11-136 所示，释放鼠标左键，即可添加"波纹"滤镜。

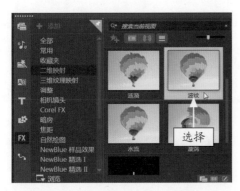

图 11-135 选择"波纹"滤镜

图 11-136 拖曳滤镜

STEP 06 单击导览面板中的"播放"按钮，即可预览制作的水纹波动文字效果，如图 11-137 所示。

图 11-137 预览水纹波动文字效果

▶ 专家指点

在会声会影 2020 中还可以应用"涟漪""水流"等滤镜来制作水纹波动的文字效果，用户可以根据需要添加。

11.4.14 变形效果：制作扭曲的文字动画特效

在会声会影 2020 中，用户可以为字幕文件添加"往内挤压"滤镜，从而使字幕文件获得变形动画效果。下面介绍制作字幕的运动扭曲效果的操作方法。

素材文件	素材\第 11 章\交换对戒 .VSP
效果文件	效果\第 11 章\交换对戒 .VSP
视频文件	视频\第 11 章\11.4.14 变形效果：制作扭曲的文字动画特效 .mp4

【操练＋视频】
——变形效果：制作扭曲的文字动画特效

STEP 01 进入会声会影编辑器，打开一个项目文件，并预览项目效果，如图 11-138 所示。

图 11-138 预览项目效果

STEP 02 单击"滤镜"按钮，展开"滤镜"素材库，如图 11-139 所示。

图 11-139 单击"滤镜"按钮

STEP 03 在库导航面板中选择"三维纹理映射"选项，如图 11-140 所示。

STEP 04 打开"三维纹理映射"素材库，选择"往内挤压"滤镜，如图 11-141 所示。

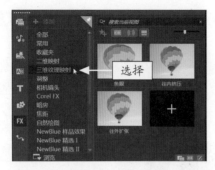

图 11-140 选择"三维纹理映射"选项

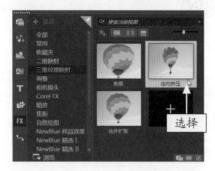

图 11-141 选择"往内挤压"滤镜

STEP 05 按住鼠标左键将其拖曳至标题轨中的字幕文件上，如图 11-142 所示，释放鼠标左键即可添加"往内挤压"滤镜。

图 11-142 拖曳滤镜

STEP 06 在导览面板中单击"播放"按钮，预览制作的文字变形动画效果，如图 11-143 所示。

图 11-143 预览文字变形动画效果

图 11-143 预览文字变形动画效果（续）

11.4.15 幻影动作：制作运动模糊字幕动画特效

在会声会影 2020 中，应用"幻影动作"滤镜可以制作运动模糊字幕特效。下面介绍具体的操作方法。

素材文件	素材\第 11 章\时空隧道 .VSP
效果文件	效果\第 11 章\时空隧道 .VSP
视频文件	视频\第 11 章\11.4.15 幻影动作：制作运动模糊字幕动画特效 .mp4

【操练 + 视频】
——幻影动作：制作运动模糊字幕动画特效

STEP 01 进入会声会影编辑器，打开一个项目文件，并预览项目效果，如图 11-144 所示。

图 11-144 预览项目效果

STEP 02 单击"滤镜"按钮，展开"滤镜"素材库，如图 11-145 所示。

STEP 03 在库导航面板中选择"特殊效果"选项，如图 11-146 所示。

STEP 04 打开"特殊效果"素材库，选择"幻影动作"滤镜，如图 11-147 所示。

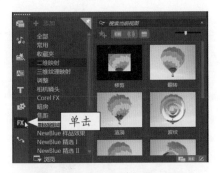

图 11-145　单击"滤镜"按钮

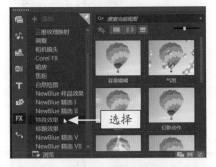

图 11-146　选择"特殊效果"选项

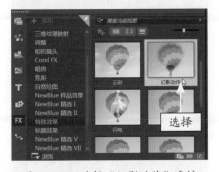

图 11-147　选择"幻影动作"滤镜

STEP 05 按住鼠标左键将其拖曳至标题轨中的字幕文件上，如图 11-148 所示，释放鼠标左键即可添加"幻影动作"滤镜。

图 11-148　拖曳滤镜

STEP 06 在"标题选项"面板中单击"自定义滤镜"按钮，如图 11-149 所示。

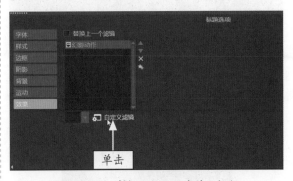

图 11-149　单击"自定义滤镜"按钮

STEP 07 弹出"幻影动作"对话框，如图 11-150 所示。

图 11-150　"幻影动作"对话框

STEP 08 在 00:00:02:00 的位置添加关键帧，设置"步骤边框"为5，"柔和"为20，如图 11-151 所示。

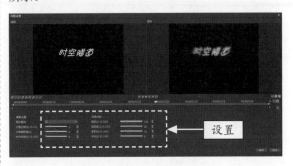

图 11-151　设置相应参数

STEP 09 选择结尾处的关键帧，设置"透明度"为0，单击"确定"按钮，如图 11-152 所示。

STEP 10 单击导览面板中的"播放"按钮，即可预览制作的运动模糊字幕特效，如图 11-153 所示。

图 11-152　单击"确定"按钮

图 11-153　预览运动模糊字幕特效

▶ 专家指点

　　在会声会影 2020 中，如果用户不需要某个关键帧的效果，只需要选中该关键帧，然后按 Delete 键，即可删除该关键帧。

11.4.16　缩放动作：制作扫光字幕动画特效

　　在会声会影 2020 中，用户可以使用滤镜为制作的字幕添加各种效果。下面介绍制作扫光字幕动画效果的操作方法。

素材文件	素材＼第 11 章＼白色茶具 .VSP
效果文件	效果＼第 11 章＼白色茶具 .VSP
视频文件	视频＼第 11 章＼11.4.16 缩放动作：制作扫光字幕动画特效 .mp4

【操练 + 视频】
——缩放动作：制作扫光字幕动画特效

STEP 01　进入会声会影编辑器，打开一个项目文件，并预览项目效果，如图 11-154 所示。

图 11-154　预览项目效果

STEP 02　单击"滤镜"按钮，展开"滤镜"素材库，如图 11-155 所示。

图 11-155　单击"滤镜"按钮

STEP 03　在库导航面板中，选择"相机镜头"选项，如图 11-156 所示。

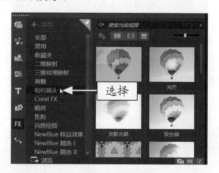

图 11-156　选择"相机镜头"选项

STEP 04　打开"相机镜头"素材库，选择"缩放动作"滤镜，如图 11-157 所示。

STEP 05　按住鼠标左键将其拖曳至标题轨中的字幕文件上，如图 11-158 所示，释放鼠标左键即可添加视频滤镜效果。

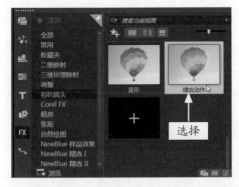

图 11-157　选择"缩放动作"滤镜

图 11-158　拖曳滤镜

STEP 06）单击导览面板中的"播放"按钮，即可预览制作的扫光字幕动画效果，如图 11-159 所示。

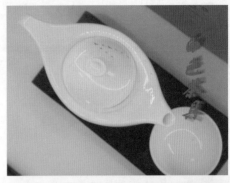

图 11-159　预览扫光字幕动画效果

第12章

声音：制作背景音乐特效

章前知识导读

　　影视作品是一门声画艺术，音频在影片中是不可或缺的元素。音频也是一部影片的灵魂，在后期制作中，音频的处理相当重要，如果声音运用得恰到好处，往往给观众带来耳目一新的感觉。本章主要介绍制作视频背景音乐特效的各种操作方法。

新手重点索引

- 音乐特效简介
- 编辑与修整音频素材
- 添加与录制音频素材
- 音频滤镜精彩应用

效果图片欣赏

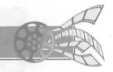

12.1　音乐特效简介

音频特效，简单地说就是声音特效。影视作品是一门声画艺术，音频在影片中是一个不可或缺的元素，如果一部影片缺少了声音，再优美的画面也将黯然失色，而优美动听的背景音乐和深情款款的配音不仅可以为影片起到锦上添花的作用，更可使影片颇具感染力，从而使影片更上一个台阶。本节主要向读者介绍音乐特效的基础知识，为后面学习音乐处理技巧奠定良好的基础。

12.1.1　"音乐和声音"选项面板

在会声会影 2020 中，音频视图中包括两个选项面板，分别为"音乐和声音"选项面板和"自动音乐"选项面板。在"音乐和声音"选项面板中，用户可以调整音频素材的区间长度、音量大小、淡入淡出特效以及将音频滤镜应用到音乐轨等，如图 12-1 所示。

图 12-1　"音乐和声音"选项面板

在"音乐和声音"选项面板中，各主要选项的含义如下。

- "区间"数值框 0:00:10:00：该数值框以"时：分：秒：帧"的形式显示音频的区间。可以输入一个区间值来预设录音的长度或者调整音频素材的长度。单击其右侧的微调按钮，可以调整数值的大小；也可以单击时间码上的数字，待数字处于闪烁状态时，输入新的数字然后按 Enter 键确认，即可改变原来音频素材的播放时长。图 12-2 所示为音频素材原图与调整区间长度后的音频效果。

- "素材音量"数值框 100：该数值框中的 100 表示原始声音的大小。单击右侧的下拉按钮，在弹出的音量调节器中可以通过拖曳滑块以百分比的形式调整视频和音频素材的音量；也可

以直接在数值框中输入一个数值，调整素材的音量。

图 12-2　音频素材原图与调整区间长度后的音频效果

- "淡入"按钮 ：单击该按钮，可以使用户所选择的声音素材的开始部分音量逐渐增大。

- "淡出"按钮 ：单击该按钮，可以使用户所选择的声音素材的结束部分音量逐渐减小。

- "速度 / 时间流逝"按钮 ：单击该按钮，弹出"速度 / 时间流逝"对话框，如图 12-3 所示。在该对话框中，用户可以根据需要调整视频的播放速度。

- "音频滤镜"按钮 ：单击该按钮，即可弹出"音频滤镜"对话框，如图 12-4 所示，通过该对话框可以将音频滤镜应用到所选的音频素材上。

图 12-3 "速度／时间流逝"对话框

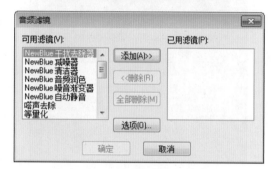

图 12-4 "音频滤镜"对话框

12.1.2 "自动音乐"选项面板

在"时间轴"面板的工具栏上单击"自动音乐"按钮，打开"自动音乐"选项面板，用户可以根据需要在其中选择相应的选项，然后单击"添加到时间轴"按钮，将选择的音频素材添加至时间轴中。图 12-5 所示为"自动音乐"选项面板。

在"自动音乐"选项面板中，各主要选项的具体含义如下。

- "区间"数值框：该数值框用于显示所选音乐的总长度。
- "素材音量"数值框：该数值框用于调整所选

音乐的音量，当值为 100 时，则可以保留音乐的原始音量。

图 12-5 "自动音乐"选项面板

- "淡入"按钮：单击该按钮，可以使自动音乐的开始部分音量逐渐增大。
- "淡出"按钮：单击该按钮，可以使自动音乐的结束部分音量逐渐减小。
- "类别"列表框：在该列表框中，用户可以指定音乐文件的类别、范围。
- "歌曲"列表框：在该列表框中，用户可以选择用于添加到项目中的音乐文件，根据类别选择的不同歌曲也会不同。
- "版本"列表框：在该列表框中，可以选择不同版本的乐器和节奏，并将它们应用于所选择的音乐中。
- "播放选定歌曲"按钮：单击该按钮，可以播放应用了"变化"效果后的音乐。
- "添加到时间轴"按钮：当用户在"自动音乐"选项面板中选择类别、歌曲和版本后，单击"播放选定歌曲"按钮，播放完成后单击"停止"按钮，然后单击"添加到时间轴"按钮，即可将播放的歌曲添加到时间轴面板中。
- "自动修整"复选框：选中该复选框，将基于飞梭栏的位置自动修剪音频素材，使它与视频相配合。

12.2 添加与录制音频素材

在会声会影 2020 中，提供了向影片中加入背景音乐和语音的简单方法。用户可以先将自己的音频文件添加到素材库，以便以后能够快速调用。除此之外，用户还可以在会声会影 2020 中为视频录制旁白声音。本节主要向读者介绍添加与录制音频素材的操作方法。

12.2.1　添加音频：添加音频素材库中的声音

从素材库中添加现有的音频是最基本的操作，可以将其他音频文件添加到素材库，以便以后能够快速调用。

素材文件	素材\第 12 章\夜晚霞光 .jpg
效果文件	效果\第 12 章\夜晚霞光 .VSP
视频文件	视频\第 12 章\12.2.1　添加音频：添加音频素材库中的声音 .mp4

【操练 + 视频】
——添加音频：添加音频素材库中的声音

STEP 01 进入会声会影编辑器，选择"文件"|"将媒体文件插入到时间轴"|"插入照片"命令，插入一幅素材图像，如图 12-6 所示。

图 12-6　插入素材图像

STEP 02 在"声音"素材库中，选择需要添加的音频文件，如图 12-7 所示。

图 12-7　选择音频文件

STEP 03 按住鼠标左键将其拖曳至声音轨中的适当位置，添加音频，如图 12-8 所示。

图 12-8　添加音频

STEP 04 单击"播放"按钮，试听音频效果并预览视频画面，如图 12-9 所示。

图 12-9　试听音频效果

12.2.2　硬盘音频：添加硬盘中的音频

在会声会影 2020 中，用户可根据需要添加硬盘中的音频文件。在用户的计算机中，一般都存储了大量的音频文件，用户可根据需要进行添加操作。

素材文件	素材\第 12 章\绿色清新 .jpg、绿色清新 .mp3
效果文件	效果\第 12 章\绿色清新 .VSP
视频文件	视频\第 12 章\12.2.2　硬盘音频：添加硬盘中的音频 .mp4

【操练 + 视频】
——硬盘音频：添加硬盘中的音频

STEP 01 进入会声会影 2020 编辑器，在视频轨中插入一幅素材图像，如图 12-10 所示。

STEP 02 在预览窗口中，可以预览插入的素材图像效果，如图 12-11 所示。

图 12-10　插入素材图像

图 12-11　预览插入的素材图像

STEP 03　在菜单栏中，选择"文件"|"将媒体文件插入到时间轴"|"插入音频"|"到声音轨"命令，如图 12-12 所示。

图 12-12　选择"到声音轨"命令

STEP 04　弹出"打开音频文件"对话框，选择音频文件，如图 12-13 所示。

STEP 05　单击"打开"按钮，即可从硬盘中将音频添加至声音轨中，如图 12-14 所示。

图 12-13　选择音频文件

图 12-14　将音频文件添加至声音轨中

▶ 专家指点

　　在会声会影 2020 时间轴的空白位置右击，在弹出的快捷菜单中选择"插入音频"|"到音乐轨"命令，可以将硬盘中的音频文件添加至时间轴面板的音乐轨中。

　　在会声会影 2020 的"媒体"素材库中，显示素材库中的音频素材后，可以单击"导入媒体文件"按钮，在弹出的"浏览媒体文件"对话框中，选择硬盘中已经存在的音频文件，单击"打开"按钮，即可将需要的音频素材添加至"媒体"素材库中。

12.2.3　自动音乐：添加自动音乐

　　自动音乐是会声会影 2020 自带的一个音频素材库，同一个音乐有许多变化的风格供用户选择，从而使素材更加丰富。下面介绍添加自动音乐的操作方法。

	素材文件	素材 \ 第 12 章 \ 古装美女 .VSP
	效果文件	效果 \ 第 12 章 \ 古装美女 .VSP
	视频文件	视频 \ 第 12 章 \12.2.3　自动音乐：添加自动音乐 .mp4

【操练 + 视频】
——自动音乐：添加自动音乐

STEP 01 进入会声会影编辑器，打开一个项目文件，如图 12-15 所示。

图 12-15　打开项目文件

STEP 02 单击时间轴面板上方的"自动音乐"按钮，如图 12-16 所示。

图 12-16　单击"自动音乐"按钮

STEP 03 打开"自动音乐"选项面板，在"类别"列表框中选择第一个选项，如图 12-17 所示。

STEP 04 在"歌曲"列表框中选择第一个选项，然后在"版本"列表框中选择第二个选项，如图 12-18 所示。

STEP 05 在面板中单击"播放选定歌曲"按钮，开始播放音乐，播放至合适位置后，单击"停止"按钮，如图 12-19 所示。

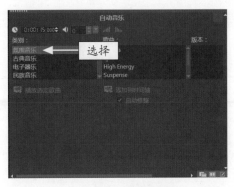

图 12-17　选择类别

图 12-18　选择音乐

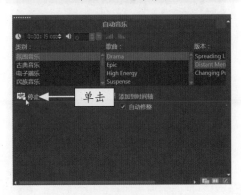

图 12-19　单击"停止"按钮

STEP 06 单击"添加到时间轴"按钮，即可在音乐轨中添加自动音乐，如图 12-20 所示。

图 12-20　添加自动音乐

> ▶ **专家指点**
>
> 在时间轴面板的声音轨中添加音频文件后，如果不再需要，可以将其删除。

12.2.4 U盘音乐：添加U盘中的音乐

在会声会影 2020 中，用户可以将移动 U 盘中的音频文件直接添加至当前影片中，而不需要添加至"音频"素材库中。

素材文件	素材\第 12 章\大雾缭绕.jpg、大雾缭绕.mp3
效果文件	效果\第 12 章\大雾缭绕.VSP
视频文件	视频\第 12 章\12.2.4 U 盘音乐：添加 U 盘中的音乐.mp4

【操练＋视频】
——U 盘音乐：添加 U 盘中的音乐

STEP 01 进入会声会影编辑器，在视频轨中插入一段图像素材，如图 12-21 所示。

图 12-21 插入视频素材

STEP 02 在时间轴面板的空白位置右击，在弹出的快捷菜单中选择"插入音频"|"到声音轨"命令，如图 12-22 所示。

图 12-22 选择"到声音轨"命令

> ▶ **专家指点**
>
> 用户在媒体素材库中，选择需要添加到时间轴面板中的音频素材，在音频素材上，单击鼠标右键，在弹出的快捷菜单中选择"复制"命令，然后将鼠标移至声音轨或音乐轨中，单击鼠标左键，即可将素材库中的音频素材粘贴到时间轴面板的轨道中，并应用音频素材。

STEP 03 弹出"打开音频文件"对话框，选择 U 盘中需要导入的音频文件，单击"打开"按钮，如图 12-23 所示。

图 12-23 选择音频文件

STEP 04 将音频文件插入声音轨中，如图 12-24 所示。

图 12-24 插入音频文件

STEP 05 单击"播放"按钮，试听音频效果并预览视频画面，如图 12-25 所示。

图 12-25 试听音频效果并预览视频画面

12.2.5　声音录制：录制声音旁白

在会声会影 2020 中，用户不仅可以从硬盘或 U 盘中获取音频，还可以使用会声会影软件录制声音旁白。下面向读者介绍录制声音旁白的操作方法。

素材文件	无
效果文件	无
视频文件	视频 \ 第 12 章 \12.2.5　声音录制：录制声音旁白 .mp4

【操练 + 视频】
——声音录制：录制声音旁白

STEP 01 将麦克风插入计算机中，进入会声会影编辑器，在时间轴面板上单击"录制 / 捕获选项"按钮，如图 12-26 所示。

图 12-26　单击"录制 / 捕获选项"按钮

STEP 02 弹出"录制 / 捕获选项"对话框，单击"画外音"按钮，如图 12-27 所示。

STEP 03 弹出"调整音量"对话框，单击"开始"按钮，开始录音，如图 12-28 所示。

STEP 04 录制完成后，按 Esc 键停止录制，录制的音频即可添加至声音轨中，如图 12-29 所示。

图 12-27　单击"画外音"按钮

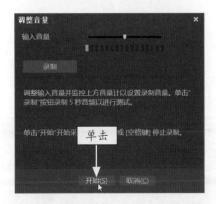

图 12-28　单击"开始"按钮

图 12-29　添加录制的音频

12.3　编辑与修整音频素材

在会声会影 2020 中，将声音或背景音乐添加到音乐轨或语音轨中后，用户可以根据需要对音频素材的音量进行调节，还可以对音频文件进行修整操作，使制作的背景音乐更加符合用户的需求。本节主要向读者介绍编辑与修整音频素材的操作方法。

12.3.1 整体调节：调整整段音频音量

在会声会影 2020 中，调节整段素材音量，可分别选择时间轴中的各个轨，然后在选项面板中对相应的音量控制选项进行调节。下面介绍调节整段音频的音量的操作方法。

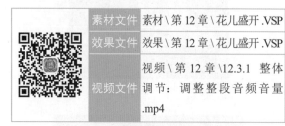

素材文件	素材 \ 第 12 章 \ 花儿盛开 .VSP
效果文件	效果 \ 第 12 章 \ 花儿盛开 .VSP
视频文件	视频 \ 第 12 章 \12.3.1 整体调节：调整整段音频音量 .mp4

【操练＋视频】
——整体调节：调整整段音频音量

STEP 01 进入会声会影编辑器，打开一个项目文件，如图 12-30 所示。

图 12-30　打开项目文件

STEP 02 选择声音轨中的音频文件，在"音乐和声音"选项面板中单击"素材音量"右侧的下拉按钮，在弹出的面板中拖曳滑块至 62 的位置，如图 12-31 所示，调整音量。

图 12-31　拖曳滑块

STEP 03 单击"播放"按钮，试听音频效果并预览视频画面，如图 12-32 所示。

图 12-32　试听音频效果并预览视频画面

▶ 专家指点

在会声会影 2020 中，音量素材本身的音量大小为 100，如果用户需要还原素材本身的音量大小，在"素材音量"右侧的数值框中输入 100 即可。

设置素材音量时，当用户设置 100 以上的音量时，表示将整段音频的音量放大；当用户设置 100 以下的音量时，表示将整段音频的音量调小。

12.3.2 自由调节：用调节线调节音量

在会声会影 2020 中，不仅可以通过选项面板调整音频的音量，还可以通过调节线调整音量。下面介绍使用音量调节线调节音量的操作方法。

素材文件	素材 \ 第 12 章 \ 墙上齿轮 .VSP
效果文件	效果 \ 第 12 章 \ 墙上齿轮 .VSP
视频文件	视频 \ 第 12 章 \12.3.2 自由调节：用调节线调节音量 .mp4

【操练＋视频】
——自由调节：用调节线调节音量

STEP 01 进入会声会影编辑器，打开一个项目文件，如图 12-33 所示。

STEP 02 在声音轨中选择音频文件，单击"混音器"按钮，如图 12-34 所示。

STEP 03 切换至混音器视图，将鼠标指针移至音频文件中间的音量调节线上，此时鼠标指针呈向上箭头形状，如图 12-35 所示。

图 12-33　打开项目文件

图 12-34　单击"混音器"按钮

图 12-35　鼠标指针呈向上箭头形状

STEP 04 按住鼠标左键并向上拖曳，至合适位置后释放鼠标左键，添加关键帧，如图 12-36 所示。

图 12-36　添加关键帧

在会声会影 2020 中，音量调节线是轨道中央的水平线条，仅在混音器视图中可以看到，在这条线上可以添加关键帧，关键帧的高低决定着该处音频的音量大小。

STEP 05 将鼠标移至另一个位置，按住鼠标左键并向下拖曳，添加第二个关键帧，如图 12-37 所示。

图 12-37　添加第二个关键帧

STEP 06 用与上同样的方法，添加另外两个关键帧，如图 12-38 所示，即可使用音量调节线调节音量。

图 12-38　添加其他关键帧

12.3.3　混音调节：用混音器调节音量

在会声会影 2020 中，混音器可以动态调整音量调节线，它允许在播放影片项目的同时，实时调整某个轨道素材任意一点的音量。如果用户的乐感很好，借助混音器可以像专业混音师一样混合影片的精彩声响效果。下面向读者介绍使用混音器调节素材音量的操作方法。

素材文件	素材\第 12 章\落日朝阳.VSP
效果文件	效果\第 12 章\落日朝阳.VSP
视频文件	视频\第 12 章\12.3.3 混音调节：用混音器调节音量.mp4

【操练＋视频】
——混音调节：用混音器调节音量

STEP 01 进入会声会影编辑器，打开一个项目文件，如图 12-39 所示。

图 12-39　打开项目文件

STEP 02 在预览窗口中可以预览打开的项目效果，如图 12-40 所示。

图 12-40　预览项目效果

STEP 03 选择声音轨中的音频文件，切换至混音器视图，单击"环绕混音"选项面板中的"播放"按钮，如图 12-41 所示。

STEP 04 开始试听选择轨道的音频效果，并且在混音器中可以看到音量起伏的变化，如图 12-42 所示。

STEP 05 单击"环绕混音"选项面板中的"音量"按钮，并向下拖曳至 -9.0 的位置，如图 12-43 所示。

图 12-41　单击"播放"按钮

图 12-42　查看音量变化

图 12-43　向下拖曳音量滑块

STEP 06 执行上述操作后，即可播放并实时调节音量，在声音轨中可以查看音频调节效果，如图 12-44 所示。

图 12-44　查看音频调节效果

▶ 专家指点

　　混音器是一种动态调整音量调节线的方式，它允许在播放影片项目的同时，实时调整音乐轨道素材任意一点的音量。

12.3.4　区间修整：利用区间修整音频

　　使用区间进行修整可以精确控制声音或音乐的播放时间，若对整个影片的播放时间有严格的限制，可以使用区间修整的方式来调整。

素材文件	素材\第 12 章\自然美景 .VSP
效果文件	效果\第 12 章\自然美景 .VSP
视频文件	视频\第 12 章\12.3.4 区间修整：利用区间修整音频 .mp4

【操练 + 视频】
——区间修整：利用区间修整音频

STEP 01 进入会声会影编辑器，打开一个项目文件，如图 12-45 所示。

图 12-45　打开项目文件

STEP 02 选择声音轨中的音频素材，在"音乐和声音"选项面板中设置"区间"为 0:00:05:000，如图 12-46 所示，即可调整素材区间。

图 12-46　设置区间

STEP 03 单击"播放"按钮，试听音频效果并预览视频画面，如图 12-47 所示。

图 12-47　试听音频效果并预览视频画面

12.3.5　标记修整：利用标记修整音频

　　在会声会影 2020 中，拖曳音频素材右侧的黄色标记来修整音频素材是最快捷和直观的修整方式，但它的缺点是不容易精确地控制修剪的位置。

下面向读者介绍使用标记修整音频的操作方法。

素材文件	素材\第 12 章\冰山美景.VSP	
效果文件	效果\第 12 章\冰山美景.VSP	
视频文件	视频\第 12 章\12.3.5 标记修整：利用标记修整音频.mp4	

【操练＋视频】
——标记修整：利用标记修整音频

STEP 01 进入会声会影编辑器，打开一个项目文件，如图 12-48 所示。

图 12-48　打开项目文件

STEP 02 在声音轨中选择需要进行修整的音频素材，将鼠标指针拖曳至右侧的黄色标记上，如图 12-49 所示。

图 12-49　拖曳指针至黄色标记上

STEP 03 按住鼠标左键并向左拖曳，如图 12-50 所示。

图 12-50　向右拖曳

STEP 04 至合适位置后，释放鼠标左键，即可使用标记修整音频，效果如图 12-51 所示。

图 12-51　修整音频效果

12.3.6　微调修整：对音量进行微调操作

在会声会影 2020 中，用户可以对声音的整体音量进行微调操作，使背景音乐与视频画面更加融合。下面介绍对音量进行微调的操作方法。

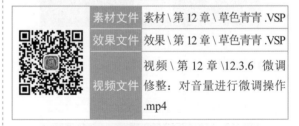

素材文件	素材\第 12 章\草色青青.VSP	
效果文件	效果\第 12 章\草色青青.VSP	
视频文件	视频\第 12 章\12.3.6 微调修整：对音量进行微调操作.mp4	

【操练＋视频】
——微调修整：对音量进行微调操作

STEP 01 进入会声会影编辑器，打开一个项目文件，如图 12-52 所示。

STEP 02 在声音轨图标上右击，在弹出的快捷菜单中选择"音频调节"命令，如图 12-53 所示。

图 12-52　打开项目文件

图 12-53　选择"音频调节"命令（1）

STEP 03 用户还可以在声音轨中的素材上右击，在弹出的快捷菜单中选择"音频调节"命令，如图 12-54 所示。

图 12-54　选择"音频调节"命令（2）

STEP 04 弹出"音频调节"对话框，在其中对声音参数进行调整，如图 12-55 所示。

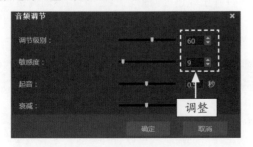

图 12-55　对声音参数进行调整

STEP 05 单击"确定"按钮，完成音量微调操作。击"播放"按钮，预览视频画面并聆听背景声音，如图 12-56 所示。

图 12-56　预览视频画面并聆听背景声音

12.3.7　播放速度：修整音频播放速度

在会声会影 2020 中进行视频编辑时，用户可以随意改变音频的回放速度，使它与影片能够更好地融合。

	素材文件	素材 \ 第 12 章 \ 缘分之花 .VSP
	效果文件	效果 \ 第 12 章 \ 缘分之花 .VSP
	视频文件	视频 \ 第 12 章 \12.3.7　播放速度：修整音频播放速度 .mp4

【操练 + 视频】
——播放速度：修整音频播放速度

STEP 01 进入会声会影编辑器，打开一个项目文件，如图 12-57 所示。

STEP 02 在声音轨中选择音频文件，在"音乐和声音"选项面板中单击"速度 / 时间流逝"按钮，如图 12-58 所示。

图 12-57　打开项目文件

图 12-58　单击"速度／时间流逝"按钮

STEP 03 弹出"速度／时间流逝"对话框，在其中设置各项参数，如图 12-59 所示。

图 12-59　设置各项参数

STEP 04 单击"确定"按钮，即可调整音频的播放速度，如图 12-60 所示。

STEP 05 单击"播放"按钮，试听修整后的音频，并查看视频画面，如图 12-61 所示。

图 12-60　调整音频的播放速度

图 12-61　试听音频并查看视频画面效果

▶ 专家指点

在需要修整的音频文件上右击，在弹出的快捷菜单中选择"速度／时间流逝"命令，也可以弹出"速度／时间流逝"对话框，调整音频文件的回放速度。

12.4 音频滤镜精彩应用

　　在会声会影 2020 中，用户可以根据需要将音乐滤镜添加到轨道中的音乐素材上，使制作的音乐更加动听、完美。添加音频滤镜后，如果音频滤镜的声效无法满足用户的需求，可以将其删除。本节主要向读者介绍添加与删除音频滤镜的操作方法。

12.4.1　淡入淡出：制作淡入淡出声音特效

在会声会影 2020 中，使用淡入淡出的音频效果，可以避免音乐的突然出现和突然消失，使音乐有一种自然的过渡效果。下面向读者介绍添加淡入与淡出音频滤镜的操作方法。

素材文件	素材 \ 第 12 章 \ 万水千山 .VSP
效果文件	效果 \ 第 12 章 \ 万水千山 .VSP
视频文件	视频 \ 第 12 章 \12.4.1　淡入淡出：制作淡入淡出声音特效 .mp4

【操练 + 视频】
——淡入淡出：制作淡入淡出声音特效

STEP 01 进入会声会影编辑器，打开一个项目文件，如图 12-62 所示。

图 12-62　打开项目文件

STEP 02 在预览窗口中，可以预览视频的画面效果，如图 12-63 所示。

图 12-63　视频的画面效果

STEP 03 选择声音轨中的素材，在"音乐和声音"

选项面板中，单击"淡入"按钮和"淡出"按钮，如图 12-64 所示。

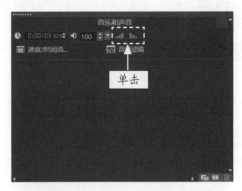

图 12-64　单击"淡入"和"淡出"按钮

STEP 04 为音频文件添加淡入淡出特效，单击"混音器"按钮 ，如图 12-65 所示。

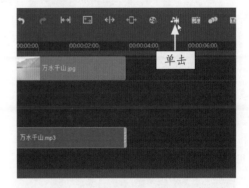

图 12-65　单击"混音器"按钮

STEP 05 打开混音器视图，在其中可以查看淡入淡出的两个关键帧，如图 12-66 所示。

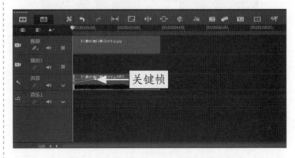

图 12-66　查看淡入淡出的两个关键帧

12.4.2　回声滤镜：制作背景声音的回声特效

在会声会影 2020 中，使用"回声"音频滤镜可以为音频文件添加回音效果，该滤镜样式适合放在比较梦幻的视频素材中。

素材文件	素材\第 12 章\枫叶凉亭 .VSP
效果文件	效果\第 12 章\枫叶凉亭 .VSP
视频文件	视频\第 12 章\12.4.2 回声滤镜：制作背景声音的回声特效 .mp4

【操练＋视频】
——回声滤镜：制作背景声音的回声特效

STEP 01 进入会声会影编辑器，选择"文件"|"打开项目"命令，打开一个项目文件，如图 12-67 所示。

图 12-67　打开项目文件

STEP 02 在声音轨中双击音频文件，单击"音乐和声音"选项面板中的"音频滤镜"按钮，如图 12-68 所示。

图 12-68　单击"音频滤镜"按钮

STEP 03 弹出"音频滤镜"对话框，在左侧的列表框中选择"回声"选项，单击"添加"按钮，即可将选择的音频滤镜样式添加至右侧的"已用滤镜"列表框中，在右侧列表框中可以查看添加的滤镜，如图 12-69 所示。

STEP 04 单击"确定"按钮，即可将选择的滤镜样式添加至声音轨的音频文件中，如图 12-70 所示。

单击导览面板中的"播放"按钮，即可试听"回声"音频滤镜效果。

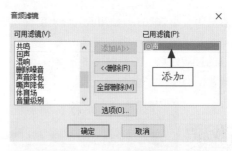

图 12-69　"音频滤镜"对话框

图 12-70　添加滤镜到音频文件

12.4.3　重复效果：制作背景声音重复回播特效

在会声会影 2020 中，使用"长重复"音频滤镜可以为音频文件添加重复的长回音效果。下面向读者介绍添加该滤镜的操作方法。

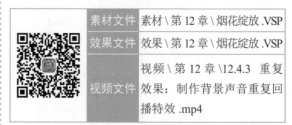

素材文件	素材\第 12 章\烟花绽放 .VSP
效果文件	效果\第 12 章\烟花绽放 .VSP
视频文件	视频\第 12 章\12.4.3 重复效果：制作背景声音重复回播特效 .mp4

【操练＋视频】
——重复效果：制作背景声音重复回播特效

STEP 01 进入会声会影编辑器，选择"文件"|"打开项目"命令，打开一个项目文件，如图 12-71 所示。

STEP 02 选择音频素材，在"音乐和声音"选项面板中单击"音频滤镜"按钮，弹出"音频滤镜"对话框，在"可用滤镜"列表框中选择"长重复"选项，如图 12-72 所示。

图 12-71　打开项目文件

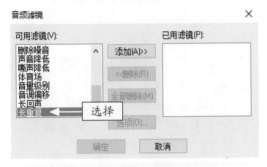

图 12-72　选择"长重复"选项

STEP 03 单击"添加"按钮，即可将选择的滤镜样式添加至右侧的"已用滤镜"列表框中，单击"确定"按钮，如图 12-73 所示。

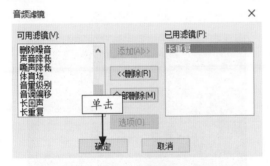

图 12-73　单击"确定"按钮

STEP 04 将选择的滤镜样式添加到声音轨的音频文件中，如图 12-74 所示。单击导览面板中的"播放"按钮，即可试听背景声音重复回播效果。

▶ 专家指点

　　在"已用滤镜"列表框中，选择相应的音频滤镜后，单击中间的"删除"按钮，即可删除选择的音频滤镜。

图 12-74　添加滤镜到音频文件

12.4.4　去除杂音：清除声音中的部分点击杂音

　　在会声会影 2020 中，使用"清洁器"音频滤镜可以对音频文件中点击的声音进行清除。下面向读者介绍添加"清洁器"滤镜的操作方法。

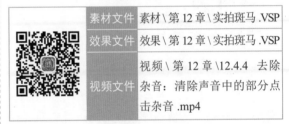

素材文件	素材 \ 第 12 章 \ 实拍斑马 .VSP
效果文件	效果 \ 第 12 章 \ 实拍斑马 .VSP
视频文件	视频 \ 第 12 章 \12.4.4　去除杂音：清除声音中的部分点击杂音 .mp4

【操练 + 视频】
——去除杂音：清除声音中的部分点击杂音

STEP 01 进入会声会影编辑器，选择"文件"|"打开项目"命令，打开一个项目文件，如图 12-75 所示。

图 12-75　打开项目文件

STEP 02 选择音频素材，在"音乐和声音"选项面板中单击"音频滤镜"按钮，弹出"音频滤镜"对话框，在"可用滤镜"列表框中选择"NewBlue 清洁器"选项，如图 12-76 所示。

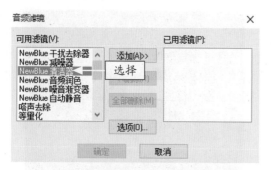

图 12-76　选择"NewBlue 清洁器"选项

STEP 03 单击"添加"按钮，即可将选择的滤镜样式添加至右侧的"已用滤镜"列表框中，单击"确定"按钮，如图 12-77 所示。

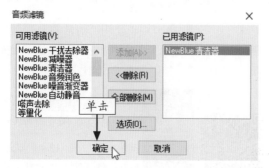

图 12-77　单击"确定"按钮

STEP 04 将选择的滤镜样式添加到声音轨的音频文件中，如图 12-78 所示。单击导览面板中的"播放"按钮，即可试听"NewBlue 清洁器"音频滤镜效果。

图 12-78　添加滤镜到音频文件

12.4.5　等量效果：等量化处理音量均衡效果

在会声会影 2020 中，使用"等量化"滤镜可以对音频文件中的高音和低音进行处理，使整段音频的音量在一条平行线上，均衡音频的音量效果。

素材文件	素材＼第 12 章＼可爱新娘 .VSP	
效果文件	效果＼第 12 章＼可爱新娘 .VSP	
视频文件	视频＼第 12 章＼12.4.5　等量效果：等量化处理音量均衡效果 .mp4	

【操练＋视频】
——等量效果：等量化处理音量均衡效果

STEP 01 选择"文件"|"打开项目"命令，打开一个项目文件，如图 12-79 所示。

图 12-79　打开项目文件

STEP 02 单击"滤镜"按钮，进入"滤镜"素材库，在上方单击"显示音频滤镜"按钮，如图 12-80 所示。

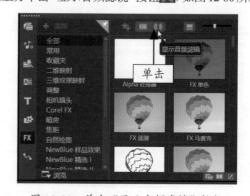

图 12-80　单击"显示音频滤镜"按钮

STEP 03 执行操作后，即可显示会声会影 2020 中的所有音频滤镜，在其中选择"等量化"音频滤镜，如图 12-81 所示。将选择的音频滤镜拖曳至声音轨中的音频素材上，即可添加"等量化"滤镜。

STEP 04 用户还可以在"音乐和声音"选项面板中，单击"音频滤镜"按钮，弹出"音频滤镜"对话框，在其中可以查看已添加的"等量化"音频滤镜，如图 12-82 所示。

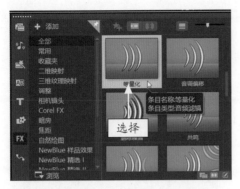

图 12-81　选择"等量化"音频滤镜

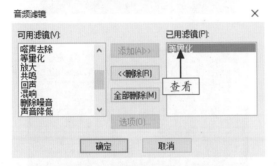

图 12-82　查看已添加的音频滤镜

▶ 专家指点

　　在"音频滤镜"对话框中，有一个"选项"按钮，当用户在"已用滤镜"列表框中选择相应的音频滤镜后，单击该按钮，将弹出相应的对话框，在其中可以根据需要对添加的音频滤镜进行相关选项设置，使制作的音频更加符合用户的需求。

12.4.6　声音降低：快速降低声音音量

　　在会声会影 2020 中，用户可以根据需要为音频素材文件添加"声音降低"滤镜，该滤镜样式可以制作声音降低的特效。下面介绍应用"声音降低"滤镜的操作方法。

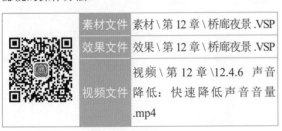

素材文件	素材 \ 第 12 章 \ 桥廊夜景 .VSP
效果文件	效果 \ 第 12 章 \ 桥廊夜景 .VSP
视频文件	视频 \ 第 12 章 \12.4.6　声音降低：快速降低声音音量 .mp4

【操练 + 视频】
——声音降低：快速降低声音音量

STEP 01 进入会声会影编辑器，打开一个项目文件，如图 12-83 所示。

图 12-83　打开项目文件

STEP 02 单击导览面板中的"播放"按钮，在预览窗口中预览打开的项目效果，如图 12-84 所示。

图 12-84　预览项目效果

STEP 03 单击"滤镜"按钮，在上方单击"显示音频滤镜"按钮 ，即可显示软件中的多种音频滤镜，如图 12-85 所示。

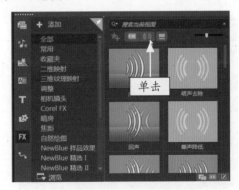

图 12-85　单击"显示音频滤镜"按钮

STEP 04 在其中选择"声音降低"音频滤镜，如图 12-86 所示。在选择的滤镜上按住鼠标左键并将其拖曳至声音轨中的音频素材上，释放鼠标左键，即可添加音频滤镜。

图 12-86 选择"声音降低"滤镜

12.4.7 声音增强：放大音频声音音量

在会声会影 2020 中，使用"放大"音频滤镜可以对音频文件的声音进行放大处理，该滤镜样式适合放在各种音频音量较小的素材中。下面介绍应用"放大"滤镜的操作方法。

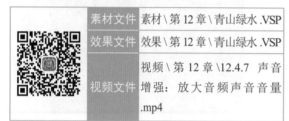

素材文件	素材\第 12 章\青山绿水 .VSP
效果文件	效果\第 12 章\青山绿水 .VSP
视频文件	视频\第 12 章\12.4.7 声音增强：放大音频声音音量 .mp4

【操练＋视频】
——声音增强：放大音频声音音量

STEP 01 进入会声会影编辑器，打开一个项目文件，如图 12-87 所示。

图 12-87 打开项目文件

STEP 02 在预览窗口中预览打开的项目效果，如图 12-88 所示。

STEP 03 在声音轨中，双击需要添加音频滤镜的素材，打开"音乐和声音"选项面板，单击"音频滤镜"按钮，如图 12-89 所示。

图 12-88 预览项目效果

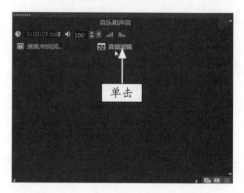

图 12-89 单击"音频滤镜"按钮

STEP 04 弹出"音频滤镜"对话框，如图 12-90 所示。

图 12-90 "音频滤镜"对话框

STEP 05 在"可用滤镜"列表框中选择"放大"选项，如图 12-91 所示。

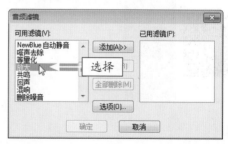

图 12-91 选择"放大"选项

STEP 06 单击"添加"按钮，选择的音频滤镜即可显示在"已用滤镜"列表框中，如图 12-92 所示。

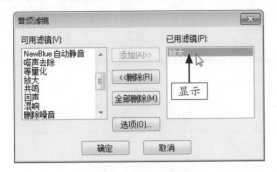

图 12-92 添加滤镜

STEP 07 单击"确定"按钮，如图 12-93 所示。

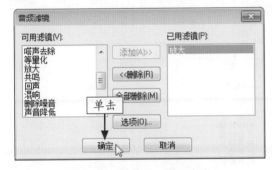

图 12-93 单击"确定"按钮

STEP 08 试听音频滤镜特效，在时间轴面板中的声音轨中，可以查看添加的音频滤镜，如图 12-94 所示。

图 12-94 查看添加的音频滤镜

12.4.8 混响滤镜：制作 KTV 声音效果

在会声会影 2020 中，使用"混响"音频滤镜可以为音频文件添加混响效果，该滤镜样式适合放在 KTV 音效中。下面介绍应用"混响"滤镜的操作方法。

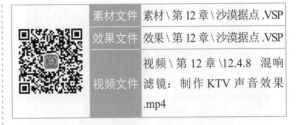

素材文件	素材\第 12 章\沙漠据点 .VSP
效果文件	效果\第 12 章\沙漠据点 .VSP
视频文件	视频\第 12 章 \12.4.8 混响滤镜：制作 KTV 声音效果 .mp4

【操练 + 视频】
——混响滤镜：制作 KTV 声音效果

STEP 01 进入会声会影编辑器，打开一个项目文件，如图 12-95 所示。

图 12-95 打开项目文件

STEP 02 在预览窗口中预览打开的项目效果，如图 12-96 所示。

图 12-96 预览项目效果

STEP 03 在声音轨中，双击需要添加音频滤镜的素材，打开"音乐和声音"选项面板，单击"音频滤镜"按钮，如图 12-97 所示。

STEP 04 弹出"音频滤镜"对话框，如图 12-98 所示。

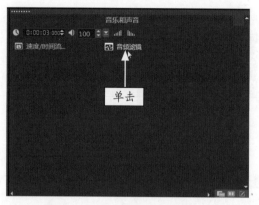

图 12-97　单击"音频滤镜"按钮

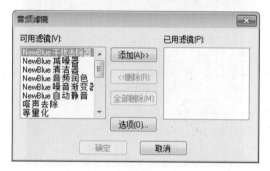

图 12-98　"音频滤镜"对话框

STEP 05 在"可用滤镜"列表框中选择"混响"选项，如图 12-99 所示。

图 12-99　选择"混响"选项

STEP 06 单击"添加"按钮，选择的音频滤镜即可显示在"已用滤镜"列表框中，如图 12-100 所示。

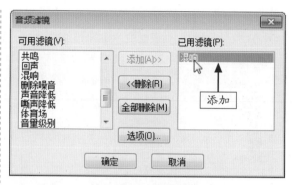

图 12-100　添加滤镜

STEP 07 单击"确定"按钮，如图 12-101 所示，即可将选择的滤镜样式添加到声音轨的音频文件中。

STEP 08 试听音频滤镜特效，在时间轴面板中的声音轨中，可以查看添加的音频滤镜，如图 12-102 所示。

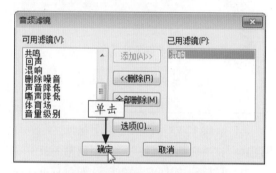

图 12-101　单击"确定"按钮

图 12-102　查看添加的音频滤镜

第13章

输出：渲染与输出视频素材

章前知识导读

　　经过一系列烦琐的编辑后，用户便可将编辑完成的影片输出成视频文件了。通过会声会影2020中提供的"共享"步骤面板，可以将编辑完成的影片进行渲染以及输出成视频文件。本章主要向读者介绍渲染与输出视频素材的操作方法。

新手重点索引

- 输出常用视频与音频格式
- 转换视频与音频格式
- 输出 3D 视频文件

效果图片欣赏

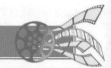

13.1 输出常用视频与音频格式

本节主要向读者介绍使用会声会影 2020 渲染输出视频与音频的各种操作方法，主要包括输出 AVI、MPEG、WMV、MOV、MP4 以及 3GP 等视频，输出 WMA、WAV 等音频内容，希望读者熟练掌握。

13.1.1 输出 AVI：输出彩旗飞扬视频

AVI 主要应用在多媒体光盘上，用来保存电视、电影等各种影像信息。它的优点是兼容性好，图像质量好，只是输出的尺寸和容量有点偏大。下面向读者介绍输出 AVI 视频文件的操作方法。

素材文件	素材\第 13 章\彩旗飞扬.VSP
效果文件	效果\第 13 章\彩旗飞扬.avi
视频文件	视频\第 13 章\13.1.1 输出 AVI：输出彩旗飞扬视频.mp4

【操练＋视频】
——输出 AVI：输出彩旗飞扬视频

STEP 01 进入会声会影编辑器，选择"文件"|"打开项目"命令，打开一个项目文件，如图 13-1 所示。

图 13-1 打开项目文件

STEP 02 在编辑器的上方单击"共享"标签，如图 13-2 所示，切换至"共享"步骤面板。

图 13-2 单击"共享"标签

STEP 03 在上方的面板中选择 AVI 选项，如图 13-3 所示，表示输出 AVI 视频格式。

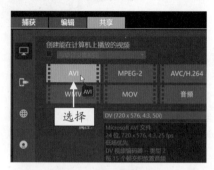

图 13-3 选择 AVI 选项

STEP 04 在下方的面板中单击"文件位置"右侧的"浏览"按钮，如图 13-4 所示。

图 13-4 单击"浏览"按钮

STEP 05 弹出"选择路径"对话框，设置视频文件的输出位置与输出名称，如图 13-5 所示。

图 13-5 设置视频输出位置和名称

STEP 06 单击"保存"按钮，返回到会声会影"共享"步骤面板，单击下方的"开始"按钮，开始渲染视频文件，并显示渲染进度，如图 13-6 所示。待视频文件输出完成后，弹出信息提示框，提示用户视频文件建立成功，单击 OK 按钮，完成输出 AVI 视频的操作。

素材文件	素材 \ 第 13 章 \ 湖光春色 .VSP
效果文件	效果 \ 第 13 章 \ 湖光春色 .mpg
视频文件	视频 \ 第 13 章 \13.1.2 输出 MPEG：输出湖光春色视频 .mp4

图 13-6 显示渲染进度

STEP 07 在预览窗口中单击"播放"按钮，预览输出的 AVI 视频画面效果，如图 13-7 所示。

【操练 + 视频】
——输出 MPEG：输出湖光春色视频

STEP 01 进入会声会影编辑器，选择"文件"|"打开项目"命令，打开一个项目文件。在编辑器的上方单击"共享"标签，切换至"共享"步骤面板，在上方的面板中选择 MPEG-2 选项，表示输出 MPEG 视频格式，如图 13-8 所示。

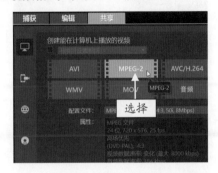

图 13-8 选择 MPEG 选项

STEP 02 在下方的面板中单击"文件位置"右侧的"浏览"按钮，弹出"选择路径"对话框，在其中设置视频文件的输出名称与输出位置，如图 13-9 所示。

图 13-7 预览输出的 AVI 视频画面效果

图 13-9 "选择路径"对话框

13.1.2 输出 MPEG：输出湖光春色视频

在影视后期输出中，有许多视频文件需要输出 MPEG（*.mpg）文件格式，网络上很多视频也是 MPEG（*.mpg）格式的。下面介绍输出 MPEG（*.mpg）视频文件的操作方法。

STEP 03 单击"保存"按钮，返回到会声会影"共享"步骤面板，单击下方的"开始"按钮，开始渲染视频文件，并显示渲染进度。待视频文件输出完成后，弹出信息提示框，提示用户视频文件建立成功，如图 13-10 所示。单击 OK 按钮，完成输出 MPEG 视频的操作。

图 13-10　单击 OK 按钮

STEP 04 单击预览窗口中的"播放"按钮，即可预览输出的 MPEG 视频画面效果，如图 13-11 所示。

图 13-11　预览输出的 MPEG 视频画面

13.1.3　输出 WMV：输出两只蚂蚁视频

　　WMV 视频格式在互联网中使用得非常频繁，深受广大用户喜爱。下面向读者介绍输出 WMV 视频文件的操作方法。

素材文件	素材＼第 13 章＼两只蚂蚁 .VSP
效果文件	效果＼第 13 章＼两只蚂蚁 .wmv
视频文件	视频＼第 13 章＼13.13输出WMV：输出两只蚂蚁视频 .mp4

【操练＋视频】
——输出 WMV：输出两只蚂蚁视频

STEP 01 进入会声会影编辑器，选择"文件"｜"打开项目"命令，打开一个项目文件，如图 13-12 所示。

图 13-12　打开项目文件

STEP 02 在编辑器的上方单击"共享"标签，切换至"共享"步骤面板，在上方的面板中选择WMV选项，如图 13-13 所示，表示输出 WMV 视频格式。

图 13-13　选择 WMV 选项

STEP 03 在下方的面板中单击"文件位置"右侧的"浏览"按钮，弹出"选择路径"对话框，在其中设置视频文件的输出名称与输出位置，如图 13-14 所示。

图 13-14　设置视频输出属性

STEP 04 单击"保存"按钮，返回到会声会影"共享"步骤面板，单击下方的"开始"按钮，开始渲染视频文件，并显示渲染进度。待视频文件输出完成后，弹出信息提示框，提示用户视频文件建立成功，单击 OK 按钮，完成输出 WMV 视频的操作。在预览窗口中可以预览视频画面效果，如图 13-15 所示。

图 13-15　预览视频画面效果

▶ 专家指点

在会声会影 2020 中，提供了 5 种不同尺寸的 WMV 格式，用户可根据需要选择。

13.1.4 输出 MOV：输出花烛红妆视频

MOV 格式是指 Quick Time 格式，是苹果（Apple）公司创立的一种视频格式。下面向读者介绍输出 MOV 视频文件的操作方法。

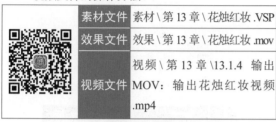

素材文件	素材\第 13 章\花烛红妆 .VSP
效果文件	效果\第 13 章\花烛红妆 .mov
视频文件	视频\第 13 章\13.1.4 输出 MOV：输出花烛红妆视频 .mp4

【操练 + 视频】
——输出 MOV：输出花烛红妆视频

STEP 01 进入会声会影编辑器，选择"文件"|"打开项目"命令，打开一个项目文件，如图 13-16 所示。

图 13-16 打开项目文件

STEP 02 在编辑器的上方，单击"共享"标签，切换至"共享"步骤面板，在上方的面板中选择"自定义"选项，单击"格式"右侧的下拉按钮，在弹出的下拉列表框中选择"QuickTime 影片文件 [*.mov]"选项，如图 13-17 所示。

图 13-17 选择"QuickTime 影片文件 [*.mov]"选项

STEP 03 在下方的面板中单击"文件位置"右侧的"浏览"按钮，弹出"选择路径"对话框，设置视频文件的输出名称与输出位置，如图 13-18 所示。

图 13-18 设置视频输出属性

STEP 04 单击"保存"按钮，返回到会声会影"共享"步骤面板，单击下方的"开始"按钮，开始渲染视频文件，并显示渲染进度。待视频文件输出完成后，弹出信息提示框，提示用户视频文件建立成功，单击 OK 按钮，完成输出 MOV 视频的操作。在预览窗口中单击"播放"按钮，预览输出的 MOV 视频画面效果，如图 13-19 所示。

图 13-19 预览视频画面效果

13.1.5 输出 MP4：输出桥廊夜景视频

MP4 的全称是 MPEG-4 Part 14，是一种使用 MPEG-4 的多媒体电脑档案格式，文件格式名为 .mp4。MP4 格式的优点是应用广泛，这种格式在大多数播放软件、非线性编辑软件以及智能手机中都能播放。下面向读者介绍输出 MP4 视频文件的操作方法。

	素材文件	素材 \ 第 13 章 \ 桥廊夜景 .VSP
	效果文件	效果 \ 第 13 章 \ 桥廊夜景 .mp4
	视频文件	视频 \ 第 13 章 \13.1.5 输出 MP4：输出桥廊夜景视频 .mp4

【操练＋视频】
——输出 MP4：输出桥廊夜景视频

STEP 01 进入会声会影编辑器，选择"文件"|"打开项目"命令，打开一个项目文件，如图 13-20 所示。

图 13-20　打开项目文件

STEP 02 在编辑器的上方单击"共享"标签，切换至"共享"步骤面板，在上方的面板中选择 MPEG-4 选项，如图 13-21 所示，表示输出 MP4 视频格式。

图 13-21　选择 MPEG-4 选项

STEP 03 在下方的面板中单击"文件位置"右侧的"浏览"按钮，弹出"选择路径"对话框，在其中设置视频文件的输出名称与输出位置，如图 13-22 所示。

STEP 04 单击"保存"按钮，返回到会声会影"共享"步骤面板，单击下方的"开始"按钮，开始渲染视频文件，并显示渲染进度。待视频文件输出完成后，弹出信息提示框，提示用户视频文件建立成功，单

击 OK 按钮，完成输出 MP4 视频的操作。在预览窗口中单击"播放"按钮，预览输出的 MP4 视频画面效果，如图 13-23 所示。

图 13-22　设置视频输出属性

图 13-23　预览输出的视频画面

13.1.6　输出 3GP：输出山明水秀视频

3GP 是一种 3G 流媒体的视频编码格式，使用户能够发送大量的数据到移动电话网络，从而明确传输大型文件，如音频、视频和数据网络的手机。3GP 是 MP4 格式的一种简化版本，减少了存储空间和较低的频宽需求，让手机上有限的存储空间可以使用。下面向读者介绍输出 3GP 视频文件的操作方法。

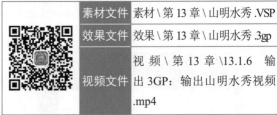

	素材文件	素材 \ 第 13 章 \ 山明水秀 .VSP
	效果文件	效果 \ 第 13 章 \ 山明水秀 .3gp
	视频文件	视频 \ 第 13 章 \13.1.6 输出 3GP：输出山明水秀视频 .mp4

【操练＋视频】
——输出 3GP：输出山明水秀视频

STEP 01 进入会声会影编辑器，选择"文件"|"打开项目"命令，打开一个项目文件，如图 13-24 所示。

STEP 02 在编辑器的上方单击"共享"标签，切换至"共享"步骤面板，在上方的面板中选择"自定义"选项，单击"格式"右侧的下拉按钮，在弹出的下拉列表框中选择"3GPP 文件 [*.3gp]"选项，如图 13-25 所示。

图 13-24　打开项目文件

图 13-25　选择"3GPP 文件"选项

STEP 03 在下方的面板中单击"文件位置"右侧的"浏览"按钮，弹出"选择路径"对话框，设置视频文件的输出名称与输出位置，如图 13-26 所示。

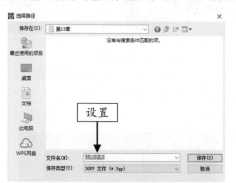

图 13-26　设置视频输出属性

STEP 04 单击"保存"按钮，返回到会声会影"共享"步骤面板，单击下方的"开始"按钮，开始渲染视频文件，并显示渲染进度。待视频文件输出完成后，弹出信息提示框，提示用户视频文件建立成功，单

击 OK 按钮，完成输出 3GP 视频的操作。在预览窗口中单击"播放"按钮，预览输出的 3GP 视频画面效果，如图 13-27 所示。

图 13-27　预览输出的视频画面

13.1.7　输出 WMA：输出红色果实音频

WMA 格式可以通过减少数据流量但保持音质的方法来达到更高的压缩率目的。下面向读者介绍输出 WMA 音频文件的操作方法。

素材文件	素材 \ 第 13 章 \ 红色果实 .VSP
效果文件	效果 \ 第 13 章 \ 红色果实 .wma
视频文件	视频 \ 第 13 章 \13.1.7　输出 WMA：输出红色果实音频 .mp4

【操练 + 视频】
——输出 WMA：输出红色果实音频

STEP 01 进入会声会影编辑器，选择"文件"|"打开项目"命令，打开一个项目文件，如图 13-28 所示。

图 13-28　打开项目文件

STEP 02 在编辑器的上方单击"共享"标签，切换至"共享"步骤面板，在上方的面板中选择"音频"选项，如图 13-29 所示。

STEP 03 在下方的面板中单击"格式"右侧的下拉角按钮，在弹出的下拉列表框中选择"Windows

Media 音频 [*.wma]"选项，如图 13-30 所示。

图 13-29　选择"音频"选项

图 13-30　选择"Windows Media 音频"[*.wma] 选项

STEP 04 在下方的面板中单击"文件位置"右侧的
"浏览"按钮，弹出"选择路径"对话框，设置音
频文件的输出名称与输出位置，如图 13-31 所示。

图 13-31　设置音频输出属性

STEP 05 单击"保存"按钮，返回到会声会影"共
享"步骤面板，单击下方的"开始"按钮，开始渲
染音频文件，并显示渲染进度。待音频文件输出完
成后，弹出信息提示框，提示用户音频文件建立成
功，单击"确定"按钮，如图 13-32 所示，完成输
出 WMA 音频的操作。

STEP 06 在预览窗口中单击"播放"按钮，试听

输出的 WMA 音频文件，并预览视频画面效果，如
图 13-33 所示。

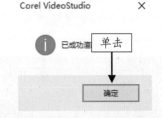

图 13-32　单击"确定"按钮

图 13-33　试听输出的 WMA 音频

13.1.8　输出 WAV：输出城市傍晚音频

　　WAV 是微软公司开发的一种声音文件格式，
又称为波形声音文件。下面向读者介绍输出 WAV
音频文件的操作方法。

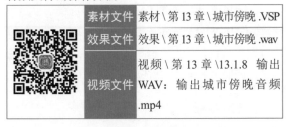

素材文件	素材 \ 第 13 章 \ 城市傍晚 .VSP
效果文件	效果 \ 第 13 章 \ 城市傍晚 .wav
视频文件	视频 \ 第 13 章 \13.1.8　输出 WAV：输出城市傍晚音频 .mp4

【操练＋视频】
——输出 WAV：输出城市傍晚音频

STEP 01 进入会声会影编辑器，选择"文件"|"打
开项目"命令，打开一个项目文件，如图 13-34 所示。

图 13-34　打开项目文件

STEP 02 在编辑器的上方单击"共享"标签，切换至"共享"步骤面板，在上方的面板中选择"音频"选项，如图 13-35 所示。

图 13-35　选择"音频"选项

STEP 03 在下方的面板中单击"格式"右侧的下拉按钮，在弹出的下拉列表框中选择"Microsoft WAV 文件 [*.wav]"选项，如图 13-36 所示。

STEP 04 在下方的面板中单击"文件位置"右侧的"浏览"按钮，弹出"选择路径"对话框，设置音频文件的输出名称与输出位置，然后单击"保存"按钮。返回到会声会影"共享"步骤面板，单击下方的"开始"按钮，开始渲染音频文件，并显示渲染进度。待音频文件输出完成后，弹出信息提示框，提示用户音频文件建立成功，单击"确定"按钮，如图 13-37 所示，完成输出 WAV 音频的操作。

图 13-36　选择相应的选项

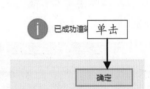

图 13-37　单击"确定"按钮

13.2　输出 3D 视频文件

在会声会影 2020 中，输出为 3D 视频文件是软件的一个新增功能，用户可以根据需要将相应的视频文件输出为 3D 视频文件，主要包括 MPEG 格式、WMV 格式和 MVC 格式等。

13.2.1　3D 格式 1：输出 MPEG 格式的 3D 文件

MPEG 格式是一种常见的视频格式，下面向读者介绍将视频文件输出为 MPEG 格式的 3D 文件的操作方法。

素材文件	素材 \ 第 13 章 \ 灿若繁星 .VSP
效果文件	效果 \ 第 13 章 \ 灿若繁星 .m2t
视频文件	视 频 \ 第 13 章 \13.2.1　3D 格式 1：输出 MPEG 格式的 3D 文件 .mp4

【操练 + 视频】
——3D 格式 1：输出 MPEG 格式的 3D 文件

STEP 01 选择"文件"|"打开项目"命令，打开一个项目文件，如图 13-38 所示。

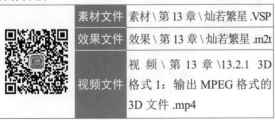

图 13-38　打开项目文件

STEP 02 在编辑器的上方单击"共享"标签，切换至"共享"步骤面板，在左侧单击"3D影片"按钮，如图 13-39 所示。

图 13-39　单击"3D影片"按钮

STEP 03 进入"3D影片"选项面板，在上方的面板中选择 MPEG-2 选项，在下方的面板中单击"文件位置"右侧的"浏览"按钮，如图 13-40 所示。

图 13-40　单击"浏览"按钮

STEP 04 弹出"选择路径"对话框，设置视频文件的输出名称与输出位置，如图 13-41 所示。

图 13-41　设置视频输出属性

STEP 05 单击"保存"按钮，返回到会声会影"共享"步骤面板，单击下方的"开始"按钮，开始渲染 3D 视频文件，并显示渲染进度，如图 13-42 所示。待 3D 视频文件输出完成后，弹出信息提示框，

提示用户视频文件建立成功，单击 OK 按钮，完成 3D 视频文件的输出操作。

图 13-42　显示渲染进度

STEP 06 在预览窗口中单击"播放"按钮，预览输出的 3D 视频画面，如图 13-43 所示。

图 13-43　开始渲染 3D 视频文件

13.2.2　3D 格式 2：输出 WMV 格式的 3D 文件

在会声会影 2020 中，用户不仅可以输出 MPEG 格式的 3D 文件，还可以输出 WMV 格式的 3D 文件，下面向读者详细介绍具体方法。

	素材文件	素材 \ 第 13 章 \ 纹丝不动 .VSP
	效果文件	效果 \ 第 13 章 \ 纹丝不动 .wmv
	视频文件	视频 \ 第 13 章 \13.2.2 3D 格式 2：输出 WMV 格式的 3D 文件 .mp4

【操练 + 视频】
——3D 格式 2：输出 WMV 格式的 3D 文件

STEP 01 选择"文件" | "打开项目"命令，打开一

个项目文件，如图 13-44 所示。

图 13-44　打开项目文件

STEP 02 单击"共享"标签，切换至"共享"步骤面板，在左侧单击"3D 影片"按钮，如图 13-45 所示。

图 13-45　单击"3D 影片"按钮

STEP 03 打开"3D 影片"选项卡，在上方的面板中选择 WMV 选项，如图 13-46 所示。

图 13-46　选择 WMV 选项

STEP 04 在下方的面板中单击"文件位置"右侧的"浏览"按钮，如图 13-47 所示。

STEP 05 弹出"选择路径"对话框，设置视频文件的输出名称与输出位置，如图 13-48 所示。

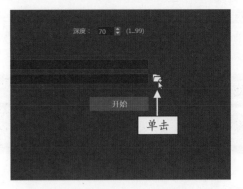

图 13-47　单击"浏览"按钮

图 13-48　设置视频输出属性

STEP 06 单击"保存"按钮，返回到会声会影"共享"步骤面板，单击下方的"开始"按钮，如图 13-49 所示。

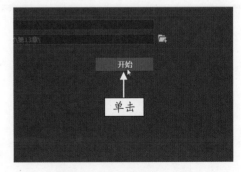

图 13-49　单击"开始"按钮

STEP 07 开始渲染 3D 视频文件，并显示渲染进度，如图 13-50 所示。

图 13-50　显示渲染进度

STEP 08 待 3D 视频文件输出完成后，弹出信息提示框，提示用户视频文件建立成功，单击 OK 按钮，如图 13-51 所示，完成 3D 视频文件的输出操作。

图 13-51　单击 OK 按钮

STEP 09 在预览窗口中单击"播放"按钮，预览输出的 3D 视频画面效果，如图 13-52 所示。

图 13-52　预览输出的 3D 视频画面

第14章

上传：在手机与网络中分享视频

章前知识导读

本章主要向读者介绍将制作的成品视频文件分享至安卓手机、苹果手机、iPad 平板电脑、优酷网站、今日头条以及抖音 APP 等，与好友一起分享制作的视频效果。

新手重点索引

- 在安卓与苹果手机中分享视频
- 在网络平台中分享视频
- 在 iPad 平板电脑中分享视频
- 应用百度网盘分享视频

效果图片欣赏

14.1 在安卓与苹果手机中分享视频

用户使用会声会影完成视频的制作与输出之后，可以对视频进行分享操作，本节将介绍在安卓与苹果手机中分享视频的操作方法。

14.1.1 将视频分享至安卓手机

在会声会影 2020，用户可以将制作好的成品视频分享到安卓手机，然后通过手机中安装的各种播放器播放制作的视频效果。下面介绍将视频分享至安卓手机的操作方法。

进入会声会影编辑器，单击"共享"标签，切换至"共享"步骤面板。在上方的面板中选择 MPEG-2 选项，表示输出 mpg 视频格式，在下方的面板中单击"文件位置"右侧的"浏览"按钮，即可弹出"选择路径"对话框，依次进入安卓手机视频文件夹，然后设置视频保存名称，如图 14-1 所示。

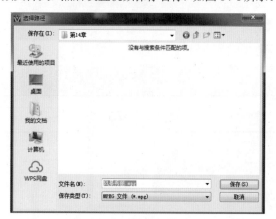

图 14-1　设置视频保存名称

单击"保存"按钮，返回到会声会影编辑器，单击下方的"开始"按钮，开始渲染视频文件，并显示渲染进度。稍等片刻，待视频文件输出完成后，弹出信息提示框，提示已成功渲染该文件，单击 OK 按钮。通过"计算机"窗口，打开安卓手机所在的磁盘文件夹，在其中可以查看已经输出与分享至安卓手机的视频文件，如图 14-2 所示。拔下数据线，在安卓手机中启动相应的视频播放软件，即可播放分享的视频画面。

图 14-2　查看视频文件

14.1.2 将视频分享至苹果手机

将视频分享至苹果手机有两种方式：第一种方式是通过手机助手软件，将视频文件上传至 iPhone 手机中；第二种方式是通过 iTunes 软件同步视频文件到 iPhone 手机中。下面介绍通过 iTunes 软件同步视频文件到 iPhone 手机并播放视频文件的操作方法。

使用会声会影编辑器，输出剪辑好的 MOV 视频，用数据线将 iPhone 与计算机连接，从"开始"菜单中启动 iTunes 软件，进入 iTunes 工作界面。单击界面右上角的 iPhone 按钮，进入 iPhone 界面，单击"应用程序"标签，如图 14-3 所示。

图 14-3　单击"应用程序"标签

执行操作后，切换至"应用程序"选项卡，在下方"文件共享"选项区中选择"暴风影音"软件，单击右侧的"添加"按钮。弹出"添加"对话框，选择前面输出的视频文件"花卉风景"，单击"打开"按钮，在 iTunes 工作界面的上方，将显示正在复制视频文件，并显示文件复制进度。稍等片刻，待视频文件复制完成后，将显示在"'暴风影音'的文档"列表中，表示视频文件上传成功，如图 14-4 所示。

的按钮，进入"本地缓存"面板，其中显示了刚上传的"花卉风景.avi"视频文件，点击该视频文件，如图 14-7 所示。

图 14-5　找到"暴风影音"应用程序　　图 14-6　欢迎界面

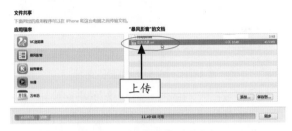

图 14-4　视频文件上传成功

拔掉数据线，在 iPhone 手机的桌面上找到"暴风影音"应用程序，如图 14-5 所示。点击该应用程序，运行暴风影音，显示欢迎界面，如图 14-6 所示。稍等片刻，进入暴风影音播放界面，点击界面右上角

图 14-7　点击该视频文件

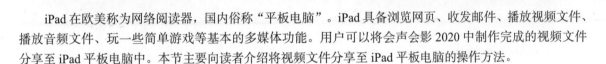

14.2　在 iPad 平板电脑中分享视频

iPad 在欧美称为网络阅读器，国内俗称"平板电脑"。iPad 具备浏览网页、收发邮件、播放视频文件、播放音频文件、玩一些简单游戏等基本的多媒体功能。用户可以将会声会影 2020 中制作完成的视频文件分享至 iPad 平板电脑中。本节主要向读者介绍将视频文件分享至 iPad 平板电脑的操作方法。

14.2.1　将 iPad 与电脑连接

将 iPad 与电脑连接的方式有两种，第一种方式是使用无线 WiFi 将 iPad 与电脑连接；第二种方式是使用数据线将 iPad 与电脑连接，将数据线的两端分别插入 iPad 与计算机的 USB 接口中，即可连接成功，如图 14-8 所示。

图 14-8　使用数据线连接电脑和 iPad

14.2.2 将视频分享至 iPad

使用会声会影编辑器，可以输出剪辑好的 WMV 视频。将 iPad 平板电脑与计算机相连接，从"开始"菜单中启动 iTunes 软件，进入 iTunes 工作界面，单击界面右上角的 iPad 按钮，如图 14-9 所示。进入 iPad 界面，单击界面上方的"应用程序"标签，切换至"应用程序"选项卡，在"文件共享"选项区中选择"PPS 影音"选项，单击右侧的"添加"按钮，如图 14-10 所示。

图 14-9 单击 iPad 按钮

图 14-10 单击"添加"按钮

弹出"添加"对话框，选择相应的视频文件，单击"打开"按钮，选择的视频文件将显示在"'PPS

影音'的文档"列表中，表示视频文件上传成功，如图 14-11 所示。

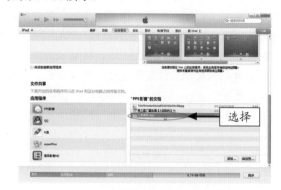

图 14-11 视频文件上传成功

拔掉数据线，在 iPad 平板电脑的桌面找到"PPS 影音"应用程序，点击该应用程序，运行 PPS 影音，显示欢迎界面。稍等片刻，进入 PPS 影音播放界面，在左侧点击"下载"按钮，在上方点击"传输"按钮，在"传输"选项面板中点击已上传的视频文件，如图 14-12 所示，即可在 iPad 平板电脑中用 PPS 影音播放分享的视频文件。

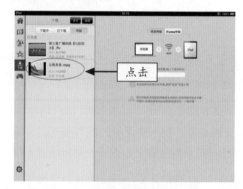

图 14-12 单击上传的视频文件

14.3 在网络平台中分享视频

用户在完成视频的制作与输出后，还可以在视频网络平台对视频进行分享操作。本节向读者介绍在优酷网、今日头条、抖音 APP、微信朋友圈以及微信公众平台等网络平台中分享视频的操作方法。

14.3.1 上传优酷：将视频上传至优酷网

优酷网是中国领先的视频分享网站之一，于 2006 年 6 月 21 日创立。优酷网以"快者为王"为产品理念，注重用户体验，不断完善服务策略，其卓尔不群的"快速播放，快速发布，快速搜索"的产品特性，充分满足用户日益增长的多元化互动需求。本节主要向读者介绍将视频分享至优酷网站的操作方法。如果平台更新后，面板有所更改，请用户根据实际情况及平台界面操作指示进行上传操作。

素材文件	无
效果文件	无
视频文件	视频 \ 第 14 章 \14.3.1　上传优酷：将视频上传至优酷网 .mp4

【操练 + 视频】
——上传优酷：将视频上传至优酷网

STEP 01 打开相应的浏览器，进入优酷视频首页，注册并登录优酷账号，在优酷首页的右上角位置，将鼠标指针移至"上传"文字上，在弹出的面板中单击"上传视频"超链接，如图 14-13 所示。

图 14-13　单击"上传视频"超链接

STEP 02 打开"上传视频 - 优酷"页面，单击"上传视频"按钮，如图 14-14 所示。

图 14-14　单击"上传视频"按钮

STEP 03 弹出"打开"对话框，在其中选择需要上传的视频文件，如图 14-15 所示。

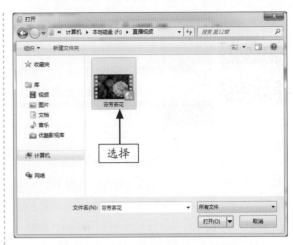

图 14-15　选择需要上传的视频文件

STEP 04 单击"打开"按钮，返回到"上传视频 - 优酷"页面，在页面上方显示了视频上传进度。稍等片刻，待视频文件上传完成后，页面中会显示 100%。在"视频信息"选项区域，设置视频的标题、简介、分类以及标签等内容，如图 14-16 所示。设置完成后，单击页面下方的"保存"按钮，即可成功上传视频文件，此时页面中提示用户视频上传成功，进入审核阶段。

图 14-16　设置视频信息

14.3.2　上传头条：将视频上传至今日头条

今日头条 APP 是一款用户量超过 4.8 亿的新闻阅读客户端，提供了最新的新闻、视频等资讯。下面介绍将会声会影中制作的视频文件上传至今日头条公众平台的操作方法。

素材文件	无
效果文件	无
视频文件	视频 \ 第 14 章 \14.3.2 上传头条：将视频上传至今日头条 .mp4

【操练＋视频】
——上传头条：将视频上传至今日头条

STEP 01 进入今日头条公众号后台，在界面中单击"上传视频"按钮，如图 14-17 所示。

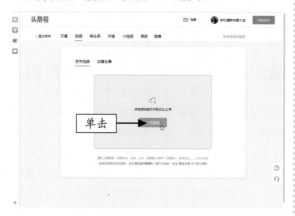

图 14-17 单击"上传视频"按钮

STEP 02 弹出"打开"对话框，选择需要上传的视频文件，如图 14-18 所示。

图 14-18 选择视频文件

STEP 03 单击"打开"按钮，开始上传视频文件，并显示上传进度，如图 14-19 所示。

图 14-19 显示上传进度

STEP 04 稍等片刻，提示视频上传成功，如图 14-20 所示，用户即可发表上传的视频。

图 14-20 提示视频上传成功

14.3.3 上传抖音：将视频上传至抖音 APP

抖音 APP 是目前比较热门的一个手机软件，很多自媒体和"网红"都喜欢将自己拍摄制作的短视频上传分享至抖音平台上。下面介绍上传本地视频至抖音 APP 的操作方法。如果平台更新后面板有所更改，请用户根据实际情况及平台界面操作指示进行上传操作。

STEP 01 进入抖音拍摄界面，点击右下角的"上传"按钮进入相应界面，如图 14-21 所示。

STEP 02 进入"上传"页面，在"视频"选项卡中，选择手机内的视频，如图 14-22 所示。

STEP 03 进入分段选取页面，用户可以在下方选取满意的片段，然后点击右上方的"下一步"按钮，开始合成短视频素材，如图 14-23 所示。

图 14-21　点击"上传"按钮　　图 14-22　选择视频文件　　图 14-23　合成短视频素材

STEP 04 合成完成后，进入短视频后期处理界面，用户可以在其中设置封面、添加音乐、特效、滤镜、贴纸等，执行操作后，点击"下一步"按钮，如图 14-24 所示。

图 14-25　点击"发布"按钮

图 14-24　点击"下一步"按钮

STEP 05 进入"发布"页面，为视频添加标题字幕后，点击下方的"发布"按钮，即可将视频上传分享，如图 14-25 所示。

14.3.4　上传微信：将视频上传至微信朋友圈

用户除了将视频文件分享给某一个好友外，还可以将视频发布分享至朋友圈中，这样就能让更多的微信好友看到视频文件。下面介绍分享视频至微信朋友圈的操作方法。

STEP 01 进入"朋友圈"界面，点击右上角的相机图标回，在弹出的列表中选择"从相册选择"选项，如图 14-26 所示。

STEP 02 进入"图片和视频"页面，点击页面下方的"图片和视频"按钮，在弹出的选项面板中选择"所有视频"选项，如图 14-27 所示。

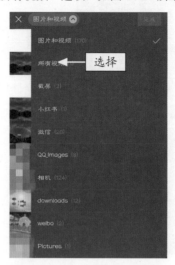

图 14-26　选择"从相册选择"选项　　　图 14-27　选择"所有视频"选项

STEP 03　进入"所有视频"选项面板，点击页面中的视频，如图 14-28 所示。

STEP 04　进入"编辑"页面，点击"完成"按钮，如图 14-29 所示。

STEP 05　进入视频发布页面，用户可以在上方的空白位置输入对视频文件的简短描述，然后点击"发表"按钮，如图 14-30 所示，即可将视频文件发布分享至朋友圈中。

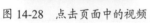

图 14-28　点击页面中的视频　　图 14-29　点击"完成"按钮　　图 14-30　点击"发表"按钮

14.3.5　上传公众号：将视频上传至微信公众平台

　　用户创建了微信公众号之后，就可以在公众号的后台上传视频文件了，下面以"会声会影 1 号"公众号为例，介绍上传视频至微信公众平台的操作方法。如果平台更新后面板有所更改，请用户根据实际情况及平台界面操作指示进行上传操作。

素材文件	无
效果文件	无
视频文件	视频 \ 第 14 章 \14.3.5　上传公众号：将视频上传至微信公众平台 .mp4

【操练 + 视频】

——上传公众号：将视频上传至微信公众平台

STEP 01 进入微信公众号后台，在"素材管理"界面单击"添加"按钮，如图 14-31 所示。

图 14-31　单击"添加"按钮

STEP 02 进入相应界面，单击"上传视频"按钮，如图 14-32 所示。

图 14-32　单击"上传视频"按钮

STEP 03 弹出"打开"对话框，选择需要导入的视

频文件，单击"打开"按钮，即可开始上传视频文件，并显示上传进度。稍后将提示文件上传成功，在下方输入视频的相关信息，如图 14-33 所示。

图 14-33　提示文件上传成功

STEP 04 滚动页面，在最下方单击"保存"按钮，即可完成视频的上传与添加操作，页面中提示视频正在转码，如图 14-34 所示。待转码完成后，即可在公众号中进行发布。

图 14-34　页面中提示视频正在转码

14.4　应用百度网盘分享视频

百度网盘是百度公司推出的一项类似于 iCloud 的网络存储服务，用户可以通过 PC 等多种平台进行数据共享。使用百度网盘，用户可以随时查看与共享文件。本节主要介绍通过百度网盘存储并分享视频的具体操作方法。

14.4.1　注册与登录百度网盘

在使用百度网盘的相关功能之前，首先需要注册并登录百度网盘，下面介绍注册并登录百度网盘的操作方法。如果平台更新后面板有所更改，请用户根据实际情况及平台界面操作指示进行上传操作。

	素材文件	无
	效果文件	无
	视频文件	视频 \ 第 14 章 \14.4.1　注册 与登录百度网盘 .mp4

【操练＋视频】
——注册与登录百度网盘

STEP 01 打开相应浏览器，进入百度网盘首页，单击"立即注册"按钮，如图 14-35 所示。

图 14-35　单击"立即注册"按钮

STEP 02 进入"欢迎注册"页面，在其中输入手机号码、密码，单击"获取验证码"按钮，即可以手机短信的方式获取短信验证码，如图 14-36 所示。

图 14-36　单击"获取验证码"按钮

STEP 03 在验证码右侧的数值框中，输入相应的验证码信息，单击"注册"按钮，即可完成注册。稍等片刻，即可进入百度网盘页面，如图 14-37 所示。

图 14-37　进入百度网盘页面

STEP 04 在页面的右上方，将鼠标指针移至用户名右侧的下拉按钮上，在弹出的下拉列表框中选择"退出"选项。弹出提示信息框，单击"确定"按钮，如图 14-38 所示，即可完成退出。回到登录界面，在页面中输入用户名、密码等信息，单击"登录"按钮，即可完成登录。

图 14-38　单击"确定"按钮

14.4.2　上传视频到网盘

在百度网盘界面中，通过"上传"按钮可以上传视频到网盘，下面介绍具体操作方法。

	素材文件	无
	效果文件	无
	视频文件	视频 \ 第 14 章 \14.4.2　上传 视频到网盘 .mp4

【操练 + 视频】
——上传视频到网盘

STEP 01 进入百度网盘账号后台，将鼠标指针移至"上传"按钮上，在弹出的列表框中选择"上传文件"选项，如图 14-39 所示。

图 14-39　选择"上传文件"选项

STEP 02 弹出"打开"对话框，在其中选择所要上传的文件，单击"打开"按钮，即可开始上传，并显示上传进度，如图 14-40 所示。稍等片刻，提示上传完成，即可在网盘中查看上传的文件。

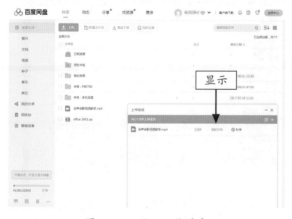

图 14-40　显示上传进度

14.4.3　从网盘发送视频给好友

当用户将视频上传至网盘后，接下来便可以将

视频发送给网友，一起分享作品。

素材文件	无
效果文件	无
视频文件	视频 \ 第 14 章 \14.4.3　从网盘发送视频给好友 .mp4

【操练 + 视频】
——从网盘发送视频给好友

STEP 01 进入网盘页面，在下方选中需要分享的视频文件，单击上方的"分享"按钮，如图 14-41 所示。

图 14-41　单击"分享"按钮

STEP 02 弹出"分享文件"对话框，切换至"发给好友"选项卡，在其中可以选择一个好友作为收件人，如图 14-42 所示。通过验证后，单击"分享"按钮，即可通过网盘分享视频文件。

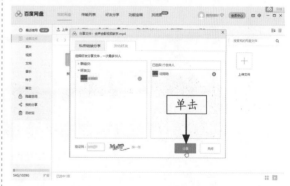

图 14-42　选择一个好友作为收件人

第15章

剪映：手机 APP 的后期制作

章前知识导读

快手和抖音是目前比较火爆的短视频社交软件，能让你轻松制作出格调很高的 Vlog 小视频，而且所有的功能简单易学，因此十分受用户青睐。本章主要介绍使用剪映 APP 剪辑视频以及在快手和抖音平台剪辑视频的方法。

新手重点索引

- 对视频进行基本处理
- 制作快手、抖音短视频
- 为视频添加艺术特效

效果图片欣赏

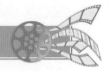

15.1　对视频进行基本处理

　　剪映 APP 是目前比较流行的一款视频剪辑软件，该软件简单好用，所有的功能简单易学，更有丰富的贴纸文本、海量背景音乐库以及超多的素材、滤镜、特效等，用户可以根据自己的喜好将视频编辑得更有个性。下面向大家介绍在剪映 APP 中对视频进行基本处理的方法。

15.1.1　导入视频：在 APP 中导入手机视频

　　处理视频之前，首先需要将视频导入剪映 APP 界面中，下面介绍导入的方法。

STEP 01 在应用商店中下载剪映 APP，并安装至手机中。打开剪映 APP 界面，点击上方的"开始创作"按钮，如图 15-1 所示。

STEP 02 进入手机相册，选择需要导入的多个视频文件，如图 15-2 所示。然后点击"添加到项目"按钮，即可将视频导入界面中，如图 15-3 所示。

图 15-1　点击"开始创作"按钮　　图 15-2　选择视频文件　　图 15-3　将视频导入界面

15.1.2　剪辑视频：删除不需要的视频片段

　　剪辑视频是指将视频剪辑成许多小段，这样才能分别对相应的视频画面进行单独处理，如删除、复制、移动、变速等。下面介绍剪辑视频中不需要的部分的方法。

STEP 01 选择导入的第一段视频文件，将时间线移至 12 秒位置，如图 15-4 所示。然后点击"分割"按钮，即可将视频分割为两段，如图 15-5 所示。

图 15-4　将时间线移至 12 秒位置　　图 15-5　将视频分割为两段

STEP 02 选择剪辑的后段视频，点击下方的"删除"按钮 🗑，如图 15-6 所示。

STEP 03 执行操作后，即可删除不需要的视频文件，如图 15-7 所示。

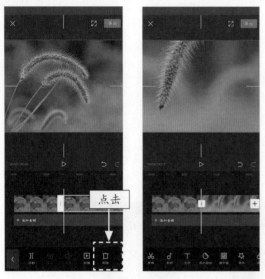

图 15-6　点击"删除"按钮　图 15-7　删除不需要的视频

15.1.3　变速处理：压缩视频素材的时长

快手和抖音等平台对于视频发布的时长有规定，如果视频太长，则需要对其进行变速处理，使慢动作的视频进行快动作播放，以压缩视频的时长。

STEP 01 选择一段视频文件，点击"变速"按钮 ⊘，如图 15-8 所示。

图 15-8　点击"变速"按钮

STEP 02 进入变速界面，将滑块移至 4.3x 的位置，进行 4.3 倍变速，此时 12 秒的视频被压缩成 3 秒的速度播放，如图 15-9 所示。

STEP 03 用与上同样的方法，对第二段视频进行 4.1x 的变速，如图 15-10 所示。

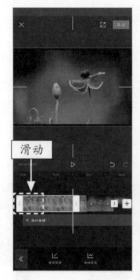

图 15-9　压缩成 3 秒的速　图 15-10　进行 4.1x 的变速
度播放

STEP 04 点击"播放"按钮 ▷，预览剪辑、变速后的视频效果，如图 15-11 所示。

图 15-11　预览剪辑、变速后的视频效果

15.1.4　静音处理：消除视频素材的原声

我们用手机拍摄视频时，视频中会有许多的背景杂音，这些声音并不符合我们对于视频的编辑需求，此时需要去除视频的背景原声，以方便后期再重新添加背景音乐。下面介绍静音处理视频文件原声的操作方法。

STEP 01　选择一段视频，点击下方的"音量"按钮，如图 15-12 所示。

STEP 02　进入"音量"调整界面，显示调节杆，如图 15-13 所示。

STEP 03　向左滑动调节杆，将音量调至 0，即可静音处理，如图 15-14 所示。

  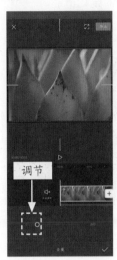

图 15-12　点击"音量"按钮　　图 15-13　显示调节杆　　图 15-14　将音量调至 0

15.1.5　色彩处理：调整视频的色彩色调

用手机录制视频画面时，如果画面的色彩没有达到要求，可以通过剪映 APP 中的"调节"功能对视频画面的色彩进行调整。本节主要介绍调整视频色彩与色调的操作方法。

STEP 01　选择一段视频，点击"调节"按钮，如图 15-15 所示。

STEP 02　进入调节界面，设置"亮度"为 27，效果如图 15-16 所示。

STEP 03　设置"对比度"为 18，使视频更加清晰，效果如图 15-17 所示。

图 15-15　点击"调节"按钮　　图 15-16　设置亮度　　图 15-17　设置对比度

STEP 04 设置"饱和度"为 20，调整视频的饱和度，效果如图 15-18 所示。
STEP 05 设置"色温"为 21，调出视频的暖色调，效果如图 15-19 所示。
STEP 06 设置"色调"为 14，调整视频的整体色调，效果如图 15-20 所示。

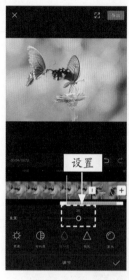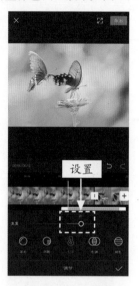

图 15-18 设置饱和度　　　　图 15-19 设置色温　　　　图 15-20 设置色调

STEP 07 色彩处理完成后，单击"播放"按钮，预览效果，如图 15-21 所示。

图 15-21 视频效果预览

15.2 为视频添加艺术特效

在剪映 APP 中，不仅可以对视频素材进行基本的处理，调整视频画面的颜色，还可以为视频添加艺术特效，如动画、滤镜、字幕、音乐等，使制作的视频更加丰富多彩。本节主要介绍制作视频特效的各种操作方法。

15.2.1 添加转场：制作视频转场特效

转场其实就是一种特殊的滤镜，它是在两个视频素材之间的过渡效果。从本质上讲，影片剪辑就是选取所需的图像以及视频片段进行重新排列组合，而转场效果就是连接这些素材的方式，所以转场效果的应用在视频编辑领域占有很重要的地位。下面介绍制作视频转场特效的操作方法，具体步骤如下。

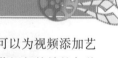

STEP 01 在轨道中，点击两段视频之间的"转场"按钮 Ⅰ，如图 15-22 所示。

STEP 02 进入转场界面，点击"幻灯片"标签，切换至该选项卡，点击"翻页"转场，如图 15-23 所示。

图 15-22　点击"转场"按钮　图 15-23　点击"翻页"转场

STEP 03 点击右下角的 ✓ 按钮，添加视频转场效果。点击"播放"按钮，即可预览添加的"翻页"转场效果，如图 15-24 所示。

图 15-24　预览"翻页"转场效果

15.2.2　开幕画面：制作视频开幕特效

剪映 APP 中包含多种视频特效，应用在视频画面上可以呈现出专业级别的视频效果，下面介绍为视频添加开幕式画面特效的操作方法。

STEP 01 选择一段视频，点击下方的"特效"按钮 ✦，如图 15-25 所示。

STEP 02 展开特效面板，点击"开幕Ⅱ"特效，如图 15-26 所示。

图 15-25　点击"特效"按钮　图 15-26　点击"开幕Ⅱ"特效

STEP 03 即可将该特效应用于画面上，轨道中显示了特效文件，如图 15-27 所示。

图 15-27　显示特效文件

271

STEP 04 点击预览窗口下方的"播放"按钮，即可预览开幕式视频画面特效，如图 15-28 所示。这种开幕式特效适合用在视频的开头位置。

图 15-28 预览开幕式视频画面特效

15.2.3 添加贴纸：制作卡通动画效果

贴纸是一种卡通元素，可以使视频画面更加活泼可爱。下面介绍添加贴纸动画效果的操作方法，具体步骤如下。

STEP 01 将时间线定位到需要添加贴纸的位置，如图 15-29 所示。

图 15-29 定位时间线

STEP 02 点击"添加贴纸"按钮，选择卡通动物贴纸，如图 15-30 所示。

STEP 03 在预览窗口中调整贴纸的大小、位置以及区间长度等属性，如图 15-31 所示。

图 15-30 选择动物贴纸   图 15-31 调整贴纸属性

STEP 04 单击"播放"按钮，即可预览添加贴纸后的视频效果，如图 15-32 所示。

图 15-32 预览添加贴纸后的视频效果

15.2.4 添加文本：创建字幕解说效果

字幕可以传达画面以外的信息，下面介绍添加字幕解说的操作方法。

STEP 01 点击界面下方的"文字"按钮▮，如图 15-33 所示。

STEP 02 进入相应界面，点击左下角的"新建文本"按钮▮，如图 15-34 所示。

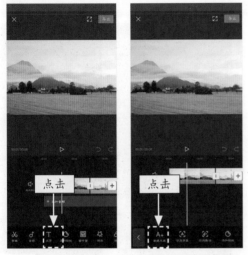

图 15-33　点击"文字"按钮　图 15-34　点击"新建文本"按钮

STEP 03 进入字幕编辑区域，输入文本内容，设置字体样式，如图 15-35 所示。

STEP 04 用同样的方法，在其他位置输入相应文本内容，如图 15-36 所示。

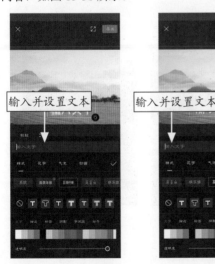

图 15-35　设置字体样式　图 15-36　创建其他文本

STEP 05 点击▮按钮，完成文本的输入，在轨道中可以查看创建的文本以及文本区间长度，如图 15-37 所示。

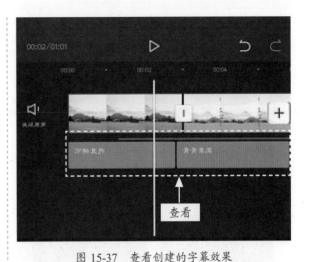

图 15-37　查看创建的字幕效果

STEP 06 点击"播放"按钮，预览添加的字幕解说效果，如图 15-38 所示。

图 15-38　预览添加的字幕解说效果

15.2.5　添加音乐：匹配视频背景音乐

影视作品是一门声画艺术，音频在影片中是不可或缺的元素，如果一部影片缺少了声音，再优美的画面也将黯然失色。下面介绍为视频添加背景音乐的操作方法。

STEP 01 将时间线移至开始位置，点击下方的"音频"按钮▮，如图 15-39 所示。

STEP 02 进入相应界面，点击下方的"音乐"按钮 ⚬，如图 15-40 所示。

STEP 03 进入"添加音乐"界面，其中包括许多音乐文件，选择某一首歌，可以试听声音效果，然后点击"使用"按钮，如图 15-41 所示。

图 15-39　点击"音频"按钮　图 15-40　点击"音乐"按钮

图 15-41　点击"使用"按钮

STEP 04 即可将选择的音乐添加至轨道中，如图 15-42 所示。

STEP 05 对音乐的后半段进行分割与删除，只留下 13 秒的音乐，如图 15-43 所示。

STEP 06 选择音乐文件，点击"淡化"按钮，设置音乐的淡入、淡出时长，如图 15-44 所示。这样音乐在结束的时候会缓缓地淡出，直至声音消失。

STEP 07 在视频编辑界面，点击右上角的"导出"按钮，如图 15-45 所示。

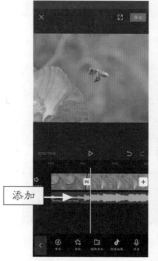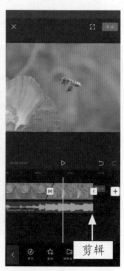

图 15-42　添加音乐文件　图 15-43　剪辑音乐文件

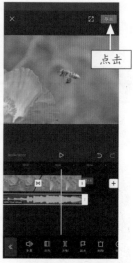

图 15-44　设置淡入淡出时长　图 15-45　点击"导出"
按钮

STEP 08 开始导出视频文件，如图 15-46 所示。

STEP 09 稍等片刻，界面中提示导出完成，如图 15-47 所示，在手机的图库中即可查看导出的视频效果。

图 15-46　导出视频文件　　　　图 15-47　提示导出完成

15.3　制作快手、抖音短视频

短视频，是现今社会流行的自我展示方式，相比文字和图片，视频更具即视感和吸引力，能在第一时间快速抓住受众的眼球。下面主要向大家介绍在快手和抖音 APP 中制作热门短视频的操作方法。

15.3.1　快手视频 1：制作"蝴蝶梦"视频

在快手 APP 中，拍摄视频时可以应用快闪视频里面的效果模板，制作出光彩绚丽的短视频。下面介绍制作"蝴蝶梦"视频的操作方法。

STEP 01　进入视频拍摄界面，点击左上角的"快闪视频"按钮，如图 15-48 所示。

STEP 02　执行操作后，进入"快闪视频"界面，如图 15-49 所示。

图 15-48　点击"快闪视频"按钮　　图 15-49　"快闪视频"界面

STEP 03 在下方选择"蝴蝶梦"主题模板，点击"开始制作"按钮，如图 15-50 所示。

STEP 04 进入"蝴蝶梦"模板详情页，点击"添加图片"按钮，如图 15-51 所示。

图 15-50　选择"蝴蝶梦"　图 15-51　点击"添加图片"
　　　　　主题模板　　　　　　　　　按钮

STEP 05 进入手机相册，根据要求选择 4 张照片，如图 15-52 所示。

STEP 06 点击"下一步"按钮，即可自动合成快闪视频，如图 15-53 所示。

图 15-52　选择照片　图 15-53　自动合成快闪视频

STEP 07 点击"预览"按钮，即可预览快闪视频效果，如图 15-54 所示。用户如果对照片不满意，也可以点击"批量替换"按钮快速更换照片。

STEP 08 点击"下一步"按钮，进入短视频编辑界面，用户可以在此给视频添加文字、滤镜、配乐、贴纸等，还可以设置视频封面，如图 15-55 所示。

STEP 09 点击"下一步"按钮，进入发布界面，自动添加"＃快闪视频"话题，如图 15-56 所示。

图 15-54　预览快闪视频效果

图 15-55　短视频编辑界面 图 15-56　快闪视频发布界面

STEP 10 点击"发布"按钮，即可发布短视频，如图 15-57 所示。

STEP 11 在信息流列表中点击刚发布的快闪视频，即可查看制作的视频效果，如图 15-58 所示。

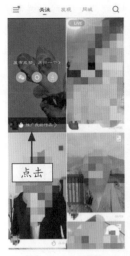

图 15-57　发布短视频　　图 15-58　查看视频效果

15.3.2　快手视频 2：制作"咳咳了解"视频

快手有一首背景音乐很火，开头就是"咳咳"两声，然后"嗯"一下之后，就是一个可爱的女声"了解"！其中最难的地方就是"了解"这个音的卡点。用户可以使用快手的"咳咳了解"快闪视频模板，快速制作出同款短视频效果。

进入视频拍摄界面，点击左上角的"快闪视频"按钮进入其界面，在下方选择"咳咳了解"主题模板，点击"开始制作"按钮，并添加 4 张照片，即可自动合成快闪视频，如图 15-59 所示。

图 15-59　"咳咳了解"短视频特效制作及展示

15.3.3　抖音视频 1：制作"美颜瘦脸"视频

磨皮、瘦脸、大眼都是如今很多手机视频拍摄

软件中的美颜利器，能够使视频拍摄的模特皮肤变好、脸变小、眼睛变大。抖音的美颜功能操作很简单，能让视频里的人物快速变美。进入抖音 APP 拍摄界面，将镜头对准人物脸部，如图 15-60 所示。点击"美化"按钮，进入其编辑界面，如图 15-61 所示。

图 15-60　抖音 APP 拍摄界面　图 15-61　"美化"编辑界面

首先设置"磨皮"选项，将拉杆向右拖曳至最大，即可明显看到人物的皮肤变得更加白嫩，如图 15-62 所示。接下来点击"瘦脸"按钮，切换至该功能界面，将拉杆向右拖曳至最大，即可看到人物的脸颊、下巴和额头都明显变窄，如图 15-63 所示。

图 15-62　磨皮处理　　　图 15-63　瘦脸处理

最后点击"大眼"按钮，切换至该功能界面，将拉杆拖至合适位置即可让眼睛变大，效果如图 15-64 所示。另外，用户还可以给视频添加一

些人物滤镜效果，让整体画面更加美观，效果如图 15-65 所示。

图 15-64　大眼处理　　　图 15-65　处理效果

15.3.4　抖音视频 2：制作"影集效果"视频

抖音支持影集功能，用户应用该功能，可以制作出圆环遮罩的影集视频，下面介绍具体的制作方法。

STEP 01　在抖音拍摄界面点击底部的"影集"按钮，切换至该拍摄模式，选择一个合适的影集模板，点击"使用"按钮，如图 15-66 所示。

图 15-66　选择合适的影集模板

STEP 02　执行操作后，即可下载该模板，如图 15-67 所示。

STEP 03　下载完成后，进入照片选择界面。每个影集对照片数量都有要求，根据要求选择要添加到影集中的照片，然后点击"确定"按钮，如图 15-68 所示。

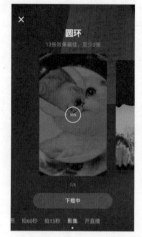 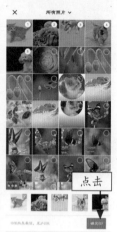

图 15-67　下载模板　　　图 15-68　点击"确定"按钮

STEP 04　即可自动合成影集视频，用户可以在此给视频添加特效、文字、滤镜、贴纸和配乐等元素，如图 15-69 所示。

STEP 05　点击右上角的"选配乐"按钮，可以给影集添加一个合适的背景音乐，让作品更容易引起受众的情绪共鸣，如图 15-70 所示。

图 15-69　合成影集视频　图 15-70　添加背景音乐

STEP 06　点击"文字"按钮，可以给影集添加标题或者说明文字，并调整文字的位置、字体和颜色等，如图 15-71 所示。

STEP 07　点击"完成"按钮，即可添加文字效果，如图 15-72 所示。

图 15-71　编辑文字　　图 15-72　添加文字效果

图 15-73　短视频影集效果

STEP 08 点击"下一步"按钮进入发布界面，设置好发布选项后点击"发布"按钮，即可发布短视频影集作品，效果如图 15-73 所示。

第16章

抖音延时视频——《星空银河》

章前知识导读

　　很多时候，用户拍摄的视频会有时间太长、画质不好等瑕疵，使用会声会影2020可以在后期对视频进行调速延迟、色调处理，使画面更具渲染力，增强视觉冲击力。本章主要介绍对有瑕疵的视频进行后期处理的操作方法。

新手重点索引

　　效果欣赏　　　　　　　　视频制作过程

　　视频后期处理

效果图片欣赏

银河延时

心里藏着小星星，生活才能亮晶晶

错过了日落的黄昏，请记得还有夜晚的星空

16.1　效果欣赏

会声会影的奇妙之处，不仅在于视频转场和滤镜的套用，更在于巧妙地将这些功能组合运用，用户可根据自己的需要，将相同的素材打造出不同的效果，为视频赋予新的生命。在学习制作方法前，先欣赏画面效果，并掌握技术提炼等内容。

16.1.1　效果预览

本实例介绍的是制作抖音视频——《星空银河》，实例效果如图 16-1 所示。

图 16-1　《星空银河》效果欣赏

16.1.2　技术提炼

首先进入会声会影编辑器，在媒体库中导入相应的视频媒体素材，为视频制作片头，将《星空银河》视频文件导入视频轨中，调整视频延时速度，添加滤镜效果，然后制作视频片尾，在标题轨中为视频添加标题字幕，最后为视频添加背景音乐并输出为视频文件。

16.2　视频制作过程

本节主要介绍抖音视频——《星空银河》的制作过程，包括导入延时视频素材、制作视频片头特效、制作延时视频效果、制作视频片尾特效以及制作视频字幕效果等内容。

16.2.1 导入延时视频素材

在制作视频效果之前，首先需要导入相应的视频媒体素材，导入后才能对媒体素材进行相应编辑。下面介绍导入延时视频素材的操作方法。

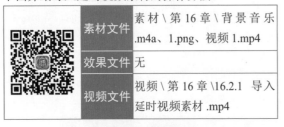

素材文件	素材 \ 第 16 章 \ 背景音乐 .m4a、1.png、视频 1.mp4
效果文件	无
视频文件	视频 \ 第 16 章 \16.2.1　导入延时视频素材 .mp4

【操练＋视频】
——导入延时视频素材

STEP 01 在会声会影 2020 的整个界面右上角单击"媒体"按钮，切换至"媒体"素材库，如图 16-2 所示。

图 16-2　单击"媒体"按钮

STEP 02 单击库导航面板上方的"添加"按钮，新增一个"文件夹"选项，如图 16-3 所示。

图 16-3　新增"文件夹"选项

STEP 03 单击素材库上方的"显示音频文件"按钮，如图 16-4 所示。

STEP 04 在右侧的空白位置右击，弹出快捷菜单，选择"插入媒体文件"命令，如图 16-5 所示。

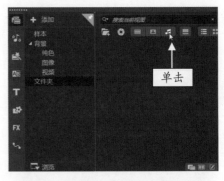

图 16-4　单击"显示音频文件"按钮

图 16-5　选择"插入媒体文件"命令

STEP 05 弹出"选择媒体文件"对话框，如图 16-6 所示。

图 16-6　"选择媒体文件"对话框

STEP 06 在其中选择需要导入的媒体文件，单击"打开"按钮，如图 16-7 所示。

STEP 07 将素材导入"文件夹"选项面板中，在其中可以查看导入的素材文件，如图 16-8 所示。

图 16-7　单击"打开"按钮

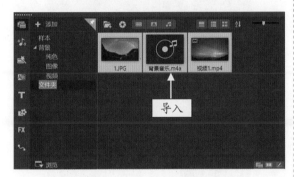

图 16-8　导入的媒体文件

16.2.2　制作视频片头特效

将素材导入"媒体"素材库的"文件夹"选项卡中后，接下来可以为视频制作片头动画效果，增添影片的观赏性。下面介绍制作《星空银河》视频片头特效的操作方法。

素材文件	无
效果文件	无
视频文件	视频 \ 第 16 章 \16.2.2　制作视频片头特效 .mp4

【操练 + 视频】
——制作视频片头特效

STEP 01　在"文件夹"选项面板中选择 1.JPG 素材，如图 16-9 所示。

STEP 02　按住鼠标左键拖曳，将其添加到视频轨中的开始位置，如图 16-10 所示。

图 16-9　选择 1.JPG 素材

图 16-10　添加素材

STEP 03　打开"编辑"选项面板，设置素材"照片区间"为 0:00:05:000，如图 16-11 所示。

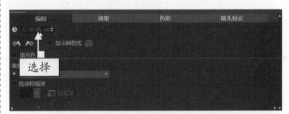

图 16-11　设置素材照片区间

STEP 04　选中"摇动和缩放"单选按钮，如图 16-12 所示。

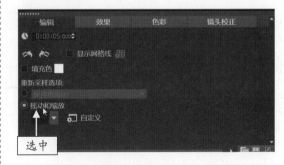

图 16-12　选中"摇动和缩放"单选按钮

STEP 05 单击"自定义"按钮，如图 16-13 所示。

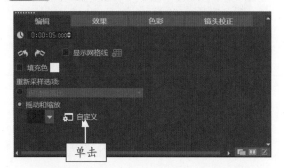

图 16-13　单击"自定义"按钮

STEP 06 在弹出的"摇动和缩放"对话框中设置开始动画参数，如图 16-14 所示。

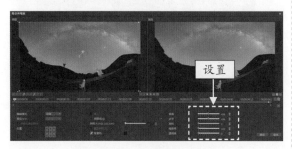

图 16-14　设置开始动画参数

STEP 07 继续在"摇动和缩放"对话框中设置结束动画参数，然后单击"确定"按钮，如图 16-15 所示。

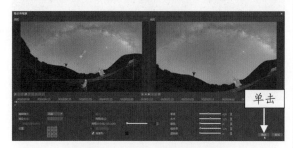

图 16-15　单击"确定"按钮

▶ 专家指点

　　添加摇动效果，用户还可以单击"自定义"左侧的下拉按钮，在弹出的下拉列表框中，选择相应的预设样式，为素材添加摇动效果。

STEP 08 单击"转场"按钮 AB，切换至"转场"素材库，如图 16-16 所示。

STEP 09 在库导航面板中选择"过滤"选项，如图 16-17 所示。

STEP 10 在"过滤"转场组中，选择"淡化到黑色"转场，如图 16-18 所示。

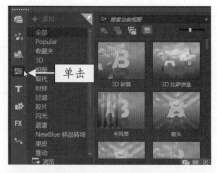

图 16-16　单击"转场"按钮

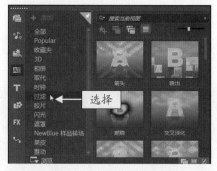

图 16-17　选择"过滤"选项

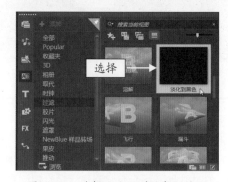

图 16-18　选择"淡化到黑色"转场

STEP 11 按住鼠标左键拖曳"淡化到黑色"转场，将其添加至视频轨中的图像素材后方，如图 16-19 所示。

图 16-19　添加"淡化到黑色"转场

STEP 12 单击导览面板中的"播放"按钮，即可预览制作的视频效果，如图 16-20 所示。

图 16-20　预览视频效果

16.2.3　制作延时视频效果

在会声会影 2020 中，完成视频的片头制作后，需要对导入的视频进行调速剪辑、滤镜添加等操作，从而使视频画面具有特殊的效果。

素材文件	无
效果文件	无
视频文件	视频 \ 第 16 章 \16.2.3　制作延时视频效果 .mp4

【操练 + 视频】
——制作延时视频效果

STEP 01 在"文件夹"选项卡中，选择"视频 1.mp4"视频素材，如图 16-21 所示。

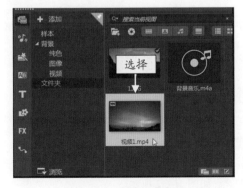

图 16-21　选择视频素材

STEP 02 按住鼠标左键并拖曳视频素材，将其添加到视频轨中 00:00:05:00 的位置处，如图 16-22 所示。

图 16-22　将素材添加到视频轨中

STEP 03 选择"视频 1.mp4"视频，打开"编辑"选项面板，在其中单击"速度 / 时间流逝"按钮，如图 16-23 所示。

图 16-23　单击"速度 / 时间流逝"按钮

STEP 04 弹出"速度 / 时间流逝"对话框，在其中设置"新素材区间"为 0:00:15:0，如图 16-24 所示。

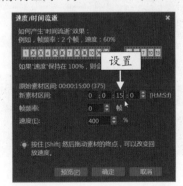

图 16-24　设置"新素材区间"参数

STEP 05 设置完成后单击"确定"按钮，如图 16-25 所示，在预览窗口可以查看调速后的视频效果。

图 16-25 单击"确定"按钮

STEP 06 单击"滤镜"按钮 **FX**，切换至"滤镜"素材库，如图 16-26 所示。

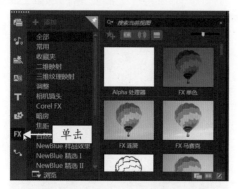

图 16-26 单击"滤镜"按钮

STEP 07 在库导航面板中选择"NewBlue 精选 I"选项，如图 16-27 所示。

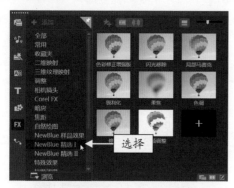

图 16-27 选择"NewBlue 精选 I"选项

STEP 08 在打开的滤镜组中，选择"色调"滤镜，如图 16-28 所示。

STEP 09 按住鼠标左键将其拖曳至"视频 1.mp4"视频素材上，如图 16-29 所示。

图 16-28 选择"色调"滤镜

图 16-29 拖曳滤镜至相应素材上

STEP 10 展开"效果"选项面板，在其中单击"自定义滤镜"按钮，如图 16-30 所示。

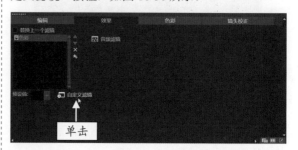

图 16-30 单击"自定义滤镜"按钮

STEP 11 弹出"NewBlue 色彩"对话框，如图 16-31 所示。

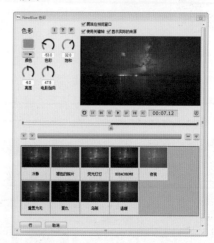

图 16-31 弹出"NewBlue 色彩"对话框

STEP 12 将游标移至开始位置，设置"色彩"为 4.2，"饱和"为 31.9，"亮度"为 -2.1，"电影伽玛"为 47.7，如图 16-32 所示。

图 16-32 设置"色彩"参数（1）

STEP 13 将游标移至 00:07:12 位置，设置"色彩"为 0，"饱和"为 39.4，"亮度"为 -16.5，"电影伽玛"为 56.8，如图 16-33 所示。

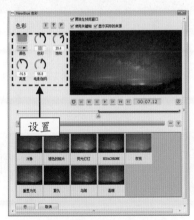

图 16-33 设置"色彩"参数（2）

STEP 14 将游标移至结束位置，设置"色彩"为 -4.2，"饱和"为 36.6，"亮度"为 -6.0，"电影伽玛"为 82.1，如图 16-34 所示。

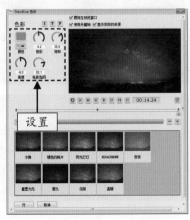

图 16-34 设置"色彩"参数（3）

STEP 15 在下方单击"行"按钮，如图 16-35 所示，即可完成"色调"滤镜效果的制作。

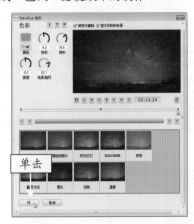

图 16-35 单击"行"按钮

STEP 16 在导览面板中单击"播放"按钮▶，即可查看视频的调色效果，如图 16-36 所示。

图 16-36 预览视频的调色效果

▶ 专家指点

在"NewBlue 色彩"对话框中，移动游标的位置，调整"色彩"参数后，在游标所在位置会自动添加一个关键帧（以红色标记显示）。

16.2.4 制作视频片尾特效

在完成视频内容剪辑之后，用户可以在会声会影中为视频添加片尾特效，这样可以使视频更加完整。

素材文件	无
效果文件	无
视频文件	视频 \ 第 16 章 \16.2.4 制作视频片尾特效 .mp4

【操练＋视频】
——制作视频片尾特效

STEP 01 单击"转场"按钮 AB，切换至"转场"素材库，如图 16-37 所示。

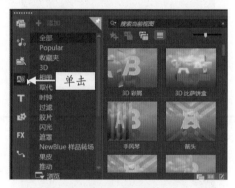

图 16-37 单击"转场"按钮

STEP 02 在库导航面板中选择"过滤"选项，如图 16-38 所示。

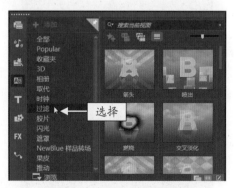

图 16-38 选择"过滤"选项

STEP 03 在"过滤"转场组中选择"淡化到黑色"转场，如图 16-39 所示。

图 16-39 选择"淡化到黑色"转场

STEP 04 按住鼠标左键，拖曳"淡化到黑色"转场至视频轨中的"视频 1.mp4"素材后面，如图 16-40 所示。

图 16-40 拖曳"淡化到黑色"转场

STEP 05 释放鼠标左键，即可添加"淡化到黑色"转场，如图 16-41 所示。至此，完成视频片尾特效的制作。

图 16-41 添加"淡化到黑色"转场

STEP 06 单击导览面板中的"播放"按钮，即可预览制作的视频片尾效果，如图 16-42 所示。

图 16-42 视频片尾效果

16.2.5　制作视频字幕效果

在会声会影 2020 中，用户可以为制作的《星空银河》视频画面添加字幕，以简明扼要地对视频进行说明。下面介绍添加《星空银河》字幕的操作方法。

素材文件	无
效果文件	无
视频文件	视频 \ 第 16 章 \16.2.5　制作视频字幕效果 .mp4

【操练 + 视频】
——制作视频字幕效果

STEP 01 在时间轴面板中，将时间线移至 00:00:00:002 的位置，如图 16-43 所示。

图 16-43　移动时间线

STEP 02 切换至"标题"素材库，在预览窗口中双击，在文本框中输入"银河延时"，如图 16-44 所示。

图 16-44　输入内容

STEP 03 在"标题选项"|"字体"选项面板中，设置"区间"为 0:00:03:023，"字体"为"长城行楷体"，"颜色"为黄色，"字体大小"为 85，如图 16-45 所示。

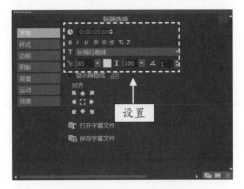

图 16-45　设置字幕参数

STEP 04 选择预览窗口中的标题字幕并调整位置，如图 16-46 所示。

图 16-46　调整位置

STEP 05 在"标题选项"面板中单击"运动"标签，展开"运动"选项面板，如图 16-47 所示。

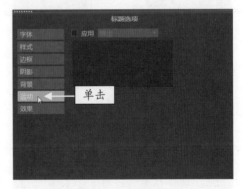

图 16-47　单击"运动"标签

STEP 06 选中"应用"复选框，如图 16-48 所示。

STEP 07 单击"选取动画类型"下拉按钮▼，弹出下拉列表框，如图 16-49 所示。

STEP 08 在弹出的下拉列表框中选择"移动路径"选项，如图 16-50 所示。

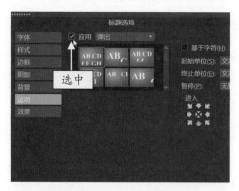

图 16-48　选中"应用"复选框

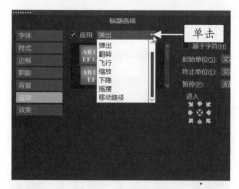

图 16-49　单击"选取动画类型"下拉按钮

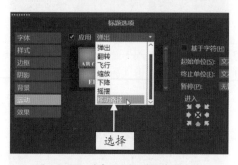

图 16-50　选择"移动路径"选项

STEP 09 在下方的列表框中，选择第 2 排第 2 个字幕运动样式，如图 16-51 所示。

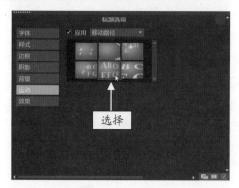

图 16-51　选择字幕运动样式

STEP 10 在导览面板中，调整字幕运动的暂停区间，如图 16-52 所示。

图 16-52　调整字幕运动的暂停区间

STEP 11 在标题轨中选择并复制字幕文件，如图 16-53 所示。

图 16-53　复制字幕文件

STEP 12 将字幕文件粘贴至 00:00:05:00 的位置处，如图 16-54 所示。

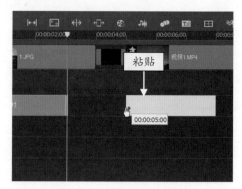

图 16-54　粘贴字幕文件

STEP 13 在预览窗口中更改字幕内容，如图 16-55 所示。

STEP 14 展开"标题选项"|"字体"选项面板，设置"区间"为 00:00:04:009，"字体"为"华文

楷体"，"颜色"为白色，"字体大小"为40，如图 16-56 所示，并在预览窗口中调整字幕的位置。

图 16-55　更改字幕内容

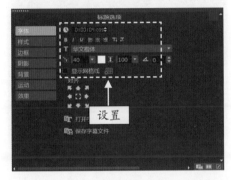

图 16-56　设置字幕"字体"属性

STEP 15 在"标题选项"面板中，单击"运动"标签，展开"运动"选项面板，如图 16-57 所示。

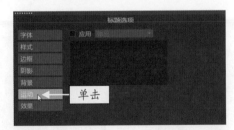

图 16-57　单击"运动"标签

STEP 16 选中"应用"复选框，如图 16-58 所示。

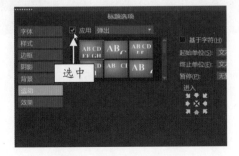

图 16-58　选中"应用"复选框

STEP 17 单击"选取动画类型"下拉按钮 ▼，弹出下拉列表框，如图 16-59 所示。

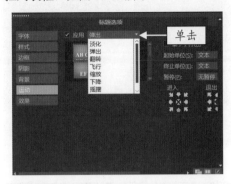

图 16-59　单击"选取动画类型"下拉按钮

STEP 18 在弹出的下拉列表框中选择"淡化"选项，如图 16-60 所示。

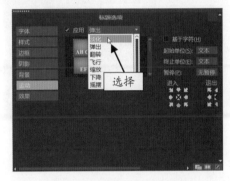

图 16-60　选择"淡化"选项

STEP 19 在下方的列表框中选择第 1 排第 1 个淡化样式，如图 16-61 所示。

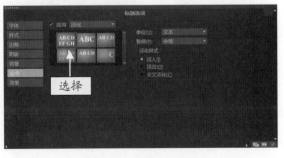

图 16-61　选择淡化样式

STEP 20 在导览面板中调整字幕的暂停区间，如图 16-62 所示。

STEP 21 在标题轨中选择并复制上一个制作的字幕文件，如图 16-63 所示。

图 16-62 调整字幕的暂停区间

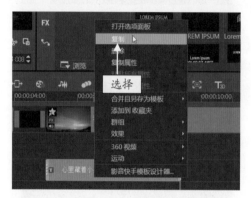

图 16-63 复制上一个制作的字幕文件

STEP 22 将上一个字幕文件粘贴至 00:00:10:00 的位置，如图 16-64 所示。

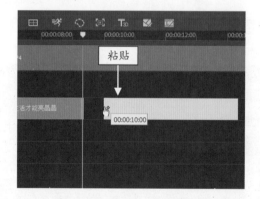

图 16-64 粘贴上一个字幕文件

STEP 23 在预览窗口中更改字幕内容，如图 16-65 所示。

STEP 24 用与上同样的方法，选择并复制上一个制作的字幕文件，粘贴至标题轨中 00:00:15:00 的位置处，并更改字幕内容，如图 16-66 所示。

图 16-65 更改字幕内容（1）

图 16-66 更改字幕内容（2）

STEP 25 展开"标题选项"|"字体"选项面板，在其中设置字幕"区间"为 00:00:04:000，"字体大小"为 40，如图 16-67 所示，然后在预览窗口中调整字幕位置。

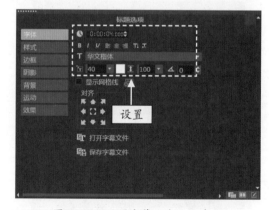

图 16-67 设置字幕"字体"参数

STEP 26 执行上述操作后，单击导览面板中的"播放"按钮，即可预览视频中的标题字幕动画效果，如图 16-68 所示。

图 16-68　预览视频中的标题字幕动画效果

16.3　视频后期处理

通过对影片的后期处理，可以为影片添加各种音乐及特效，并输出视频文件，使影片更具珍藏价值。本节主要介绍制作视频的背景音乐特效以及渲染输出《星空银河》视频的操作方法。

16.3.1　制作视频配音效果

视频经过前期的调整制作后，用户可为其添加背景音乐，以增加视频的感染力。下面介绍制作视频背景音乐的操作方法。

素材文件	无
效果文件	无
视频文件	视频 \ 第 16 章 \16.3.1　制作视频配音效果 .mp4

【操练＋视频】
——制作视频配音效果

STEP 01 将时间线移至素材的开始位置，在"文件夹"选项卡中选择"背景音乐 .m4a"音频素材，如图 16-69 所示。

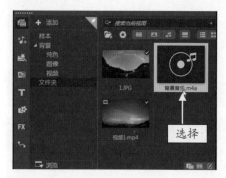

图 16-69　选择音频素材

STEP 02 按住鼠标左键并拖曳，将音频素材添加到音乐轨中，如图 16-70 所示。

图 16-69　添加音频素材

STEP 03 展开"音乐和声音"选项面板，在其中设置音频素材的"区间"为 00:00:19:000，如图 16-71 所示。

图 16-71　设置音频素材区间

STEP 04 单击"淡入"和"淡出"按钮 ，如图 16-72 所示，即可为背景音乐添加淡入、淡出效果。

图 16-72　单击"淡入""淡出"按钮

16.3.2　渲染输出影片文件

项目文件编辑完成后，用户即可对其进行渲染输出。渲染时间是根据编辑项目的长短以及计算机配置的高低而略有不同。下面向读者介绍渲染输出视频文件的操作方法。

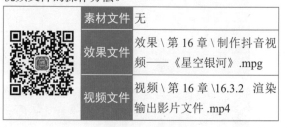

素材文件	无
效果文件	效果 \ 第 16 章 \ 制作抖音视频——《星空银河》.mpg
视频文件	视频 \ 第 16 章 \16.3.2　渲染输出影片文件 .mp4

【操练＋视频】
——渲染输出影片文件

STEP 01 切换至"共享"步骤面板，在其中选择 MPEG-2 选项，如图 16-73 所示。

图 16-73　选择 MPEG-2 选项

STEP 02 在"配置文件"右侧的下拉列表框中，选择第 3 个选项，如图 16-74 所示。

STEP 03 在下方的面板中单击"文件位置"右侧的"浏览"按钮 ，如图 16-75 所示。

STEP 04 弹出"选择路径"对话框，在其中设置文件的保存位置和名称，单击"保存"按钮，如图 16-76 所示。

STEP 05 返回到会声会影"共享"步骤面板，单击"开始"按钮，如图 16-77 所示。

图 16-74　选择配置文件

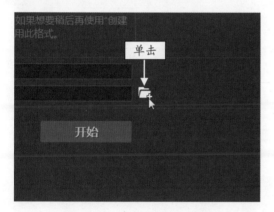

图 16-75　单击"浏览"按钮

图 16-76　"选择路径"对话框

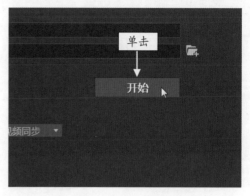

图 16-77　单击"开始"按钮

STEP 06 开始渲染视频文件，并显示渲染进度，如图 16-78 所示。

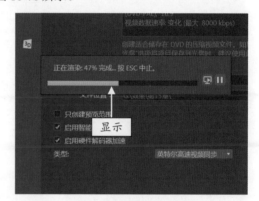

图 16-78　显示渲染进度

STEP 07 稍等片刻，弹出提示信息框，提示渲染成功，单击 OK 按钮，如图 16-79 所示。

图 16-79　单击 OK 按钮

STEP 08 切换至"编辑"步骤面板，在素材库中查看输出的视频文件，如图 16-80 所示。

图 16-80　查看输出的视频文件

第17章
制作电商视频——《图书宣传》

章前知识导读

所谓电商产品视频，是指在各大网络电商贸易平台如淘宝网、当当网、京东网等平台上投放的，对商品、品牌进行宣传的视频。本章主要向读者介绍制作电商产品视频的方法，包括导入电商视频素材、制作背景动画效果、制作片头画面特效、制作覆叠素材画面效果、制作视频字幕效果以及渲染输出影片文件等内容。

新手重点索引

- 效果欣赏
- 视频制作过程
- 视频后期处理

效果图片欣赏

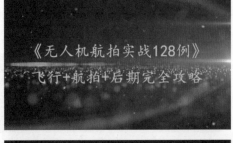

17.1 效果欣赏

在制作《图书宣传》电商宣传视频之前，首先预览项目效果，并掌握项目技术提炼等内容，希望读者学完以后可以举一反三，制作出更多精彩的影视短片作品。

17.1.1 效果预览

本实例介绍制作电商视频——《图书宣传》的方法，实例效果如图 17-1 所示。

图 17-1 《图书宣传》效果欣赏

17.1.2　技术提炼

用户首先需要将电商视频的素材导入素材库中，然后添加背景视频至视频轨中，将照片添加至覆叠轨中，并为覆叠素材添加动画效果，最后添加字幕、音乐文件。

17.2　视频制作过程

本节主要介绍《图书宣传》视频文件的制作过程，包括导入电商视频素材、制作背景动画效果、制作片头画面效果、制作覆叠画面效果、制作视频字幕效果等内容。

17.2.1　导入电商视频素材

在编辑电商宣传视频之前，首先需要导入媒体素材文件。下面介绍导入电商宣传视频素材的操作方法。

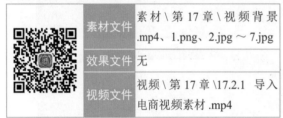

素材文件	素材\第 17 章\视频背景 .mp4、1.png、2.jpg ～ 7.jpg
效果文件	无
视频文件	视频\第 17 章\17.2.1　导入电商视频素材 .mp4

【操练＋视频】
——导入电商视频素材

STEP 01 在会声会影 2020 的整个界面右上角单击"媒体"按钮，切换至"媒体"素材库，展开库导航面板，单击上方的"添加"按钮，如图 17-2 所示。

图 17-2　单击"添加"按钮

STEP 02 新增一个"文件夹"选项，如图 17-3 所示。

STEP 03 在菜单栏中选择"文件"|"将媒体文件插入到素材库"|"插入视频"命令，如图 17-4 所示。

STEP 04 弹出"选择媒体文件"对话框，如图 17-5 所示。

图 17-3　新增"文件夹"选项

图 17-4　选择"插入视频"命令

图 17-5　"选择媒体文件"对话框

STEP 05 在其中选择需要导入的视频素材，单击"打开"按钮，如图 17-6 所示。

STEP 06 将视频素材导入新建的文件夹中，如图 17-7 所示。

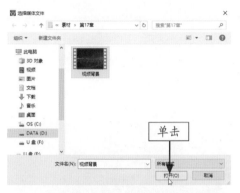

图 17-6　单击"打开"按钮

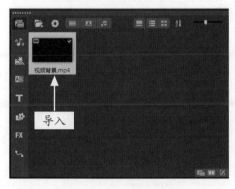

图 17-7　导入视频素材

STEP 07 选择相应的电商宣传视频素材，在导览面板中单击"播放"按钮，即可预览导入的视频素材画面效果，如图 17-8 所示。

图 17-8　预览导入的视频素材画面效果

STEP 08 在菜单栏中选择"文件"|"将媒体文件插入到素材库"|"插入照片"命令，如图 17-9 所示。

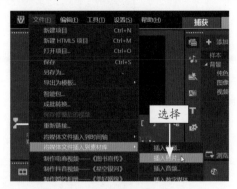

图 17-9　选择"插入照片"命令

STEP 09 弹出"选择媒体文件"对话框，在其中选择需要导入的多张电商宣传照片素材，如图 17-10 所示。

图 17-10　选择需要导入的照片素材

STEP 10 单击"打开"按钮，即可将照片素材导入"文件夹"选项卡中，如图 17-11 所示。

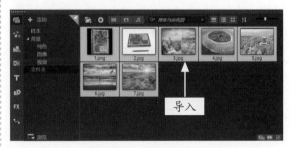

图 17-11　导入照片素材

STEP 11 在素材库中选择相应的电商宣传照片素材，在预览窗口中可以预览导入的照片素材画面效果，如图 17-12 所示。

图 17-12　预览导入的照片素材画面效果

17.2.2　制作背景动画效果

将电商宣传素材导入"媒体"素材库的"文件夹"选项卡中后，接下来用户可以将视频文件添加至视频轨中，制作电商宣传视频画面效果。

素材文件	无
效果文件	无
视频文件	视频 \ 第 17 章 \17.2.2　制作背景动画效果 .mp4

【操练＋视频】
——制作背景动画效果

STEP 01 在"文件夹"选项卡中选择"视频背景 .mp4"素材，如图 17-13 所示。

STEP 02 将"视频背景 .mp4"素材添加到视频轨中，

如图 17-14 所示。

图 17-13　选择"视频背景 .mp4"素材

STEP 03 在"编辑"选项面板中，将视频素材区间更改为 0:00:54:023，即可完成背景视频的添加，如图 17-15 所示。在预览窗口中可以查看添加的视频画面。

图 17-14　添加素材

图 17-15　更改素材区间

17.2.3　制作片头画面特效

在会声会影 2020 中，为电商宣传片制作片头动画效果，可以提升影片的视觉效果。下面介绍制作电商视频片头动画的操作方法。

素材文件	无
效果文件	无
视频文件	视频 \ 第 17 章 \17.2.3　制作片头画面特效 .mp4

【操练 + 视频】
——制作片头画面特效

STEP 01 将时间线移至 0:00:06:004 的位置处，如图 17-16 所示。

图 17-16　移动时间线

STEP 02 在素材库中选择 1.png 图像素材，如图 17-17 所示。

图 17-17　选择 1.png 图像素材

STEP 03 按住鼠标左键将其拖曳至覆叠轨中的时间线位置，如图 17-18 所示。

图 17-18　拖曳 1.png 图像素材

STEP 04 在"编辑"选项面板中，设置区间为 0:00:10:016，如图 17-19 所示。

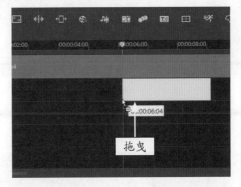

图 17-19　设置区间

STEP 05 在预览窗口中，调整覆叠素材的大小和位置，如图 17-20 所示。

STEP 06 展开"编辑"选项面板，在其中选中"基本动作"单选按钮，在"进入"选项组中单击"淡

入动画效果"按钮，在"退出"选项组中单击"淡
出动画效果"按钮，如图 17-21 所示。

图 17-20　调整覆叠素材的大小和位置

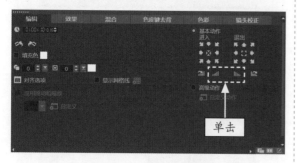

图 17-21　单击相应按钮

STEP 07 在导览面板中调整好暂停区间后，即可完
成覆叠特效的制作，如图 17-22 所示。

图 17-22　调整暂停区间

STEP 08 在预览窗口中可以预览制作的覆叠画面的
效果，如图 17-23 所示。

图 17-23　预览覆叠画面的效果

图 17-23　预览覆叠画面的效果（续）

STEP 09 调整时间线滑块至 0:00:01:011 的位置，如
图 17-24 所示。

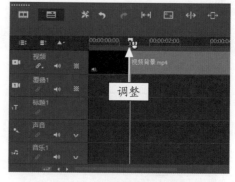

图 17-24　调整时间线滑块

STEP 10 切换至"标题"素材库，在预览窗口中双击，
出现一个文本框，在其中输入片头字幕内容，如
图 17-25 所示。

图 17-25　输入片头字幕内容

STEP 11 在"标题选项"|"字体"选项面板中，设置片头字幕文件的字体属性，如图 17-26 所示。

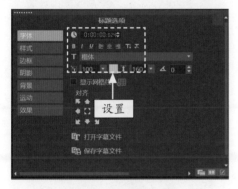

图 17-26　设置字体属性

STEP 12 展开"运动"选项面板，选中"应用"复选框，如图 17-27 所示。

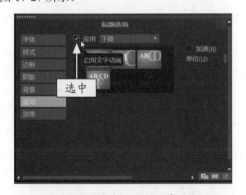

图 17-27　选中"应用"复选框

STEP 13 单击"应用"右侧的下拉按钮，在弹出的下拉列表框中选择"淡化"选项，如图 17-28 所示。

STEP 14 在下方选择第 1 排第 2 个预设样式，如图 17-29 所示。

图 17-28　选择"淡化"选项

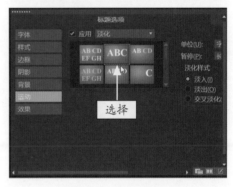

图 17-29　选择预设样式

STEP 15 在标题轨中选择添加的标题字幕，右击，在弹出的快捷菜单中选择"复制"命令，如图 17-30 所示。

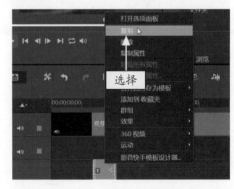

图 17-30　选择"复制"命令

STEP 16 将标题字幕粘贴至标题轨中的适当位置，如图 17-31 所示。

STEP 17 在"标题选项"面板中，设置"区间"为 0:00:03:029，如图 17-32 所示。

STEP 18 单击"运动"标签，在"运动"选项面板中取消选中"应用"复选框，如图 17-33 所示。

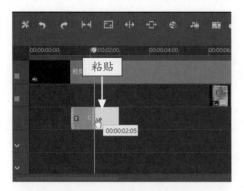

图 17-31　粘贴标题字幕

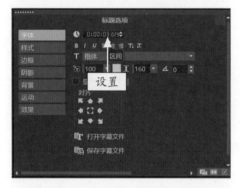

图 17-32　设置"区间"选项

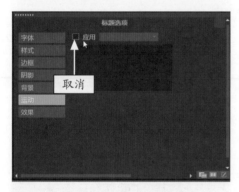

图 17-33　取消选中"应用"复选框

STEP 19 执行上述操作后，即可完成第二段字幕文件的制作，时间轴面板如图 17-34 所示。

图 17-34　完成第二段字幕文件的制作

STEP 20 用与上同样的方法，在标题轨中的适当位置继续添加相应的字幕文件，时间轴面板如图 17-35 所示。

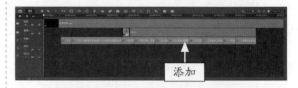

图 17-35　继续添加相应的字幕文件

STEP 21 单击导览面板中的"播放"按钮，在预览窗口中预览片头效果，如图 17-36 所示。

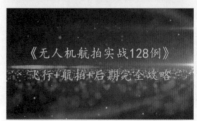

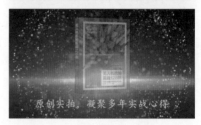

图 17-36　预览片头效果

图 17-36　预览片头效果（续）

17.2.4　制作覆叠画面效果

在会声会影 2020 中，用户可以在覆叠轨中添加多个覆叠素材，制作视频的画中画特效，还可以为覆叠素材添加边框效果，使视频画面更加丰富多彩。本节主要向读者介绍制作画面覆叠特效的操作方法。

素材文件	无
效果文件	无
视频文件	视频 \ 第 17 章 \17.2.4　制作覆叠画面效果 .mp4

【操练 + 视频】
——制作覆叠画面效果

STEP 01 在视频轨中，移动时间线至 0:00:16:020 的位置处，如图 17-37 所示。

图 17-37　移动时间线

STEP 02 在素材库中选择 2.jpg 图像素材，如图 17-38 所示。

图 17-38　选择 2.jpg 图像素材

STEP 03 按住鼠标左键将其拖曳至覆叠轨中的时间线位置，如图 17-39 所示。

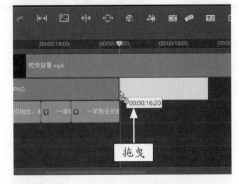

图 17-39　拖曳 2.jpg 图像素材

STEP 04 在"编辑"选项面板中设置"照片区间"为 0:00:04:015，如图 17-40 所示。

STEP 05 在时间轴面板中，可以查看修改时长后的图像效果，如图 17-41 所示。

图 17-40　设置区间时长

图 17-41　查看修改时长后的图像效果

STEP 06 进入"编辑"选项面板，在其中设置"边框"为 2，"边框颜色"为白色，如图 17-42 所示。

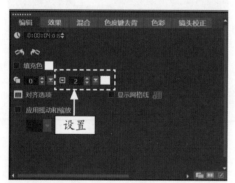

图 17-42　设置图像边框

STEP 07 在预览窗口中，可以调整素材的大小和位置，如图 17-43 所示。

图 17-43　调整素材的大小和位置

STEP 08 在"编辑"选项面板中选中"基本动作"单选按钮，单击"淡入动画效果"按钮，如图 17-44 所示。

图 17-44　单击"淡入动画效果"按钮

STEP 09 为素材添加动画效果，单击"播放"按钮，在预览窗口中预览覆叠画中画效果，如图 17-45 所示。

图 17-45　预览覆叠画中画效果（1）

STEP 10 用与上同样的方法，在覆叠轨中的其他位置添加相应的覆叠素材，并为其添加边框与动作特效。单击"播放"按钮预览覆叠画中画效果，如图 17-46 所示。

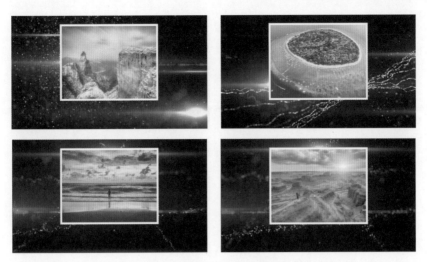

图 17-46 预览覆叠画中画效果（2）

17.2.5 制作视频字幕效果

在会声会影 2020 中，单击"标题"按钮，切换至"标题"素材库，在其中用户可根据需要输入并编辑多个标题字幕。

素材文件	无
效果文件	无
视频文件	视频 \ 第 17 章 \17.2.5 制作视频字幕效果 .mp4

【操练 + 视频】
——制作视频字幕效果

STEP 01 在标题轨中，复制前面实例中制作的片头字幕文件，将其粘贴到标题轨中的适当位置，根据需要更改字幕的内容。在"标题选项"面板中更改字幕的字体大小，在"运动"选项面板中，为字幕文件添加相应的动画效果，并调整暂停区间，然后在预览窗口中预览字幕效果。标题轨中的字幕文件如图 17-47 所示。

图 17-47 标题轨中的字幕文件

STEP 02 单击导览面板中的"播放"按钮，预览制作的字幕特效，如图 17-48 所示。

图 17-48　预览制作的字幕特效

17.3　视频后期处理

当用户对视频完成编辑后，接下来就可以进行后期的编辑处理，主要包括在影片中添加音频素材以及渲染输出影片文件。

17.3.1　制作视频背景音乐

在会声会影 2020 中，为视频添加配乐，可以增加视频的感染力。下面介绍制作视频背景音乐的操作方法。

素材文件	无
效果文件	无
视频文件	视频 \ 第 17 章 \17.3.1 制作视频背景音乐 .mp4

【操练 + 视频】
——制作视频背景音乐

STEP 01 在"媒体"素材库中的空白位置上右击，在弹出的快捷菜单中选择"插入媒体文件"命令，如图 17-49 所示。

图 17-49 选择"插入媒体文件"命令

STEP 02 弹出"选择媒体文件"对话框，选择需要添加的音乐素材，单击"打开"按钮，如图 17-50 所示。

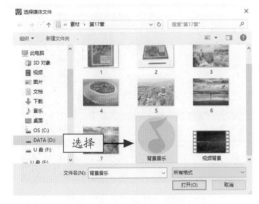

图 17-50 选择音乐素材

STEP 03 即可将选择的音乐素材导入素材库中，如图 17-51 所示。

STEP 04 在时间轴面板中，将时间线移至视频轨中的开始位置，在"媒体"素材库中选择"背景音乐 .wav"音频素材，按住鼠标左键将其拖曳至音乐

轨中的开始位置，如图 17-52 所示。

图 17-51 导入音乐素材

图 17-52 移动"背景音乐"音频素材

STEP 05 为视频添加背景音乐后，在时间轴面板中将时间线移至 00:00:54:023 的位置，如图 17-53 所示。

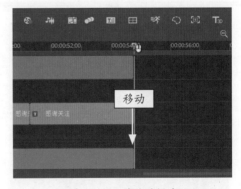

图 17-53 移动时间线

STEP 06 选择音乐轨中的素材，选择"编辑"|"分割素材"命令，即可将音频素材分割为两段，如图 17-54 所示。

STEP 07 选择分割的后段音频素材，按 Delete 键删除，留下剪辑后的音频素材，如图 17-55 所示。

图 17-54　音频素材分割为两段

图 17-55　删除音频素材

STEP 08 在音乐轨中，选择剪辑后的音频素材，打开"音乐和声音"选项面板，在其中单击"淡入"按钮　和"淡出"按钮　，如图 17-56 所示，设置背景音乐的淡入和淡出特效。在导览面板中单击"播放"按钮，预览视频画面并聆听背景音乐的声音。

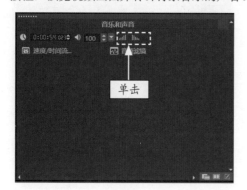

图 17-56　单击"淡入""淡出"按钮

17.3.2　渲染输出影片文件

创建并保存视频文件后，即可对其进行渲染，渲染完成后便可将视频分享至各种新媒体平台。视频的渲染时间根据项目的长短以及计算机配置的高低而略有不同。下面介绍输出与分享媒体视频文件的操作方法。

素材文件	无
效果文件	效果 \ 第 17 章 \ 制作电商视频——《图书宣传》.mpg
视频文件	视频 \ 第 17 章 \17.3.2　渲染输出影片文件 .mp4

【操练＋视频】
——渲染输出影片文件

STEP 01 切换至"共享"步骤面板，在其中选择 MPEG-2 选项，如图 17-57 所示。

图 17-57　选择 MPEG-2 选项

STEP 02 在下方的面板中单击"文件位置"右侧的"浏览"按钮，如图 17-58 所示。

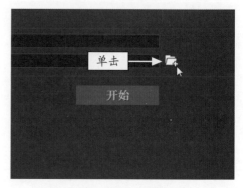

图 17-58　单击"浏览"按钮

STEP 03 弹出"选择路径"对话框，设置文件的保存位置和名称，如图 17-59 所示。

STEP 04 单击"保存"按钮，返回到会声会影"共享"步骤面板，单击"开始"按钮，如图 17-60 所示。

STEP 05 开始渲染视频文件，并显示渲染进度，如图 17-61 所示。渲染完成后，即可完成影片文件的渲染输出。

图 17-59 设置保存位置和名称

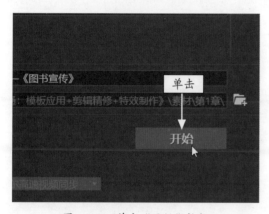

图 17-60 单击"开始"按钮

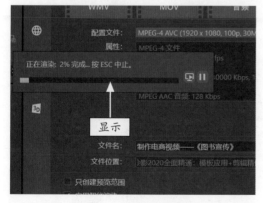

图 17-61 显示渲染进度

STEP 06 稍等片刻,弹出提示信息框,提示渲染成功,单击 OK 按钮,如图 17-62 所示。

图 17-62 单击 OK 按钮

STEP 07 切换至"编辑"步骤面板,在素材库中查看输出的视频文件,如图 17-63 所示。

图 17-63 查看输出的视频文件

STEP 08 在预览窗口中可以预览输出的视频画面效果,如图 17-64 所示。

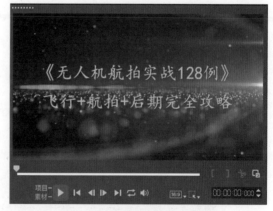

图 17-64 预览视频画面效果

第18章

制作旅游视频——《俄国之旅》

章前知识导读

　　俄国，通称俄罗斯，位于欧亚大陆北部，地跨欧亚两大洲，旅游资源丰富，莫斯科的红场、克里姆林宫都已成为旅游打卡的名胜之地，很多游客都会将著名的景点拍摄下来，将其制作成旅游小视频，分享到朋友圈、抖音、快手等平台上。本章主要介绍旅游专题——《俄国之旅》视频效果的制作方法。

新手重点索引

　　▣ 效果欣赏　　　　　　　　　　▣ 视频制作过程

　　▣ 视频后期处理

效果图片欣赏

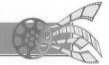

18.1　效果欣赏

利用会声会影,用户可以将拍摄的旅游照片精美巧妙地连接在一起,制作出精彩漂亮的旅游影像作品。制作《俄国之旅》视频效果前,首先预览项目效果,并掌握项目技术点睛等内容。

18.1.1　效果预览

本实例介绍制作旅游视频——《俄国之旅》,实例效果如图 18-1 所示。

图 18-1　《俄国之旅》视频效果

18.1.2　技术提炼

进入会声会影 2020 编辑器,首先需要导入旅游媒体素材文件,然后制作画面的摇动效果、转场效果、覆叠效果以及字幕效果,在后期处理中为视频添加背景音乐,最后将视频进行输出操作。

18.2　视频制作过程

本节主要介绍《俄国之旅》视频文件的制作过程，包括导入旅游影像素材、制作视频摇动效果、制作视频转场效果、制作视频片头效果、制作字幕滤镜效果等内容。

18.2.1　导入旅游影像素材

使用会声会影 2020 制作实例效果前，需要将素材导入素材库中，下面介绍导入视频、照片、音频等影像素材的操作方法。

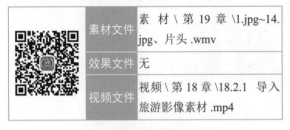

素材文件	素材 \ 第 19 章 \1.jpg~14.jpg、片头 .wmv
效果文件	无
视频文件	视频 \ 第 18 章 \18.2.1　导入旅游影像素材 .mp4

【操练＋视频】
——导入旅游影像素材

STEP 01　进入会声会影编辑器，在素材库中新建一个文件夹，然后单击素材库上方的"显示视频"按钮 🎞，即可显示素材库中的视频素材，如图 18-2 所示。

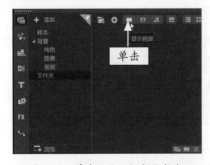

图 18-2　单击"显示视频"按钮

STEP 02　在菜单栏中选择"文件"|"将媒体文件插入到素材库"|"插入视频"命令，如图 18-3 所示。

图 18-3　选择"插入视频"命令

STEP 03　弹出"选择媒体文件"对话框，在其中选择所需的视频素材，如图 18-4 所示。

图 18-4　选择视频素材

STEP 04　单击"打开"按钮，即可将所选的视频素材导入媒体素材库中，如图 18-5 所示。

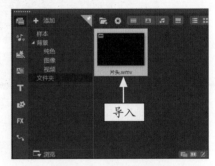

图 18-5　导入视频素材

STEP 05　单击素材库上方的"显示照片"按钮 🖼，显示素材库中的照片素材，在素材库的空白处右击，在弹出的快捷菜单中选择"插入媒体文件"命令，如图 18-6 所示。

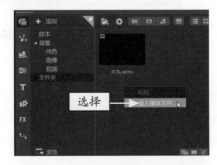

图 18-6　选择"插入媒体文件"命令

STEP 06 弹出"选择媒体文件"对话框，在该对话框中选择所需插入的照片素材，如图 18-7 所示。

图 18-7　选择所需的照片素材

STEP 07 单击"打开"按钮，即可将所选的照片素材导入媒体素材库中，如图 18-8 所示。

图 18-8　导入照片素材

STEP 08 在媒体素材库中选择所需预览的素材，单击导览面板中的"播放"按钮▶，即可预览所添加的素材效果，如图 18-9 所示。

图 18-9　预览素材效果

图 18-9　预览素材效果（续）

18.2.2　制作视频摇动效果

为视频制作摇动和缩放效果，可以使画面内容更加丰富，下面介绍制作视频摇动效果的操作方法。

	素材文件	无
	效果文件	无
	视频文件	视频 \ 第 18 章 \18.2.2　制作视频摇动效果 .mp4

【操练 + 视频】
——制作视频摇动效果

STEP 01 在媒体素材库中选择所需的素材，右击，在弹出的快捷菜单中选择"插入到"|"视频轨"命令，如图 18-10 所示。

图 18-10　选择"视频轨"命令

STEP 02 可将选择的素材插入时间轴面板的视频轨中。用同样的方法将其他素材依次添加至视频轨中，切换至故事板视图，查看素材缩略图，如图 18-11 所示。

图 18-11　将素材插入时间轴

STEP 03 切换至时间轴视图，在视频轨中选择"片头 .wmv"视频素材，如图 18-12 所示。

图 18-12　选择视频素材

STEP 04 在预览窗口中双击素材图像，即可选中素材进行变形操作，如图 18-13 所示。

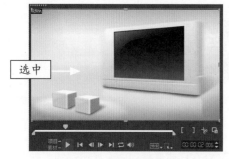

图 18-13　选中素材图像

STEP 05 右击，在弹出的快捷菜单中选择"调整到屏幕大小"命令，如图 18-14 所示。

图 18-14　选择"调整到屏幕大小"命令

STEP 06 执行上述操作后，即可将素材调整到屏幕大小，如图 18-15 所示。

图 18-15　调整素材大小

STEP 07 单击"媒体"按钮，在库导航面板中选择"纯色"选项，在"纯色"素材库中选择黑色色块，如图 18-16 所示。

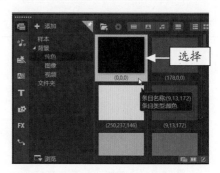

图 18-16　选择黑色色块

STEP 08 在"色彩"素材库中选择黑色色块，按住鼠标左键将其拖曳至视频轨中的"片头 .wmv"后面，如图 18-17 所示。

图 18-17　拖曳黑色色块至视频轨

STEP 09 在视频轨黑色色块上右击，在弹出的快捷菜单中选择"更改色彩区间"命令，如图 18-18 所示。

图 18-18　选择"更改色彩区间"选项

STEP 10 弹出"区间"对话框，设置"区间"为 0:0:5:20，如图 18-19 所示。

图 18-19　设置"区间"参数

STEP 11 单击"确定"按钮，即可改变色彩区间，在视频轨中选择 1.jpg 照片素材，如图 18-20 所示。

图 18-20　选择 1.jpg 照片素材

STEP 12 在照片素材上右击，在弹出的快捷菜单中选择"更改照片区间"命令，如图 18-21 所示。

STEP 13 弹出"区间"对话框，设置"区间"为 0:0:5:0，如图 18-22 所示。

图 18-21　选择"更改照片区间"命令

图 18-22　设置"区间"参数

STEP 14 单击"确定"按钮，即可改变照片区间。用与上同样的方法，设置素材 2.jpg ~ 11.jpg 的区间为 00:00:05:00，此时时间轴面板效果如图 18-23 所示。

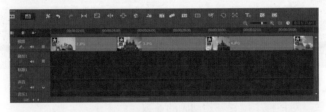

时间轴面板效果（1）

时间轴面板效果（2）

时间轴面板效果（3）

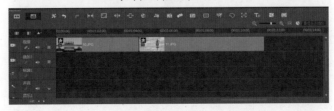

时间轴面板效果（4）

图 18-23　时间轴面板效果

STEP 15 在视频轨中选择 1.jpg，打开"编辑"选项面板，选中"摇动和缩放"单选按钮，如图 18-24 所示。

STEP 16 单击下方的下拉按钮，在弹出的下拉列表框中选择预设动画样式，如图 18-25 所示。

图 18-24　选中"摇动和缩放"单选按钮

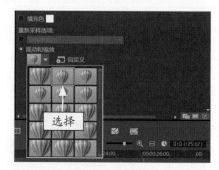

图 18-25　选择预设动画样式

STEP 17 单击"自定义"按钮，弹出"摇动和缩放"对话框，如图 18-26 所示。

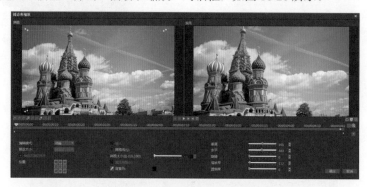

图 18-26　"摇动和缩放"对话框

STEP 18 在"摇动和缩放"对话框中设置开始动画的参数，如图 18-27 所示。

图 18-27　设置开始动画参数

STEP 19 将时间线拖曳至最右端，并设置结束动画的参数，如图 18-28 所示。

图 18-28　设置结束动画参数

STEP 20 单击"确定"按钮，即可设置摇动和缩放效果。单击导览面板中的"播放"按钮，即可预览制作的摇动和缩放效果，如图 18-29 所示。

图 18-29　预览摇动和缩放效果

STEP 21 参照上述方法，设置其他图像素材的摇动和缩放效果，并选择相应的预设动画样式，效果如图 18-30 所示。

图 18-30　预览摇动和缩放效果

18.2.3　制作视频转场效果

为视频添加转场效果，可以使素材与素材之间的切换更加绚丽。下面介绍制作旅游视频转场效果的操作方法。

素材文件	无
效果文件	无
视频文件	视频 \ 第 18 章 \18.2.3 制作视频转场效果 .mp4

【操练＋视频】
——制作视频转场效果

STEP 01 单击"转场"按钮，在库导航面板中选择"过滤"选项，如图 18-31 所示。

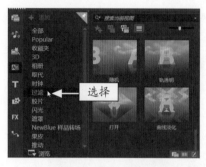

图 18-31 选择"过滤"选项

STEP 02 打开"过滤"素材库，选择"淡化到黑色"转场，如图 18-32 所示。

图 18-32 选择"淡化到黑色"转场

STEP 03 按住鼠标左键将其拖曳至视频轨中的"片头 .wmv"开始处，如图 18-33 所示。

图 18-33 拖曳"淡化到黑色"转场

STEP 04 用与上同样的方法，打开"过滤"素材库，在其中选择"淡化到黑色"转场，按住鼠标左键并拖曳，将其添加至视频轨中的 11.jpg 结尾处，如图 18-34 所示。

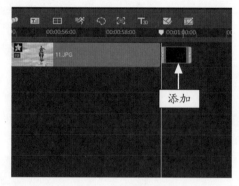

图 18-34 添加转场至 11.jpg 结尾处

STEP 05 继续在"过滤"素材库中选择"淡化到黑色"转场，按住鼠标左键并将其拖曳至"片头 .wmv"与黑色色块之间，如图 18-35 所示。

图 18-35 拖曳转场至"片头 .wmv"与黑色色块之间

STEP 06 参照上面介绍的方法，在黑色色块与 1.jpg 之间添加"淡化到黑色"转场效果，如图 18-36 所示。

图 18-36 添加"淡化到黑色"转场效果

STEP 07 单击"转场"按钮，在弹出的列表框中选择"过滤"选项，如图 18-37 所示。

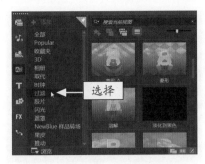

图 18-37 选择"过滤"选项

STEP 08 打开"过滤"素材库，在其中选择"喷出"转场，如图 18-38 所示。

图 18-38 选择"喷出"转场

STEP 09 按住鼠标左键将其拖曳至视频轨中的图像素材 1.jpg 与图像素材 2.jpg 之间，如图 18-39 所示。

图 18-39 拖曳"喷出"转场至视频轨

STEP 10 释放鼠标左键，即可为其添加转场效果，如图 18-40 所示。

图 18-40 添加转场效果

STEP 11 单击导览面板中的"播放"按钮，即可在预览窗口中预览该转场效果，如图 18-41 所示。

图 18-41 预览转场效果

STEP 12 参照上述方法，在视频轨中分别添加相应的转场效果，然后在预览窗口中预览视频效果，如图 18-42 所示。

图 18-42 预览转场效果

图 18-42　预览转场效果（续）

18.2.4　制作旅游片头效果

在会声会影 2020 中，可以为旅游视频文件添加片头动画效果，增强影片的观赏性。下面向读者介绍制作旅游片头动画的操作方法。

素材文件	无
效果文件	无
视频文件	视频 \ 第 18 章 \18.2.4　制作旅游片头效果 .mp4

【操练＋视频】
——制作旅游片头效果

STEP 01 在时间轴面板中，将时间线移至 00:00:02:05 位置处，如图 18-43 所示。

图 18-43　移动时间线

STEP 02 在"媒体"素材库中，选择图像素材 12jpg，如图 18-44 所示。

STEP 03 在选择的素材上，按住鼠标左键并拖曳至覆叠轨中的时间线位置，如图 18-45 所示。

图 18-44　选择图像素材

图 18-45　拖曳素材至覆叠轨

STEP 04 打开"编辑"选项面板，选中"应用摇动和缩放"复选框，如图 18-46 所示。

图 18-46　选中"应用摇动和缩放"复选框

STEP 05 单击该选项下面的下拉按钮，在弹出的下拉列表框中选择所需的动画样式，如图 18-47 所示。

图 18-47　选择动画样式

STEP 06 单击"自定义"按钮，在弹出的"摇动和缩放"对话框中设置开始动画参数，如图 18-48 所示。

图 18-48　设置开始动画参数

STEP 07 将时间线拖曳至最右端，设置结束动画参数，如图 18-49 所示，然后单击"确定"按钮。

图 18-49　设置结束动画参数

STEP 08 选择覆叠轨中的覆叠素材，在预览窗口中将鼠标指针移至覆叠素材右上角的绿色控制柄上，按住鼠标左键将其拖曳至合适位置，如图 18-50 所示。

图 18-50　拖曳绿色控制柄

STEP 09 释放鼠标左键，然后使用相同的方法，调整覆叠素材四周的其他绿色控制柄，以调整覆叠素材的整体形状，如图 18-51 所示。

图 18-51　调整覆叠素材的整体形状

STEP 10 打开"编辑"选项面板，在"进入"选项组中单击"淡入动画效果"按钮，如图 18-52 所示，设置覆叠素材的淡入动画效果。

STEP 11 单击导览面板中的"播放"按钮，即可预览制作的覆叠效果，如图 18-53 所示。

图 18-52 单击"淡入动画效果"按钮

图 18-53 预览效果

STEP 12 在素材库中选择图像素材 13.jpg，按住鼠标左键将其拖曳至覆叠轨中 12.jpg 后面，如图 18-54 所示。

图 18-54 拖曳素材至覆叠轨

STEP 13 单击"转场"按钮，展开"过滤"素材库，选择"交叉淡化"转场，按住鼠标左键将其拖曳至 12.jpg 与 13.jpg 之间，如图 18-55 所示。

STEP 14 参照设置 12.jpg 的方法，调整 13.jpg 的整体形状以及设置"摇动与缩放"效果，如图 18-56 所示。

图 18-55 添加转场效果

图 18-56 预览效果

STEP 15 在素材库中选择图像素材 14.jpg，按住鼠标左键将其拖曳至覆叠轨中 13.jpg 后面，如图 18-57 所示。

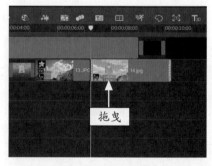

图 18-57 拖曳至覆叠轨

STEP 16 单击"转场"按钮，展开"过滤"素材库，选择"交叉淡化"转场，按住鼠标左键将其拖曳至 13.jpg 与 14.jpg 之间，如图 18-58 所示。

图 18-58　添加转场效果

STEP 17 参照设置 12.jpg 的方法，调整 14.jpg 的整体形状以及设置"摇动和缩放"效果，如图 18-59 所示。

图 18-59　预览效果

STEP 18 打开"编辑"选项面板，单击"淡出动画效果"按钮，如图 18-60 所示，设置覆叠素材的淡出动画效果。

图 18-60　单击"淡出动画效果"按钮

18.2.5　制作字幕滤镜效果

为视频添加字幕，可以更好地传达创作理念以及所要表达的情感。下面介绍添加视频字幕效果的操作方法，以及为字幕添加滤镜的技巧。

素材文件	无
效果文件	无
视频文件	视频 \ 第 18 章 \18.2.5　制作字幕滤镜效果 .mp4

【操练 + 视频】
——制作字幕滤镜效果

STEP 01 将时间线移至 00:00:02:05 的位置，单击"标题"按钮，切换至"标题"素材库，在预览窗口的适当位置输入文字"俄国之旅"，如图 18-61 所示。

图 18-61　输入标题文字

STEP 02 单击"标题选项"按钮，展开"字体"选项面板，单击"将方向更改为垂直"按钮，如图 18-62 所示，即可将标题字幕更改为垂直方向。

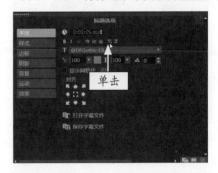

图 18-62　单击"将方向更改为垂直"按钮

STEP 03 在"标题选项"面板中设置"区间"为 0:00:07:000，"字体"为"华康海报体 W12(P)"，"色彩"为绿色，"字体大小"为 60，如图 18-63 所示。

STEP 04 单击"阴影"标签，切换至"阴影"选项面板，单击"突起阴影"按钮，并设置阴影参数，如图 18-64 所示。

STEP 05 单击"确定"按钮，即可在预览窗口中预览制作的字幕效果，如图 18-65 所示。

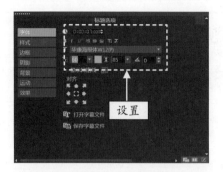

图 18-63　设置相应选项

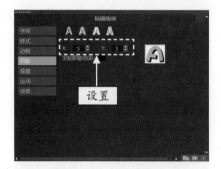

图 18-64　设置阴影参数

图 18-65　预览字幕效果

STEP 06 选择预览窗口中的标题字幕，打开"标题选项"面板，单击"运动"标签，展开"运动"选项面板，选中"应用"复选框，如图 18-66 所示。

图 18-66　选中"应用"复选框

STEP 07 单击"选取动画类型"下拉按钮，在弹出的下拉列表框中选择"弹出"选项，如图 18-67 所示。

图 18-67　选择"弹出"选项

STEP 08 在下方的列表框中选择相应的弹出动画样式，如图 18-68 所示。

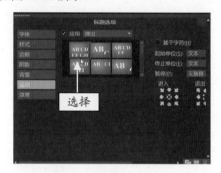

图 18-68　选择弹出动画样式

STEP 09 在"暂停"下拉列表框中选择"长"选项，如图 18-69 所示。

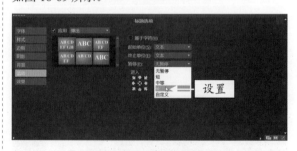

图 18-69　设置"暂停"为"长"

▶ 专家指点

　　展开"运动"选项面板，在运动样式右侧，用户还可以根据需要设置运动字幕进入和退出的方向。

STEP 10 单击导览面板中的"播放"按钮，即可在预览窗口中预览标题字幕效果，如图 18-70 所示。

图 18-70　预览标题字幕效果

STEP 11 将时间线移至 00:00:09:16 的位置，单击"标题"按钮，切换至"标题"素材库，在预览窗口的适当位置输入相应文字内容，如图 18-71 所示。

图 18-71　输入相应文字内容

STEP 12 在"标题选项"面板中，单击"字体"标签，展开"字体"选项面板，设置"区间"为 00:00:04:16，将相应的标题内容设置成白色和红色，并设置文本属性，更改文本内容的方向，如图 18-72 所示。

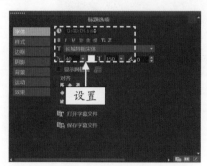

图 18-72　设置相应选项

STEP 13 在"标题选项"面板中，单击"运动"标签，展开"运动"选项面板，选中"应用"复选框，如图 18-73 所示。

图 18-73　选中"应用"复选框

STEP 14 单击"选取动画类型"下拉按钮，在弹出的下拉列表框中选择"移动路径"选项，在下方的列表框中选择相应的移动路径动画样式，如图 18-74 所示。

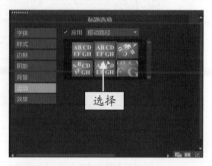

图 18-74　选择移动路径动画样式

STEP 15 单击"滤镜"按钮，在库导航面板中选择"调整"选项，展开"调整"素材库，在其中选择"视频摇动和缩放"滤镜，如图 18-75 所示。

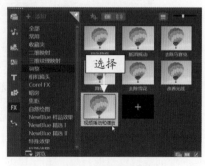

图 18-75　选择滤镜

STEP 16 按住鼠标左键将所选滤镜拖曳至标题轨中的标题字幕上，如图 18-76 所示。

图 18-76　拖曳滤镜至标题轨

STEP 17 单击"效果"标签，展开"效果"选项面板，

STEP 18 弹出"视频摇动和缩放"对话框，如图 18-78 所示。

在其中单击"自定义滤镜"按钮，如图 18-77 所示。

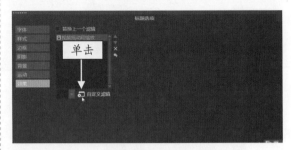

图 18-77　单击"自定义滤镜"按钮

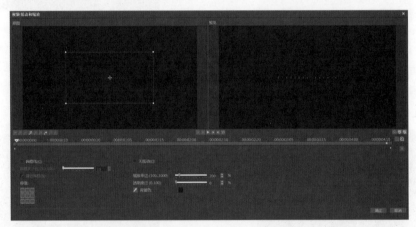

图 18-78　"视频摇动和缩放"对话框

STEP 19 选中开始关键帧，设置"缩放率"为 100，如图 18-79 所示。

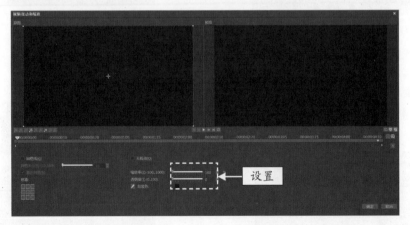

图 18-79　设置开始参数

STEP 20 将时间线拖曳至最右端，如图 18-80 所示。

图 18-80　拖曳时间线

STEP 21 选中结束关键帧，设置"缩放率"为126，如图 18-81 所示。

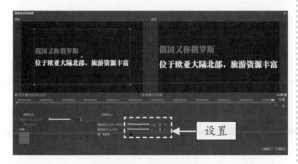

图 18-81　设置结束参数

STEP 22 单击"确定"按钮，即可完成所需的设置，单击导览面板中的"播放"按钮，即可在预览窗口中预览标题字幕效果，如图 18-82 所示。

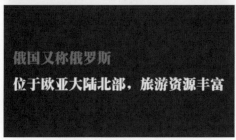

图 18-82　预览标题字幕效果（1）

STEP 23 参照上述方法，在标题轨中的其他位置输

入相应的字幕文字，并设置字幕属性、区间、动画效果以及添加所需的滤镜效果等，单击导览面板中的"播放"按钮，即可预览视频中的标题字幕动画效果，如图 18-83 所示。

图 18-83　预览标题字幕效果（2）

图 18-83　预览标题字幕效果（2）（续）

18.3　视频后期处理

通过影视后期处理，可以为影片添加各种音乐及特效，使影片更具珍藏价值。本节主要介绍影片的后期编辑与输出，包括制作视频的背景音乐和渲染输出视频文件。

18.3.1　制作视频背景音乐

为视频添加合适的背景音乐，可以使制作的视频更具吸引力，下面介绍制作视频背景音乐的操作方法。

素材文件	素材 \ 第 18 章 \ 片头音乐 .mpa、静谧 .mp3
效果文件	无
视频文件	视频 \ 第 18 章 \18.3.1　制作视频背景音乐 .mp4

【操练＋视频】
——制作视频背景音乐

STEP 01 将时间线移至素材的开始位置，在时间轴面板的空白位置右击，在弹出的快捷菜单中选择"插入音频"|"到音乐轨 #1"命令，如图 18-84 所示。

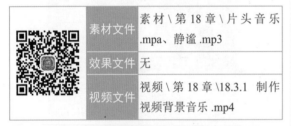

图 18-84　选择"到音乐轨 #1"命令

STEP 02 弹出"打开音频文件"对话框，在该对话

框中选择需要导入的音频文件"片头音乐 .mpa"，如图 18-85 所示。

图 18-85　选择音频文件

STEP 03 单击"打开"按钮，即可将音频文件插入音乐轨中，如图 18-86 所示。

图 18-86　插入音频文件

STEP 04 将时间线移至 00:00:09:13 的位置，选择音乐轨中的音频文件，单击导览面板中的"结束标记"

按钮█,设置音频的结束位置。单击"显示选项面板"按钮,在弹出的"音乐和声音"选项面板中单击"淡出"按钮▥,如图 18-87 所示,为音频设置淡出效果。

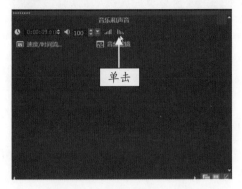

图 18-87　单击"淡出"按钮

STEP 05 在时间轴面板的空白位置右击,在弹出的快捷菜单中选择"插入音频"|"到音乐轨#1"命令,如图 18-88 所示。

图 18-88　选择"到音乐轨#1"命令

STEP 06 弹出"打开音频文件"对话框,在该对话框中选择需要导入的音频文件"静谧.mp3",如图 18-89 所示。

图 18-89　选择音频文件

STEP 07 单击"打开"按钮,即可将音频素材添加至音乐轨中,如图 18-90 所示。

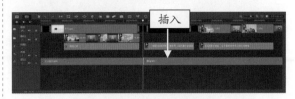

图 18-90　插入音频素材

18.3.2　渲染输出影片文件

完成前面的操作后,就可以将制作的视频输出,下面介绍将制作的视频进行渲染与输出的操作方法。

素材文件	无
效果文件	效果\第 18 章\制作旅游视频——《俄国之旅》.mpg
视频文件	视频\第 18 章\18.3.2　渲染输出影片文件.mp4

【操练 + 视频】
——渲染输出影片文件

STEP 01 切换至"共享"步骤面板,在其中选择 MPEG-2 选项,如图 18-91 所示。

图 18-91　选择 MPEG-2 选项

STEP 02 在下方的面板中,单击"文件位置"右侧的"浏览"按钮,如图 18-92 所示。

STEP 03 弹出"选择路径"对话框,在其中设置文件的保存位置和名称,如图 18-93 所示。

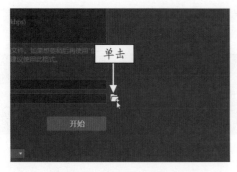

图 18-92　单击"浏览"按钮

图 18-93　设置文件的保存位置和名称

STEP 04 单击"保存"按钮，返回到会声会影"共享"步骤面板，单击"开始"按钮，如图 18-94 所示。

图 18-94　单击"开始"按钮

STEP 05 开始渲染视频文件，并显示渲染进度，如图 18-95 所示。渲染完成后，即可完成影片文件的渲染输出操作。

图 18-95　显示渲染进度

STEP 06 稍等片刻，弹出提示信息框，提示渲染成功，单击 OK 按钮，如图 18-96 所示。

图 18-96　单击 OK 按钮

STEP 07 切换至"编辑"步骤面板，在素材库中查看输出的视频文件，如图 18-97 所示。

图 18-97　查看输出的视频文件

STEP 08 在预览窗口中可以预览输出的视频画面效果，如图 18-98 所示。

图 18-98　预览输出的视频画面效果

第 19 章

制作个人写真——《阳光帅气》

章前知识导读

个人写真对于每个人来说，都是值得回忆的，而通过会声会影把静态的写真变成动态的视频，将为其增加收藏价值。本章主要介绍制作个人写真视频的操作方法。

新手重点索引

- 效果欣赏
- 视频制作过程
- 视频后期处理

效果图片欣赏

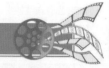

19.1　效果欣赏

在会声会影中，用户可以将摄影师拍摄的各种写真照片巧妙地组合在一起，并为其添加各种摇动效果、字幕效果、背景音乐，并为其制作画中画特效。在制作《阳光帅气》视频效果之前，首先预览项目效果，并掌握项目技术提炼等内容。

19.1.1　效果预览

本实例介绍制作个人写真——《阳光帅气》，实例效果如图 19-1 所示。

图 19-1　《阳光帅气》效果欣赏

19.1.2　技术提炼

首先进入会声会影 2020 编辑器，在视频轨中添加需要的写真摄影素材，为照片素材制作画中画特效，并添加摇动效果，然后根据影片的需要制作字幕特效，最后添加音频特效，并将影片渲染输出。

19.2　视频制作过程

本节主要介绍《阳光帅气》视频文件的制作过程，包括导入写真影像素材、制作写真背景画面、制作视频画中画特效、制作视频片头字幕特效、制作视频主体画面字幕特效等内容，希望读者熟练掌握写真视频效果的各种制作方法。

19.2.1　导入写真影像素材

在编辑写真素材之前，首先需要导入写真媒体素材。下面介绍导入写真媒体素材的操作方法。

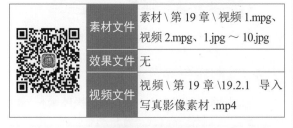

	素材文件	素材\第 19 章\视频 1.mpg、视频 2.mpg、1.jpg～10.jpg
	效果文件	无
	视频文件	视频\第 19 章\19.2.1 导入写真影像素材 .mp4

【操练＋视频】
——导入写真影像素材

STEP 01 进入会声会影编辑器，在"媒体"素材库中新建一个"文件夹"素材库，如图 19-2 所示。

图 19-2　新建"文件夹"素材库

STEP 02 在右侧的空白位置右击，弹出快捷菜单，选择"插入媒体文件"命令，如图 19-3 所示。

图 19-3　选择"插入媒体文件"命令

STEP 03 弹出"选择媒体文件"对话框，在其中选择需要插入的写真媒体素材文件，单击"打开"按钮，

如图 19-4 所示。

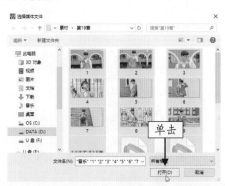

图 19-4　单击"打开"按钮

STEP 04 将素材导入"文件夹"选项面板中，如图 19-5 所示，在其中用户可查看导入的素材文件。

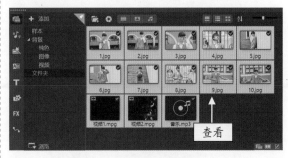

图 19-5　查看导入的素材文件

STEP 05 选择相应的写真影像素材，在导览面板中单击"播放"按钮，即可预览导入的素材画面效果，如图 19-6 所示。

图 19-6　预览导入的素材画面效果

图 19-6　预览导入的素材画面效果（续）

图 19-6　预览导入的素材画面效果（续）

19.2.2　制作写真背景画面

在会声会影 2020 中，导入写真媒体素材后，接下来便可以制作写真视频背景动态画面。下面介绍制作写真视频背景画面的操作方法。

素材文件	无
效果文件	无
视频文件	视频 \ 第 19 章 \19.2.2　制作写真背景画面 .mp4

【操练＋视频】
——制作写真背景画面

STEP 01 在"媒体"素材库中，单击"文件夹"选项，展开"文件夹"素材库，如图 19-7 所示。

图 19-7　"文件夹"素材库

STEP 02 依次选择"视频 1"和"视频 2"视频素材，如图 19-8 所示。

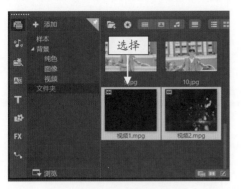

图 19-8　选择"视频 1"和"视频 2"视频素材

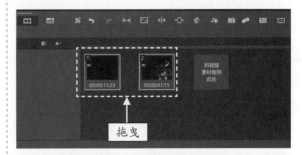

STEP 03 按住鼠标左键将其拖曳至故事板中，如图 19-9 所示。

图 19-9　拖曳视频素材至故事板中

STEP 04 切换至时间轴视图，如图 19-10 所示。

图 19-10　切换至时间轴视图

STEP 05 在"视频 2"素材的最后位置添加"淡化到黑色"转场效果，如图 19-11 所示。

图 19-11　添加"淡化到黑色"转场效果

STEP 06 在导览面板中单击"播放"按钮，预览制作的写真视频画面背景效果，如图 19-12 所示。

图 19-12　预览写真视频画面背景效果

19.2.3　制作视频画中画特效

在会声会影 2020 中，用户可以通过覆叠轨道制作写真视频的画中画特效。下面介绍制作写真视频画中画效果的操作方法。

素材文件	无
效果文件	无
视频文件	视频 \ 第 19 章 \19.2.3　制作视频画中画特效 .mp4

【操练＋视频】
——制作视频画中画特效

STEP 01 将时间线移至 00:00:07:22 的位置，如图 19-13 所示。

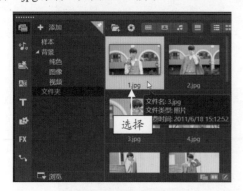

图 19-13　移动时间线

STEP 02 在"媒体"素材库中单击"文件夹"选项，选择 1.jpg 素材，如图 19-14 所示。

图 19-14　选择 1.jpg 素材

STEP 03 按住鼠标左键将其拖曳至时间轴中，如图 19-15 所示。

图 19-15　拖曳素材至时间轴

STEP 04 在"编辑"选项面板中，设置覆叠素材的"照片区间"为 0:00:04:000，如图 19-16 所示。

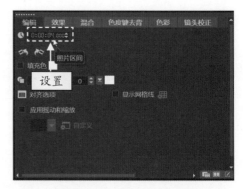

图 19-16　设置照片区间

STEP 05 在预览窗口中调整覆叠素材的大小和位置，如图 19-17 所示。

图 19-17　调整覆叠素材的大小和位置

STEP 06 拖曳下方的暂停区间，调整覆叠属性，如图 19-18 所示。

图 19-18　拖曳暂停区间

STEP 07 在"编辑"选项面板中，选中"应用摇动和缩放"复选框，如图 19-19 所示，在下方选择相应的摇动样式，制作覆叠动画效果。

STEP 08 在"编辑"选项面板中，单击"淡入动画效果"按钮，设置覆叠素材的淡入动画效果，如图 19-20 所示。

图 19-19　选中"应用摇动和缩放"复选框

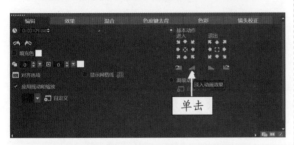

图 19-20　单击"淡入动画效果"按钮

STEP 09 在"混合"选项面板中单击蒙版模式右侧的下拉按钮，在弹出的下拉列表框中选择"遮罩帧"选项，如图 19-21 所示。

STEP 10 单击"播放"按钮，预览制作的视频画中画效果，如图 19-22 所示。

图 19-21　选择"遮罩帧"选项

图 19-22　预览视频画中画效果

STEP 11 将时间线移至 00:00:11:22 的位置，如图 19-23 所示。

图 19-23　移动时间线

STEP 12 依次将 2.jpg ～ 10.jpg 素材添加至覆叠轨中，如图 19-24 所示。

时间轴面板效果 (1)

图 19-24　添加素材 2.jpg ～ 10.jpg

时间轴面板效果 (2)

图 19-24　添加素材 2.jpg ～ 10.jpg（续）

STEP 13 在预览窗口中调整覆叠素材的大小，如图 19-25 所示。

图 19-25　调整覆叠素材的大小

STEP 14 分别设置覆叠素材的"照片区间"为 0:00:04:00，如图 19-26 所示。

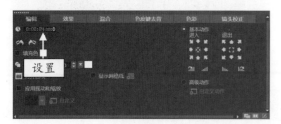

图 19-26　设置覆叠素材的区间

STEP 15 为素材添加摇动和缩放效果，时间轴面板如图 19-27 所示。

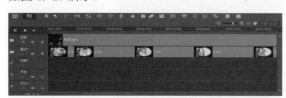

时间轴面板效果（1）

时间轴面板效果（2）

图 19-27　时间轴面板效果

STEP 16 单击导览面板中的"播放"按钮，即可在预览窗口中预览制作的视频画中画效果，如图 19-28 所示。

图 19-28　预览制作的视频效果

图 19-28　预览制作的视频效果（续）

19.2.4　制作视频片头字幕特效

在会声会影 2020 中，为写真视频的片头制作字幕动画效果，可以使视频主题明确，传达用户需要的信息。下面介绍制作视频片头字幕特效的操作方法。

素材文件	无
效果文件	无
视频文件	光盘 \ 视频 \ 第 19 章 \19.2.4 制作视频片头字幕特效 .mp4

【操练 + 视频】
——制作视频片头字幕特效

STEP 01 将时间线移至 00:00:01:19 的位置处，如图 19-29 所示。

图 19-29　移动时间线

STEP 02 切换至"标题"素材库，在素材库中选择一个标题模板，并拖曳至时间轴面板的标题轨中，如图 19-30 所示。

图 19-30　拖曳模板至标题轨中

STEP 03 在预览窗口中输入"阳光帅气"，字与字之间各加一个空格，如图 19-31 所示。

图 19-31　输入"阳光帅气"

341

STEP 04 在"标题选项"面板中，设置"字体"为"长城行楷体"，"字体大小"为90，"色彩"为黄色，"区间"为 0:00:01:008，如图 19-32 所示。

STEP 05 展开"边框"选项面板，在其中选中"外侧笔画框线"复选框，然后设置"边框宽度"为4，"线条色彩"为红色，如图 19-33 所示。

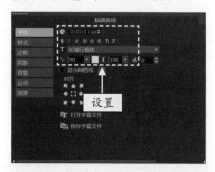

图 19-32　设置相应属性

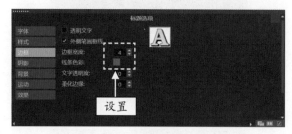

图 19-33　设置字幕边框属性

STEP 06 在"标题选项"面板中，单击"阴影"标签，换至"阴影"选项面板，单击"突起阴影"按钮，在其中设置 X、Y 均为 5，颜色为黑色，如图 19-34 所示。

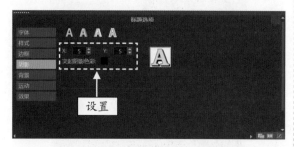

图 19-34　设置"阴影"参数

STEP 07 在"标题选项"面板中，单击"运动"标签，展开"运动"选项面板，如图 19-35 所示。

STEP 08 选中"应用"复选框，如图 19-36 所示。

STEP 09 单击"选取动画类型"下拉按钮，弹出下拉列表框，如图 19-37 所示。

图 19-35　单击"运动"标签

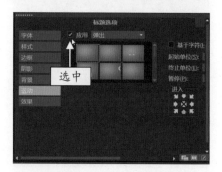

图 19-36　选中"应用"复选框

图 19-37　单击"选取动画类型"下拉按钮

STEP 10 在弹出的下拉列表框中选择"下降"选项，如图 19-38 所示。

图 19-38　选择"下降"选项

STEP 11 在下方的列表框中选择第 1 排第 2 个下降样式，如图 19-39 所示。

图 19-39　选择下降样式

STEP 12 在导览面板中调整字幕大小，如图 19-40 所示。

图 19-40　调整字幕大小

STEP 13 在"标题选项"选项面板中，单击"运动标签"，在其中选中"加速"复选框，如图 19-41 所示，即可设置标题字幕动画效果。

图 19-41　选中"加速"复选框

STEP 14 单击导览面板中的"播放"按钮，预览标题字幕动画效果，如图 19-42 所示。

图 19-42　预览标题字幕动画效果

图 19-42　预览标题字幕动画效果（续）

STEP 15 在标题轨中选择并复制上一个制作的字幕文件，如图 19-43 所示。

图 19-43　复制上一个制作的字幕文件

STEP 16 设置字幕区间为 0:00:03:004，如图 19-44 所示。

图 19-44　设置字幕区间

STEP 17 在"运动"选项面板中，取消选中"应用"复选框，取消字幕动画效果，如图 19-45 所示，完成视频片头字幕特效的制作。

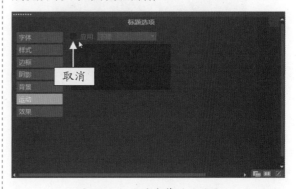

图 19-45　取消字幕动画效果

19.2.5 制作视频主体画面字幕特效

在会声会影 2020 中，为写真视频制作主体画面字幕动画效果，可以丰富视频画面的内容，增强视频画面感。下面介绍制作视频主体画面字幕特效的操作方法。

素材文件	无
效果文件	无
视频文件	视频 \ 第 19 章 \19.2.5 制作视频主体画面字幕特效 .mp4

【操练＋视频】
——制作视频主体画面字幕特效

STEP 01 在标题轨中，将上一例制作的标题字幕文件复制到标题轨右侧的合适位置，更改字幕内容为"清新俊逸"，如图 19-46 所示。

图 19-46 更改字幕内容为"清新俊逸"

STEP 02 在"标题选项"面板中设置"字体"为"方正大标宋简体"，"字体大小"为 50，"色彩"为白色，"区间"为 0:00:00:020，并取消字幕斜体显示，如图 19-47 所示。

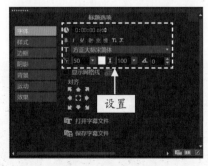

图 19-47 设置字体属性

STEP 03 展开"边框"选项面板，在其中选中"外

侧笔画框线"复选框，然后设置"边框宽度"为 5，"线条色彩"为红色，如图 19-48 所示。

STEP 04 在"标题选项"面板中，单击"阴影"标签，换至"阴影"选项面板，单击"突起阴影"按钮 A，设置 X、Y 均为 5，"突起阴影色彩"为黑色，如图 19-49 所示。

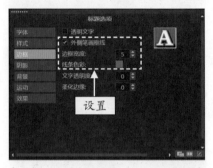

图 19-48 设置"边框"参数

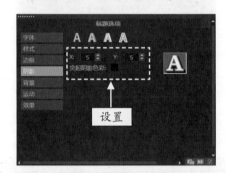

图 19-49 设置"阴影"参数

STEP 05 在"标题选项"面板中，单击"运动"标签，展开"运动"选项面板，如图 19-50 所示。

STEP 06 选中"应用"复选框，如图 19-51 所示。

STEP 07 单击"选取动画类型"下拉按钮 ▼，弹出下拉列表框，如图 19-52 所示。

图 19-50 单击"运动"标签

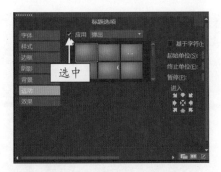

图 19-51 选中"应用"复选框

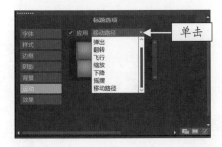

图 19-52 单击"选取动画类型"下拉按钮

STEP 08 在弹出的下拉列表框中选择"下降"选项，如图 19-53 所示。

图 19-53 选择"下降"选项

STEP 09 在下方的列表框中选择第 1 排第 2 个下降样式，如图 19-54 所示。

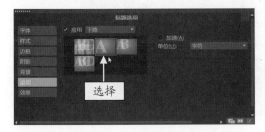

图 19-54 选择下降样式

STEP 10 在导览面板中调整暂停区间，如图 19-55 所示。

图 19-55 调整暂停区间

STEP 11 在"标题选项"选项面板中，单击"运动"标签，在其中选中"加速"复选框，如图 19-56 所示。

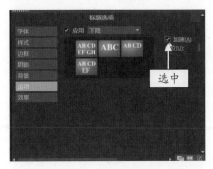

图 19-56 选中"加速"复选框

STEP 12 单击"确定"按钮，即可设置标题字幕动画效果。单击导览面板中的"播放"按钮，预览标题字幕动画效果，如图 19-57 所示。

图 19-57 预览标题字幕动画效果

STEP 13 在标题轨中选择并复制上一个制作的字幕文件，如图 19-58 所示。

图 19-58 复制上一个制作的字幕文件

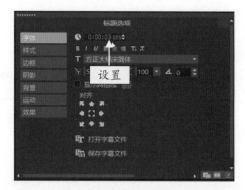

图 19-59 设置字幕区间

STEP 14 设置字幕区间为 0:00:03:005，如图 19-59 所示。

STEP 15 在"运动"选项面板中，取消选中"应用"复选框，即可取消字幕动画效果，如图 19-60 所示。至此，完成视频片头字幕特效的制作。

图 19-60 取消选中"应用"复选框

STEP 16 使用与上同样的方法，在标题轨中对字幕文件进行多次复制，然后更改字幕的文本内容和区间长度，在预览窗口中调整字幕的摆放位置，时间轴面板中的字幕文件如图 19-61 所示。

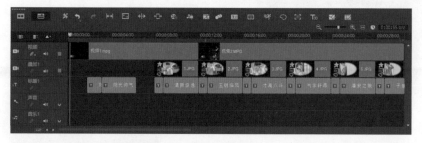

时间轴面板中的字幕文件（1）

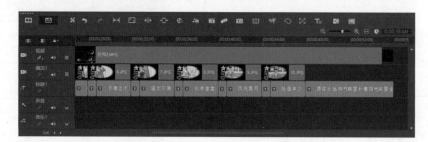

时间轴面板中的字幕文件（2）

图 19-61 时间轴面板中的字幕文件

STEP 17 制作完成后单击"播放"按钮，预览字幕动画效果，如图 19-62 所示。

图 19-62　预览字幕动画效果

19.3　视频后期处理

通过后期处理，不仅可以对写真视频的原始素材进行合理编辑，而且可以为影片添加各种音乐及特效，使影片更具珍藏价值。本节主要介绍影片的后期编辑与刻录，包括制作视频背景音效和渲染输出影片文件等内容。

19.3.1　制作视频背景音效

音频是一部影片的灵魂，在后期编辑过程中，音频的处理相当重要，下面向读者介绍添加并处理音乐文件的操作方法。

素材文件	素材 \ 第 19 章 \ 音乐 .mp3
效果文件	无
视频文件	视频 \ 第 19 章 \19.3.1　制作视频背景音乐 .mp4

【操练 + 视频】
——制作视频背景音乐

STEP 01 将时间线移至素材的开始位置，在音乐轨中添加一段音乐素材，如图 19-63 所示。

STEP 02 将时间线移至 00:00:55:22 的位置处，如图 19-64 所示，选择音频素材。

STEP 03 右击，在弹出的快捷菜单中选择"分割素材"命令，如图 19-65 所示。

STEP 04 将音频分割为两段，如图 19-66 所示。

图 19-63　添加一段音乐素材

图 19-64　移动时间线

图 19-65　选择"分割素材"命令

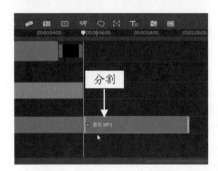

图 19-66　将音频分割为两段

STEP 05 选择后段音频素材，按 Delete 键删除，如图 19-67 所示。

STEP 06 选择剪辑后的音频素材，右击，在弹出的快捷菜单中选择"淡入音频"命令，如图 19-68 所示，设置音频淡入特效。

图 19-67　删除后段音频素材

图 19-68　选择"淡入音频"命令

STEP 07 继续在音频素材上右击，在弹出的快捷菜单中选择"淡出音频"命令，如图 19-69 所示，设置音频淡出特效。至此，完成音频素材的添加和剪辑操作。

图 19-69　选择"淡出音频"命令

19.3.2　渲染输出影片文件

通过会声会影 2020 中的"共享"步骤选项面板，可以将编辑完成的影片进行渲染以及输出成视频文件。会声会影 2020 提供了多种输出影片的方法，用户可根据需要进行选择。

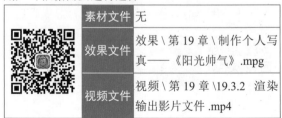

素材文件	无
效果文件	效果 \ 第 19 章 \ 制作个人写真——《阳光帅气》.mpg
视频文件	视频 \ 第 19 章 \19.3.2　渲染输出影片文件 .mp4

【操练 + 视频】
——渲染输出影片文件

STEP 01 切换至"共享"步骤面板,在其中选择 MPEG-2 选项,如图 19-70 所示。

图 19-70 选择 MPEG-2 选项

STEP 02 在"配置文件"右侧的下拉列表框中选择第 3 个选项,如图 19-71 所示。

图 19-71 选择第 3 个选项

STEP 03 在下方的面板中,单击"文件位置"右侧的"浏览"按钮,如图 19-72 所示。

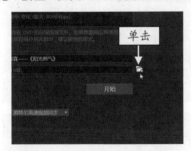

图 19-72 单击"浏览"按钮

STEP 04 弹出"选择路径"对话框,在其中设置文件的保存位置和名称,然后单击"保存"按钮,如图 19-73 所示。

STEP 05 返回到会声会影"共享"步骤面板,单击"开始"按钮,如图 19-74 所示。

STEP 06 开始渲染视频文件,并显示渲染进度,如图 19-75 所示。

STEP 07 稍等片刻,弹出提示信息框,提示渲染成功,单击 OK 按钮,如图 19-76 所示。

图 19-73 单击"保存"按钮

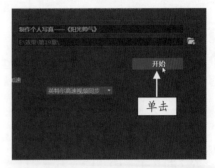

图 19-74 单击"开始"按钮

图 19-75 显示渲染进度

图 19-76 单击 OK 按钮

STEP 08 切换至"编辑"步骤面板,在素材库中查看输出的视频文件,如图 19-77 所示。

图 19-77 查看输出的视频文件

第20章

制作婚纱相册——《美好姻缘》

章前知识导读

结婚是人一生中最美好的事情之一，结婚之前，新人一般会到婚纱摄影公司拍摄各种风格的婚纱照，并用数码摄像机将婚礼中一切美好的东西记录下来，接下来便可以使用会声会影软件将拍摄的照片或影片制作成精美的电子相册作为纪念。本章主要介绍婚纱相册——《美好姻缘》的制作方法。

新手重点索引

- 效果欣赏
- 视频制作过程
- 视频后期处理

效果图片欣赏

20.1　效果欣赏

结婚是人一生中最重要的事情之一，是新郎和新娘新生活的开始，也是人生中最美好的回忆。在制作《美好姻缘》视频效果之前，首先预览项目效果，并掌握项目技术提炼等内容。

20.1.1　效果预览

本实例制作的是婚纱相册——《美好姻缘》，实例效果如图 20-1 所示。

图 20-1　《美好姻缘》效果欣赏

20.1.2　技术提炼

首先进入会声会影 2020 编辑器，在视频轨中添加需要的婚纱摄影素材，为照片素材制作画中画特效，并添加摇动效果，然后根据影片的需要制作字幕特效，最后添加音频特效，并将影片渲染输出。

20.2　视频制作过程

本节主要介绍《美好姻缘》视频文件的制作过程，包括导入婚纱媒体素材、制作婚纱背景画面、制作画中画遮罩特效、制作婚纱字幕特效等内容，希望读者熟练掌握婚纱摄影的各种制作方法。

20.2.1　导入婚纱媒体素材

在编辑婚纱素材之前，首先需要导入婚纱媒体素材，下面介绍导入婚纱媒体素材的操作方法。

素材文件	素材 \ 第 20 章 \ 背景视频 .mp4、1.jpg ～ 10.jpg、音乐 .mp3
效果文件	无
视频文件	视频 \ 第 20 章 \20.2.1　导入婚纱媒体素材 .mp4

【操练＋视频】
——导入婚纱媒体素材

STEP 01 进入会声会影编辑器，在"媒体"素材库中新增一个"文件夹"选项，如图 20-2 所示。

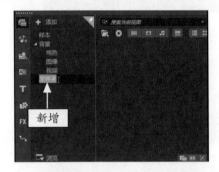

图 20-2　新增"文件夹"选项

STEP 02 在右侧的空白位置右击，弹出快捷菜单，选择"插入媒体文件"命令，如图 20-3 所示。

图 20-3　选择"插入媒体文件"命令

STEP 03 弹出"选择媒体文件"对话框，如图 20-4 所示。

STEP 04 在其中选择需要插入的婚纱相册素材文件，单击"打开"按钮，如图 20-5 所示。

图 20-4　"选择媒体文件"对话框

图 20-5　单击"打开"按钮

STEP 05 将素材导入"文件夹"选项面板中，在其中可查看导入的素材文件，如图 20-6 所示。

图 20-6　导入素材文件

STEP 06 选择相应的婚纱视频素材，在导览面板中单击"播放"按钮，即可预览导入的素材画面效果，如图 20-7 所示。

图 20-7　预览素材画面效果

图 20-7　预览素材画面效果（续）

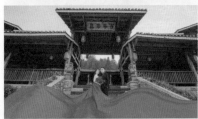

图 20-7　预览素材画面效果（续）

20.2.2　制作婚纱背景画面

在会声会影 2020 中，导入婚纱媒体素材后，接下来就可以制作婚纱视频背景画面。下面介绍制作婚纱视频背景画面的操作方法。

素材文件	无
效果文件	无
视频文件	视频 \ 第 20 章 \20.2.2　制作婚纱背景画面 .mp4

【操练 + 视频】
——制作婚纱背景画面

STEP 01 在"文件夹"选项面板中选择"背景视频"视频素材，如图 20-8 所示。

图 20-8　选择"背景视频"视频素材

STEP 02 按住鼠标左键将其拖曳至视频轨的开始位置，如图 20-9 所示。

图 20-9　拖曳素材至视频轨的开始位置

STEP 03 在"编辑"选项面板中，设置视频素材的区间为 0:00:11:023，如图 20-10 所示。

图 20-10　设置视频素材的区间

STEP 04 在时间轴面板中选择视频素材，右击，弹出快捷菜单，选择"音频"|"静音"命令，如图 20-11 所示。

图 20-11　选择"静音"命令

STEP 05 在时间轴面板中可以查看制作的背景视频静音效果，如图 20-12 所示。

STEP 06 用与上同样的方法，再次在时间轴面板的视频轨中添加背景视频。进入"编辑"选项面板，在其中单击"速度/时间流逝"按钮，如图 20-13 所示。

图 20-12　查看背景视频静音效果

图 20-13　单击"速度/时间流逝"按钮

STEP 07 弹出"速度/时间流逝"对话框，设置"新素材区间"为 0:0:48:0，单击"确定"按钮，如图 20-14 所示。

图 20-14　单击"确定"按钮

STEP 08 选择视频素材，右击，弹出快捷菜单，选择"音频"|"静音"命令，即可在时间轴面板中查看添加的静音效果，如图 20-15 所示。

STEP 09 在时间轴面板中，可以查看添加的两段视频素材效果，在右上角可以查看视频的总体时间长度，如图 20-16 所示。

图 20-15　查看添加的静音效果

图 20-16　查看视频的总体时间长度

STEP 10 单击"播放"按钮，预览制作的婚纱背景画面效果，如图 20-17 所示。

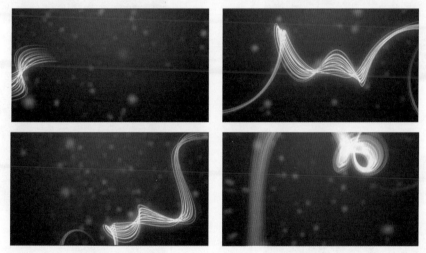

图 20-17　预览婚纱背景画面效果

20.2.3　制作画中画遮罩特效

在会声会影 2020 中，为婚纱影片制作画中画遮罩特效，可以提升影片的视觉效果，增强吸引力。下面介绍制作婚纱视频画中画遮罩特效的操作方法。

素材文件	无
效果文件	无
视频文件	视频 \ 第 20 章 \20.2.3　制作画中画遮罩特效 .mp4

【操练 + 视频】
——制作画中画遮罩特效

STEP 01 将时间线移至 00:00:07:011 的位置处，如图 20-18 所示。

图 20-18　移动时间线

355

STEP 02 在素材库中选择 1.jpg 照片素材，如图 20-19 所示。

图 20-19 选择 1.jpg 照片素材

STEP 03 按住鼠标左键将其拖曳至视频轨中的时间线位置，如图 20-20 所示。

图 20-20 拖曳照片素材

STEP 04 在"编辑"选项面板中设置素材的区间为 0:00:04:013，如图 20-21 所示。

图 20-21 设置素材的区间

STEP 05 在预览窗口中拖曳素材四周的控制柄，调整素材至全屏大小，如图 20-22 所示。

STEP 06 在"编辑"选项面板中，选中"应用摇动和缩放"复选框，如图 20-23 所示。

STEP 07 单击"自定义"左侧的下拉按钮，在下方选择第 1 排第 2 个摇动样式，如图 20-24 所示。

STEP 08 在"编辑"选项面板中，单击"淡入动画效果"按钮，如图 20-25 所示。

图 20-22 调整素材至全屏大小

图 20-23 选中"应用摇动和缩放"复选框

图 20-24 选择预设样式

图 20-25 单击"淡入动画效果"按钮

STEP 09 在"混合"选项面板中，单击"蒙版模式"右侧的下拉按钮，如图 20-26 所示。

STEP 10 在弹出的下拉列表框中选择"遮罩帧"选项，如图 20-27 所示。

STEP 11 在下方选择相应的遮罩样式，如图 20-28 所示。

图 20-26 单击"蒙版模式"右侧的下拉按钮

图 20-27 选择"遮罩帧"选项

图 20-28 选择遮罩样式

STEP 12 将时间线移至 00:00:12:019 的位置处，如图 20-29 所示。

图 20-29 移动时间线

STEP 13 在素材库中选择 2.jpg 照片素材，如图 20-30 所示。

STEP 14 按住鼠标左键将其拖曳至视频轨中的时间线位置，如图 20-31 所示。

图 20-30 选择 2.jpg 照片素材

图 20-31 拖曳 2.jpg 照片素材

STEP 15 在"编辑"选项面板中设置素材的"照片区间"为 0:00:04:010，如图 20-32 所示。

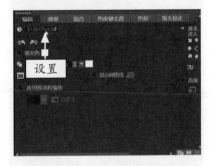

图 20-32 设置素材的区间

STEP 16 在预览窗口中拖曳素材四周的控制柄，调整素材至全屏大小，如图 20-33 所示。

图 20-33 调整素材至全屏大小

STEP 17 在"编辑"选项面板中，选中"应用摇动和缩放"复选框，如图 20-34 所示。

图 20-34 选中"应用摇动和缩放"复选框

STEP 18 单击"自定义"左侧的下拉按钮，在下方选择第 2 排第 2 个摇动样式，如图 20-35 所示。

图 20-35 选择预设样式

STEP 19 在"编辑"选项面板中，单击"淡入动画效果"按钮，如图 20-36 所示。

图 20-36 单击"淡入动画效果"按钮

STEP 20 在"混合"选项面板中，单击"蒙版模式"右侧的下拉按钮，如图 20-37 所示。

图 20-37 单击"蒙版模式"右侧的下拉按钮

STEP 21 在弹出的下拉列表框中选择"遮罩帧"选项，如图 20-38 所示。

图 20-38 选择"遮罩帧"选项

STEP 22 在下方选择相应的遮罩样式，如图 20-39 所示。

图 20-39 选择相应的遮罩样式

STEP 23 用与上同样的方法，在覆叠轨中的其他位置依次添加相应的覆叠素材，并设置覆叠素材的区间长度。单击导览面板中的"播放"按钮，预览制作的婚纱视频画中画遮罩特效，如图 20-40 所示。

图 20-40 预览婚纱视频画中画遮罩特效

图 20-40　预览婚纱视频画中画遮罩特效（续）

20.2.4　制作婚纱字幕特效

在会声会影 2020 中，为婚纱视频文件应用字幕动画效果，可以起到画龙点睛、点明主题的作用。下面介绍制作婚纱视频标题字幕动画的操作方法。

素材文件	无
效果文件	无
视频文件	视频 \ 第 20 章 \20.2.4　制作婚纱字幕特效 .mp4

【操练 + 视频】
——制作婚纱字幕特效

STEP 01) 将时间线移至 00:00:01:18 的位置处，如图 20-41 所示。

STEP 02) 切换至时间轴视图，单击"标题"按钮 **T**，切换至"标题"素材库，如图 20-42 所示。

STEP 03) 在预览窗口的适当位置双击，出现一个文本框，在其中输入相应的文本内容，如图 20-43 所示。按 Enter 键可以进行换行操作。

图 20-41　移动时间线的位置

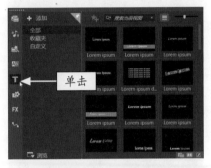

图 20-42　单击"标题"按钮

图 20-43　输入文本

STEP 04) 在"标题选项"面板中，设置"字体"为"文鼎中特广告体"，"字体大小"为 169，"色彩"为黄色，"区间"为 0:00:01:008，如图 20-44 所示。

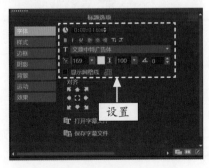

图 20-44　设置"字体"参数

STEP 05 展开"边框"选项面板，在其中选中"外侧笔画框线"复选框，然后设置"边框宽度"为9，"线条色彩"为红色，如图 20-45 所示。

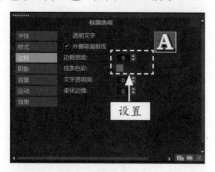

图 20-45　设置"边框"参数

STEP 06 在"标题选项"面板中，单击"阴影"标签，切换至"阴影"选项面板，单击"突起阴影"按钮A，设置 X、Y 均为 9，"突起阴影色彩"为黑色，如图 20-46 所示。

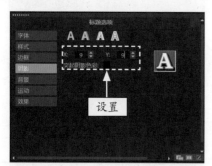

图 20-46　设置"阴影"参数

STEP 07 在"标题选项"面板中，单击"运动"标签，展开"运动"选项面板，如图 20-47 所示。

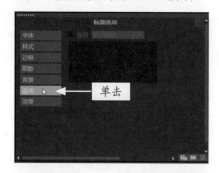

图 20-47　单击"运动"标签

STEP 08 选中"应用"复选框，如图 20-48 所示。

STEP 09 单击"选取动画类型"下拉按钮，弹出下拉列表框，如图 20-49 所示。

图 20-48　选中"应用"复选框

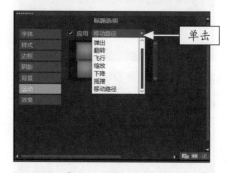

图 20-49　单击"选取动画类型"下拉按钮

STEP 10 在弹出的下拉列表框中选择"下降"选项，如图 20-50 所示。

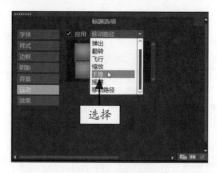

图 20-50　选择"下降"选项

STEP 11 在下方的列表框中选择第 1 排第 2 个下降样式，如图 20-51 所示。

图 20-51　选择下降样式

STEP 12 选中"加速"复选框，如图 20-52 所示，即可设置标题字幕动画效果。

图 20-52　选中"加速"复选框

STEP 13 单击导览面板中的"播放"按钮，预览标题字幕动画效果，如图 20-53 所示。

图 20-53　标题字幕动画效果

STEP 14 在标题轨中选择并复制上一个制作的字幕文件，如图 20-54 所示。

STEP 15 设置字幕区间为 0:00:03:018，如图 20-55 所示。

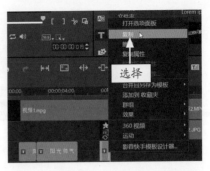

图 20-54　复制上一个制作的字幕文件

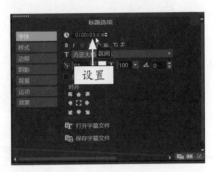

图 20-55　设置字幕区间

STEP 16 在"运动"选项面板中取消选中"应用"复选框，取消字幕动画效果，如图 20-56 所示。至此，完成视频片头字幕特效的制作。

图 20-56　取消选中"应用"复选框

STEP 17 用与上同样的方法，在标题轨中对字幕文件进行多次复制，然后更改字幕的文本内容和区间长度，并在预览窗口中调整字幕的摆放位置，时间轴面板中的字幕文件如图 20-57 所示。

时间轴面板中的字幕文件（1）
图 20-57　时间轴面板中的字幕文件

时间轴面板中的字幕文件（2）

图 20-57　时间轴面板中的字幕文件（续）

STEP 18 制作完成后单击"播放"按钮，预览字幕动画效果，如图 20-58 所示。

图 20-58　预览字幕动画效果

20.3　视频后期处理

通过影片的后期处理，不仅可以对原始素材进行合理的编辑，而且可以为影片添加各种音乐及特效，使影片更具珍藏价值。

20.3.1　制作视频背景音乐

在音乐轨中添加音频素材，然后为音频素材应用淡入淡出效果，实现更好的听觉效果。下面介绍制作婚纱音频特效的操作方法。

素材文件	素材＼第 20 章＼音乐 .mp3
效果文件	无
视频文件	视频＼第 20 章＼20.3.1　制作视频背景音乐 .mp4

【操练 + 视频】
——制作视频背景音乐

STEP 01 将时间线移至素材的开始位置，在音乐轨中添加一段音乐素材，如图 20-59 所示。

图 20-59　添加音乐素材

STEP 02 将时间线移至 00:00:59:22 的位置处，如图 20-60 所示。

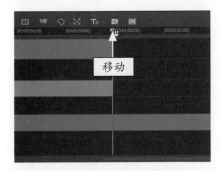

图 20-60　移动时间线

STEP 03 选择音频素材，右击，在弹出的快捷菜单中选择"分割素材"命令，如图 20-61 所示。

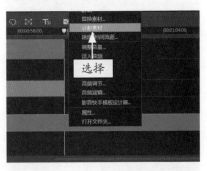

图 20-61　选择"分割素材"命令

STEP 04 将音频分割为两段，如图 20-62 所示。

图 20-62　音频分割为两段

STEP 05 选择后段音频素材，按 Delete 键进行删除操作，如图 20-63 所示。

图 20-63　删除后段音频素材

STEP 06 选择剪辑后的音频素材，右击，在弹出的快捷菜单中选择"淡入音频"命令，如图 20-64 所示，设置音频淡入特效。

STEP 07 继续在音频素材上右击，在弹出的快捷菜单中选择"淡出音频"命令，如图 20-65 所示，设置音频淡出特效。至此，完成音频素材的添加和剪辑操作。

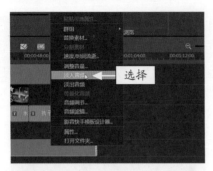

图 20-64　选择"淡入音频"命令

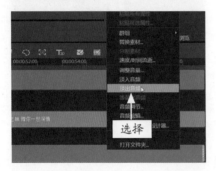

图 20-65　选择"淡出音频"命令

▶ 专家指点

　　在会声会影 2020 的时间轴面板中，选择需要删除的素材文件后，按键盘上的 Delete 键，可以快速删除选择的素材文件。

20.3.2　渲染输出影片文件

　　通过会声会影 2020 中的"共享"步骤选项面板，可以将编辑完成的影片进行渲染并输出成视频文件。在会声会影 2020 中提供了多种输出影片的方法，用户可以根据需要进行相应选择。

	素材文件	无
	效果文件	无
	视频文件	视频 \ 第 20 章 \20.3.2　渲染输出影片文件 .mp4

【操练＋视频】
——渲染输出影片文件

STEP 01 切换至"共享"步骤面板，在其中选择 MPEG-2 选项，如图 20-66 所示。

STEP 02 在"配置文件"右侧的下拉列表框中选择第 3 个选项，如图 20-67 所示。

STEP 03 在下方的面板中单击"文件位置"右侧的

"浏览"按钮，如图 20-68 所示。

图 20-66　选择 MPEG-2 选项

图 20-67　选择配置文件

图 20-68　单击"浏览"按钮

STEP 04 弹出"选择路径"对话框，在其中设置文件的保存位置和名称，单击"保存"按钮，如图 20-69 所示。

图 20-69　"选择路径"对话框

STEP 05 返回到会声会影"共享"步骤面板，单击"开始"按钮，如图 20-70 所示。

图 20-70　单击"开始"按钮

STEP 06 开始渲染视频文件，并显示渲染进度，如图 20-71 所示。

图 20-71　显示渲染进度

STEP 07 稍等片刻，弹出提示信息框，提示渲染成功，单击 OK 按钮，如图 20-72 所示。

图 20-72　单击 OK 按钮

STEP 08 切换至"编辑"步骤面板，在素材库中查看输出的视频文件，如图 20-73 所示。

图 20-73　查看输出的视频文件

STEP 09 在预览窗口中可以预览输出的视频画面效果，如图 20-74 所示。

图 20-74　预览输出的视频文件